Mecanismes i màquines II
TRANSMISSIONS D'ENGRANATGES

Carles Riba Romeva

UPC Edicions UPC
UNIVERSITAT POLITÈCNICA DE CATALUNYA

Primera edició: setembre de 1999
Segona edició: setembre de 2000
Tercera edició: setembre de 2002
Reimpressió: abril de 2010

Aquest llibre s'ha publicat amb la col·laboració
del Comissionat per a Universitats i Recerca i del Departament
de Cultura de la Generalitat de Catalunya.

En col·laboració amb el Servei de Llengües i Terminologia de la UPC.

Disseny de la coberta: E. Castelltort

Producció: LIGHTNING SOURCE

Dipòsit legal: B-13158-2002
ISBN obra completa: 84-8301-352-5
ISBN: 978-84-8301-620-6

Presentació

Aquest text, *Transmissions d'engranatges*, juntament amb altres dos textos, *El frec en les màquines* i *Dinàmica de les màquines*, formen un conjunt que sota el títol més general de *Mecanismes i màquines* han estat escrits per donar suport a l'assignatura del mateix nom que s'imparteix a l'Escola Tècnica Superior d'Enginyers Industrials de Barcelona de la Universitat Politècnica de Catalunya (ETSEIB-UPC) corresponent a la titulació d'*Enginyer Industrial.*

El contingut d'aquests escrits s'orienta especialment vers el disseny (o la síntesi) dels mecanismes més freqüents en les màquines i pressuposa els coneixements d'altres assignatures precedents de caràcter més bàsic i centrades en l'anàlisi com ara la *Mecànica* o la *Teoria de Màquines.*

Seguint una tradició en aquestes matèries iniciada en els anys 70 a l'ETSEIB pel professor Pedro Ramon Moliner, es posa l'èmfasi en la resolució de casos extrets d'aplicacions de l'enginyeria mecànica els quals, a més d'oferir una eficàcia pedagògica més gran en obligar l'estudiant a revisar les hipòtesis i a simplificar els models, proporcionen també la base per a una cultura de les màquines. La part expositiva del text pren la forma de guió per a l'estudi i de formulari per a facilitar-ne l'aplicació.

Els problemes inclosos en aquest text han estat proposats per algun dels professors que han impartit assignatures anàlogues a l'ETSEIB en un període que abraça més de 25 anys: Josep Centellas Portella (JCP); Francesc Ferrando Piera (FFP); Juli Garcia Ramon (JGR); Joaquim Martell Pérez (JMP); Mateu Martín Batlle (MMB); Joan Mercader Ferreres (JMF); Xavier Miralles Mas (XMM); Pedro Ramon Moliner (PRM); Carles Riba Romeva (CRR). Voldria agrair l'ajut dels estudiants Maria Viola Molés Mateo i Eduard Bosch i Palau en la realització de les figures.

Espero que aquest text sigui d'utilitat per als estudiants tant en la preparació de la matèria com també en el desenvolupament de la seva vida professional.

Índex

Presentació

Capítol II   Transmissions d'engranatges

Símbols i denominacions

Símb	Denominació	Símb	Denominació
a	Distància entre eixos	p_b	Pas de base
a'	Distància entre eixos funcionament	p_t	Pas transversal
b	Amplada de la dent	p_x	Pas axial
c	Joc de fons	r	Radi
c_0	Suplement de cap (perfil referència)	s	Gruix de la dent
d	Diàmetre de generació	s_a	Gruix de cap
d'	Diàmetre de funcionament	s_b	Gruix de base
d_a	Diàmetre de cap	v_g	Velocitat de lliscament
d_{apu}	Diàmetre d'apuntament	F_N	Força normal (o força de contacte)
d_b	Diàmetre de base	F_R	Component radial (força contacte)
d_f	Diàmetre de peu	F_T	Component tangencial (força cont.)
d_{inv}	Diàmetre d'inici d'evolvent	F_X	Component axial (força contacte)
d_m	Diàmetre mitjà	M	Parell
d_v	Diàmetre axoide equivalent	P	Potència
d_{va}	Diàmetre de cap equivalent	R	Radi de la roda cònica plana
d_{vb}	Diàmetre de base equivalent	W_k	Distància cordal sobre k dents
d_{vf}	Diàmetre de peu equivalent	x	Coeficient de desplaçament
d_A	Diàmetre actiu de peu	z	Nombre de dents
e	Entredent	z_{lim}	Nombre de dents límit
e_t	Entredent frontal	z_v	Nombre de dents virtual
g_a	Longitud de retirada	α	Angle de pressió
g_f	Longitud d'aproximació	α_a	Angle de cap
g_α	Longitud d'engranament	α_{apu}	Angle d'apuntament
h	Altura de la dent	α_t	Angle de pressió transversal
h_a	Altura de cap	α_t'	Angle de pressió de funcionament
h_{a0}	Altura de cap (perfil referència)	α_0	Angle de pressió (perfil referència)
h_f	Altura de peu	β	Angle d'inclinació de generació
h_{f0}	Altura de peu (perfil referència)	β'	Angle d'inclinació de funcionament
i	Relació de transmissió	β_b	Angle d'inclinació de base
i_M	Relació de parells	γ	Angle d'hèlice
inv	Funció evolvent	δ	Semiangle del con
j_n	Joc normal	ε_α	Recobriment transversal
j_t	Joc transversal	ε_β	Recobriment helicoïdal
m	Mòdul	ε_γ	Recobriment total
m_b	Mòdul de base	Σ	Angle de convergència
m_0	Mòdul normalitzat	η	Rendiment
p	Pas	ω	Velocitat angular

Qüestions terminològiques

La diversitat de fonts de la bibliografia sobre engranatges fa que, sobre determinats conceptes, hi hagi fluctuacions o incerteses terminològiques que dificulten la comprensió d'una matèria ja de per si complexa.

A continuació s'exposen els criteris adoptats en aquest text per a algunes de les disjuntives més importants.

Transversal

En les rodes helicoïdals hi ha dos plans privilegiats on es referenciaen multitud de paràmetres: el pla perpendicular a la dent (*secció normal* i paràmetres *normals*, sobre els quals no hi ha dubtes); el pla perpendicular a l'eix de la roda (d'entre les diferents solucions, en aquest text s'ha optat per *secció transversal* i paràmetres *transversals*, ja que està d'acord amb el subíndex t que indiquen les normes per a aquests paràmetres).

Altres denominacions que es troben en la literatura (i desestimades en aquest text) són: *aparent*, *circumferencial* i *frontal*.

Axoide / primitiu

En aquest apartat el text utilitza els dos termes. El concepte d'*axoide* està ben definit en la literatura científica i tècnica: superfície reglada, lloc geomètric de les successives posicions de l'eix instantani de rotació i lliscament.

En els engranatges cilíndrics i cònics (on no hi ha lliscament al llarg de l'eix instantani), les superfícies *primitives* coincideixen sempre amb els *axoides* i, s'ha usat un o altre terme segons la conveniència del text.

En els engranatges hiperbòlics (on existeix lliscament al llarga de l'eix instantani), generalment existeixen unes superfícies de referència relacionades amb el procés de generació que anomenem *primitives* i que, en general, no tenen res a veure amb els *axoides* del moviment (vegeu el cas de l'engranatge de vis sense fi de la Figura 8.18).

Funcionament

En els engranatges cilíndrics formats per dues rodes tallades amb una suma de desplaçaments diferent de zero, els axoides de generació no coincideixen amb els axoides entre les dues rodes que engranen.

En aquest text s'ha optat per denominar de *funcionament* als exoides de l'engranament entre rodes dentades. Altres denominacions presents a la literatura són d'*operació* o *pitch* en llengua anglesa.

5 Engranatges i trens d'engranatges

5.1 Tipus d'engranatges i aplicacions

Un *engranatge* és un mecanisme format per dues *rodes dentades* que permet transmetre el moviment (normalment angular) d'un eix a un altre per mitjà del contacte entre *dents* tot mantenint la relació de velocitats (o *relació de transmissió i*) constant. Existeixen també engranatges no circulars (amb relació de transmissió variable) per a algunes aplicacions molt especials.

La relació de transmissió, *i*, es defineix com el quocient entre les velocitats angulars dels eixos d'entrada, ω_1, i de sortida, ω_2, i en tots els engranatges coincideix amb el quocient dels nombres de dents de les rodes dels eixos de sortida, z_2, i d'entrada, z_1:

$$i = \frac{\omega_1}{\omega_2} = \frac{z_2}{z_1} \tag{1}$$

Els engranatges són transmissions sincròniques (sense lliscament, gràcies a les dents), relativament compactes però de massa elevada, que permeten transmetre potències altes amb parells elevats i velocitats moderades (una bona execució també permet velocitats altes) entre eixos en qualssevol de les posicions relatives en l'espai.

Aquest darrer aspecte permet establir la principal classificació dels engranatges:

a) *Engranatges paral·lels* (més freqüentment, *engranatges cilíndrics*)
b) *Engranatges concurrents* (més freqüentment, *engranatges cònics*)
c) *Engranatges d'eixos encreuats* (més freqüentment, *engranatges hiperbòlics*)

Engranatges cilíndrics

Els axoides dels engranatges paral·lels són cilindres i d'aquí ve la denominació més freqüent d'aquests engranatges. Segons la cara on se situen els dentats i el sentit de gir relatiu dels eixos, es distingeix entre:

> *Engranatges cilíndrics exteriors* (Figura 5.1)
> Les rodes són de dentat exterior i, en conseqüència, els dos eixos giren en sentits contraris.

> *Engranatges cilíndrics interiors* (Figura 5.2)
> Una de les rodes és de dentat interior i l'altra exterior i, en conseqüència, els dos eixos giren en el mateix sentit.

Tant en un cas com en l'altre, segons la disposició de les dents sobre els axoides, es distingeix entre:

> *Engranatges cilíndrics rectes* (Figures 5.1a i 5.2a)
> Les dents es disposen seguint generatrius del cilindres axoides.

> *Engranatges cilíndrics helicoïdals* (Figures 5.1b i 5.2b)
> Les dents es disposen formant hèlices sobre els cilindres axoides. Una variant dels engranatges helicoïdals són els *engranatges doble helicoïdals* (Figures 5.1c i 5.2c), en què les dents es disposen formant hèlices a dretes en una meitat de la longitud de les dents i, hèlices a esquerres, en l'altra meitat.

Característiques i aplicacions dels engranatges cilíndrics

Les característiques i les aplicacions dels engranatges cilíndrics varien en funció que siguin interiors o exteriors, rectes, helicoïdals o doble helicoïdals. Els aspectes més rellevants són els següents:

Transmissió de potència i rendiment
Els engranatges cilíndrics, independentment de les seves particularitats, són adequats per a transmetre potències importants (especialment quan són construïts en acer i ben lubricats) amb un rendiment en els dentats molt elevat (superior al 98% i, amb fabricacions acurades, s'arriba al 99,8%). Cal tenir present, però, les pèrdues de rendiment en els rodaments i coixinets, en el lubricant i en els elements de segellatge.
Poden transmetre parells relativament grans i les velocitats admissibles són més elevades en els engranatges helicoïdals gràcies a la millor continuïtat en l'engranament de les dents.

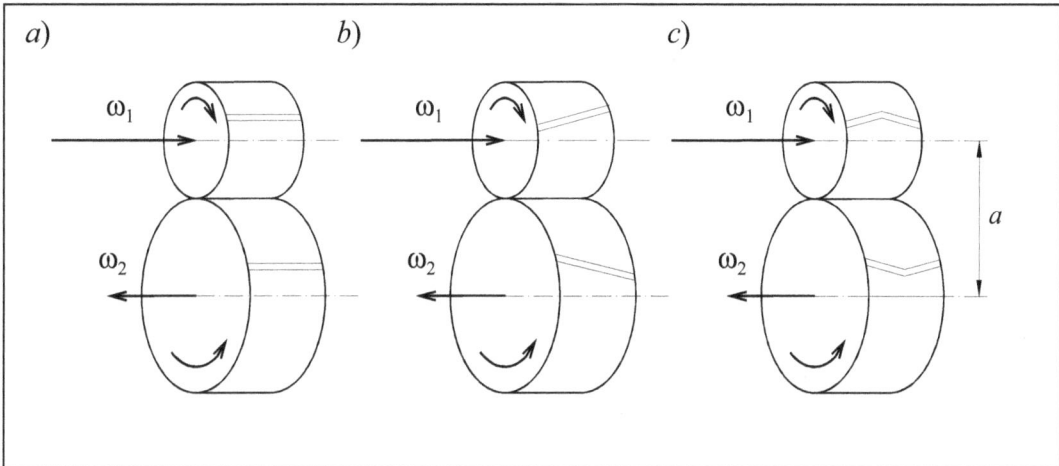

Figura 5.1 Engranatges cilíndrics exteriors: *a*) Dentat recte; *b*) Dentat helicoïdal; *c*) Dentat doble helicoïdal

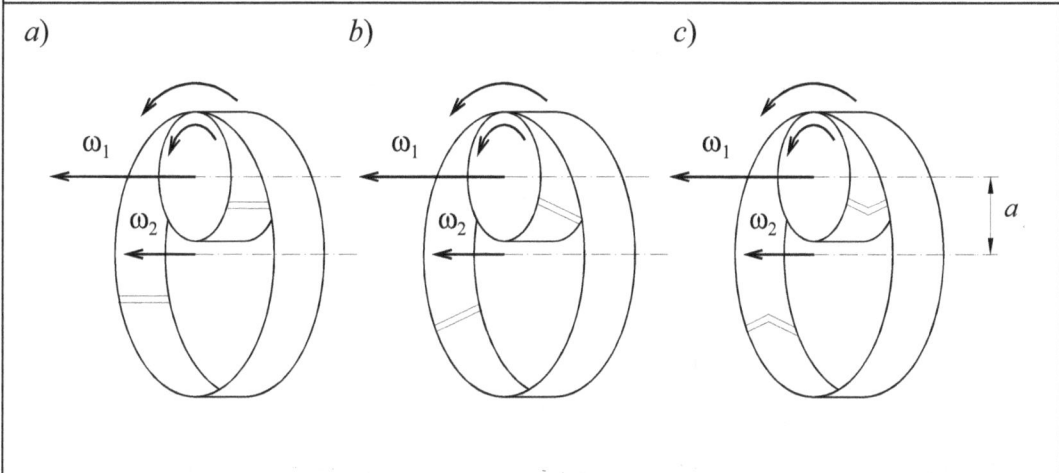

Figura 5.2 Engranatges cilíndrics interiors: *a*) Dentat recte; *b*) Dentat helicoïdal; *c*) Dentat doble helicoïdal

Forces axials

Els engranatges cilíndrics rectes no originen components axials (segons l'eix) de les forces de contacte entre les dents mentre que, els engranatges cilíndrics helicoïdals, en virtut de la inclinació de les dents respecte a la generatriu del cilindre axoide, transmeten forces axials tan més importants com més inclinades són les dents. Els engranatges cilíndrics doble helicoïdals, gràcies a la disposició simètrica de les dues hèlices, tampoc transmeten forces axials a l'exterior. Quan s'originen forces axials, cal preveure elements per a suportar-les adequadament (coixinets o rodaments), que donen lloc a una complexitat constructiva i un cost de muntatge més elevats.

En transmissions simples, els engranatges cilíndrics rectes possibiliten els canvis de marxa per desplaçament axial de les rodes dentades, mentre que els engranatges cilíndrics helicoïdals, o doble helicoïdals, no.

Recobriment i soroll
El recobriment és el quocient de l'arc de conducció entre el contacte inicial i final d'una parella de dents conjugades i l'arc corresponent a una dent ($2 \cdot \pi / z$). En els engranatges cilíndrics rectes, el recobriment és cobert tan sols per l'arc de conducció dels perfils frontals de les dents (recobriment frontal), mentre que en els engranatges cilíndrics helicoïdals s'hi suma l'efecte de la inclinació de les dents (recobriment helicoïdal). Aquest major recobriment dels engranatges helicoïdals unit al fet que cada nova parella de dents inicia l'engranament de forma gradual (i no de cop sobre tota la seva longitud, com en els rectes), proporciona un funcionament molt més suau i silenciós.

Procediments de fabricació
Els engranatges cilíndrics exteriors, rectes i helicoïdals, poden fabricar-se per diversos procediments (pinyó tallador, cremallera, fresa mare), entre els quals destaca aquest darrer per ser el més eficaç i econòmic. Les rodes molt sol·licitades o que funcionen a elevades velocitats, són sotmeses a un tractament tèrmic d'enduriment superficial i després s'acaben per rectificació.
Els engranatges cilíndrics doble helicoïdals han de ser, o bé fabricats per meitats que després són unides, o bé tallats per un pinyó tallador o per una cremallera, però no per una fresa mare, mentre que els engranatges cilíndrics interiors només poden ser tallats per un pinyó tallador, procediments de menor eficàcia i, per tant, menys econòmics.

Aplicacions
Els engranatges cilíndrics rectes són els més usats en una gran varietat d'aplicacions, a causa de la seu fàcil muntatge. Tanmateix, a velocitats i càrregues elevades esdevenen sorollosos.
Els engranatges cilíndrics helicoïdals s'utilitzen en aplicacions més tècniques on la suavitat de funcionament a velocitats elevades i la disminució del soroll són determinants (caixes d'automòbil, reductors). Els engranatges cilíndrics doble helicoïdals s'utilitzen en reductors de grans dimensions i potència (centrals elèctriques, transmissions marines) on, mantenint la suavitat de funcionament, s'evita la major complexitat constructiva que comporten els coixinets o rodaments axials.
Els engranatges cilíndrics interiors (rectes o helicoïdals), de cost de fabricació més elevat, tenen aplicacions particulars, especialment en trens epicicloïdals.

Engranatges cònics

Els axoides dels engranatges concurrents són cons i d'aquí ve la denominació més freqüent d'aquests engranatges. A continuació s'analitzen alguns dels paràmetres que els caracteritzen:

Angle de convergència Σ

És l'angle format pel vector velocitat angular d'una de les rodes i el vector velocitat angular de l'altra roda canviat de sentit. Pot prendre qualsevol valor comprès entre 0° (cas límit que correspon als engranatges cilíndrics exteriors) i 180° (cas límit que correspon als engranatges cilíndrics interiors), malgrat que el valor més freqüent és el de 90° (eixos perpendiculars).

Engranatges cònics exteriors i interiors

Els semiangles dels cons axoides sumen l'angle de convergència, $\delta_1+\delta_2=\Sigma$. Un engranatge cònic és exterior quan els dos semiangles dels cons axoides de les rodes són inferiors a 90° (Figura 5.3), mentre que si un d'ells és superior a 90°, l'engranatge cònic és interior (Figura 5.4). Tot i que conceptualment és possible, no existeixen eines convencionals per a tallar rodes dentades còniques interiors.

Roda cònica plana i dentats cònics

Quan el semiangle del con axoide d'una roda dentada cònica és 90°, la seva geometria es transforma en un pla (*roda cònica plana*). Atesa la facilitat de representació geomètrica, la roda cònica plana s'utilitza com a referència per a definir els diferents tipus de dentats cònics (Figura 5.5). Tant en el cas dels engranatges cònics exteriors con en els interiors, es poden definir els següents tipus d'engranatges cònics en funció de la disposició dels dentats sobre la roda plana:

> *Engranatges cònics rectes* (Figura 5.3a)
> Les línies representatives dels dentats es disposen segons radis de la roda plana.

> *Engranatges cònics espirals* (Figures 5.3b i 5.3c)
> Les línies representatives dels dentats es disposen segons una corba espiral sobre la roda cònica plana, i guarden una analogia amb els engranatges cilíndrics helicoïdals.

Atès que en els engranatges cònics espirals tan sols interessa un fragment relativament curt de la corba, a la pràctica s'utilitzen diverses aproximacions que donen lloc als diferents dentats *espirals* definits sobre la roda cònica plana, entre els quals:

> *Dentat helicoïdal* (aproximació segons rectes tangents a un cercle)
> *Dentat Gleason* (aproximació segons arcs de cercle)
> *Dentat Oerlikon* (aproximació segons una epicicloide extesa)
> *Dentat Klingelnberg* (aproximació segons una evolvent de cercle).

Aquests dentats estan relacionats amb procediments de fabricació originats per diferents cases comercials que han creat màquines especialitzades per a fabricar-los.

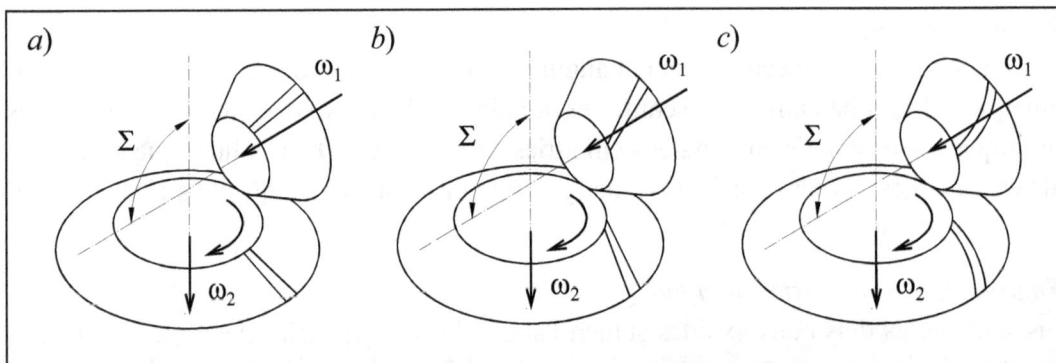

Figura 5.3 Engranatges cònics exteriors: *a*) Dentat recte; *b*) Dentat helicoïdal; *c*) Dentats espirals (Gleason, Oerlikon o Klingelnberg)

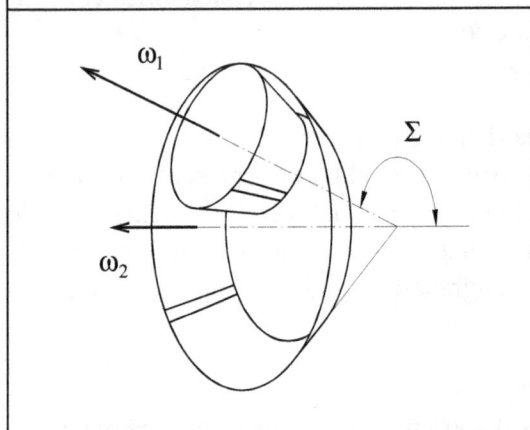

Figura 5.4 Engranatge cònic interior

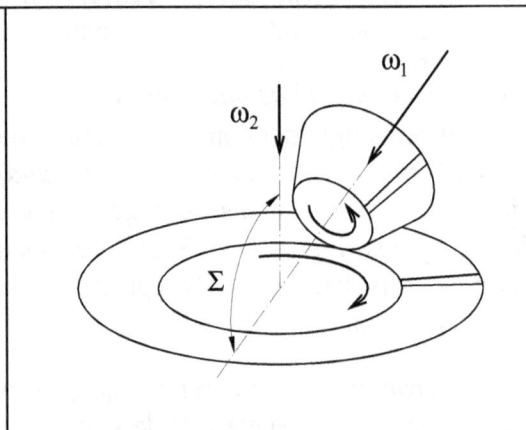

Figura 5.5 Engranatge cònic amb roda cònica plana

Característiques i aplicacions dels engranatges cònics

Transmissió de potència i rendiment
Els engranatges cònics permeten transmetre potències importants amb un rendiment en els dentats pròxim al dels engranatges cilíndrics. Poden transmetre parells relativament importants essent les velocitats admissibles més elevades en els engranatges cònics espirals que en els rectes gràcies a la millor continuïtat en l'engranament entre les dents.

Forces axials
Els dentats dels engranatges cònics, tant els rectes com els espirals (fora d'alguna geometria molt particular) originen components axials sobre els arbres de les dues rodes i, en conseqüència, són sempre necessaris els coixinets o rodaments axials. A més, el seu muntatge axial esdevé crític ja que cal fer coincidir els vèrtexs dels cons de les dues rodes dentades.

Recobriment i soroll

Els engranatges cònics espirals tenen un recobriment més gran i un funcionament més suau i silenciós que els engranatges cònics rectes, de manera anàloga als engranatges cilíndrics helicoïdals respecte als cilíndrics rectes.

Procediments de fabricació

Les rodes còniques rectes i helicoïdals es fabriquen amb dues eines amb desplaçaments independents que tallen els dos flancs (dentats de gruix no constant), mentre que els altres tipus de dentat espiral es tallen amb màquines especialitzades que proporcionen més productivitat. Els procediments Gleason i Oerlikon ofereixen una fàcil adaptació de l'eina al mòdul, mentre que el procediment Klingelnberg (amb dents constants de bona resistència), requereix una eina per a cada aplicació sols justificable per a grans produccions en sèrie. Tradicionalment, l'acabament de les rodes còniques es feia per rodatge amb lubricants abrasius, però avui dia s'estan generalitzant les màquines de rectificar.

Aplicacions

Els engranatges cònics s'utilitzen quan convé un canvi de direcció de l'eix de la transmissió, com esdevé amb els reenviaments. També s'utilitzen amplament en mecanismes diferencials d'automòbil. Darrerament, amb la millora de la qualitat d'acabament, s'han generalitzat els reductors cònico-cilíndrics que permeten noves disposicions dels accionaments que ocupen poc espai en la direcció de l'eix.

Engranatges hiperbòlics

Els axoides dels engranatges sobre eixos encreuats són hiperboloides de revolució (d'aquí també el nom d'engranatges hiperbòlics) que es toquen al llarg d'una generatriu. La posició relativa entre els eixos queda determinada per la *distància mínima, a,* i l'*angle de convergència, Σ,* definit de forma anàloga als dels engranatges cònics, prèvia projecció d'un dels eixos sobre el pla que defineix amb l'altre.

Mentre que en els tipus anteriors d'engranatges (cilíndrics i cònics), sols hi ha un moviment mutu de rodolament entre els axoides (cilindres o cons), en els engranatges hiperbòlics existeix, a més, un lliscament al llarg de la generatriu de contacte (o eix instantani). Aquest fet dóna lloc a una dissipació d'energia per fricció molt superior als altres tipus d'engranatges que fa que el rendiment sigui sensiblement més baix.

Els principals tipus d'engranatges hiperbòlics es diferencien per la situació de la zona d'engranament respecte als axoides i les inclinacions dels dentats. Els principals tipus d'engranatges hiperbòlics són:

Engranatges helicoïdals encreuats (Figura 5.6)
La zona d'engranament se situa al voltant de la perpendicular comuna als dos eixos, les rodes adopten configuracions cilíndriques i els dentats són de perfil d'e-

volvent i prenen una disposició helicoïdal, almenys en una roda. Aquesta geometria tan sols assegura un o més punts de contacte entre les dents, enlloc d'una o més línies de contacte com en els engranatges cilíndrics o cònics.

Engranatges hipoïdals (Figura 5.7)

La zona d'engranament se situa allunyada de la perpendicular comuna als dos eixos, les rodes adquireixen una configuració cònica i els dentats prenen una disposició espiral (generalment amb dentats Gleason o Oerlikon). A la pràctica, l'angle de convergència acostuma a ser de 90°.

Engranatges de vis sense fi (Figura 5.8)

Anàlogament als engranatges helicoïdals encreuats, la zona d'engranament se situa al voltant de la perpendicular comuna als eixos i les rodes adopten configuracions aparentment cilíndriques. Tanmateix es distingeixen dels primers per la relació de transmissió elevada (7÷100), perquè les dents del pinyó (1 o 2, excepcionalment fins a 4) adopten la forma de cargol (angles d'inclinació pròxims a 90°), i els perfils de les dents no són d'evolvent (la roda sol ser glòbica, Figura 5.8a i, en determinats casos, el pinyó també, Figura 5.8b) de manera que proporcionen contactes lineals o quasi superficials. Normalment, l'angle de convergència és de 90°, i el rendiment difícilment supera el 90%.

Característiques i aplicacions dels engranatges hiperbòlics

Transmissió de potència i rendiment

Els engranatges hiperbòlics no són adequats per a transmetre potències importants a causa del seu relatiu baix rendiment que difícilment arriba al 95% mentre que, en determinats casos, pot baixar per sota del 50%. Els engranatges de vis sense fi de rendiment més baix són irreversibles (la roda no pot fer girar el vis o cargol), condició que també es pot donat en altres engranatges hiperbòlics. El rendiment i la potència transmissible en els engranatges hipoïdals depenen en gran mesura del valor de la distància mínima entre eixos.

Les dents dels engranatges de vis sense fi estableixen contacte a través de zones lineals o quasi superficials i poden transmetre forces molt importants (aplicacions de força), mentre que les dents dels engranatges helicoïdals encreuats estableixen contacte sobre una o més zones puntuals i tan sols poden transmetre forces molt reduïdes (aplicacions cinemàtiques).

Forces axials

Els dentats de tots els engranatges hiperbòlics originen forces axials. Cal destacar les importantíssimes forces axials que s'originen sobre el vis o cargol dels engranatges de vis sense fi.

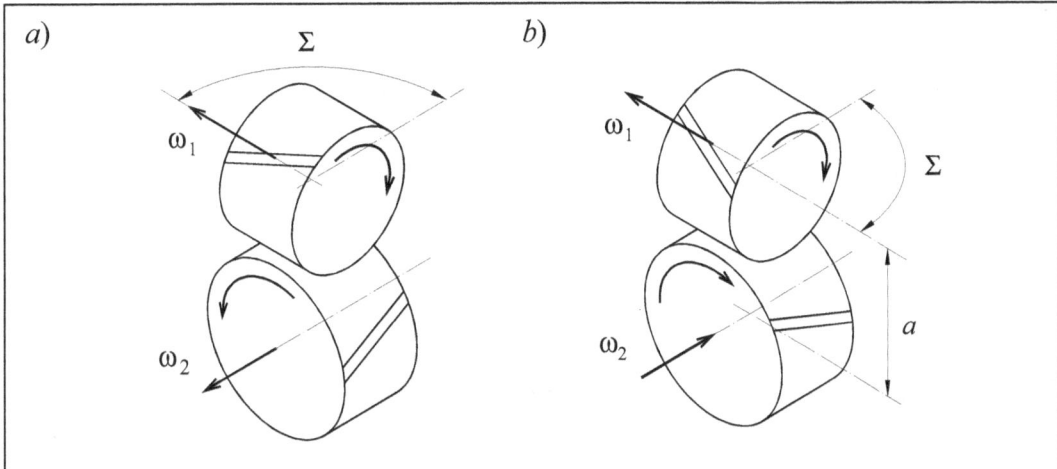

Figura 5.6 Engranatges helicoïdals encreuats: a) i b) Dues disposicions dels dentats per obtenir moviments contraris de la roda conduïda

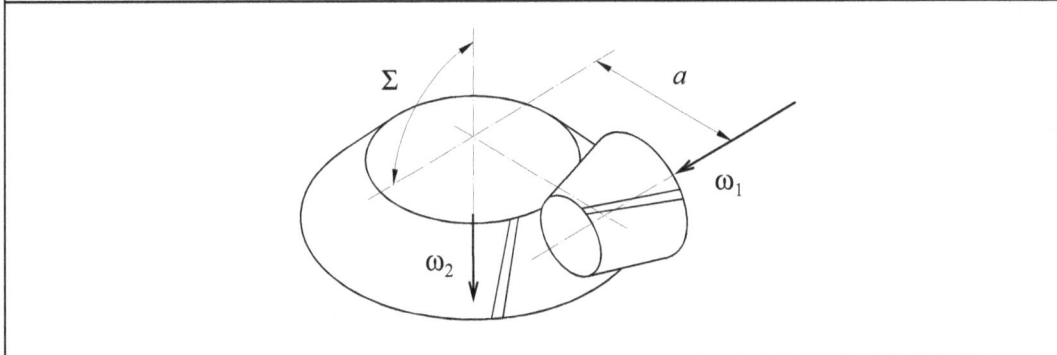

Figura 5.7 Engranatge hipoïdal

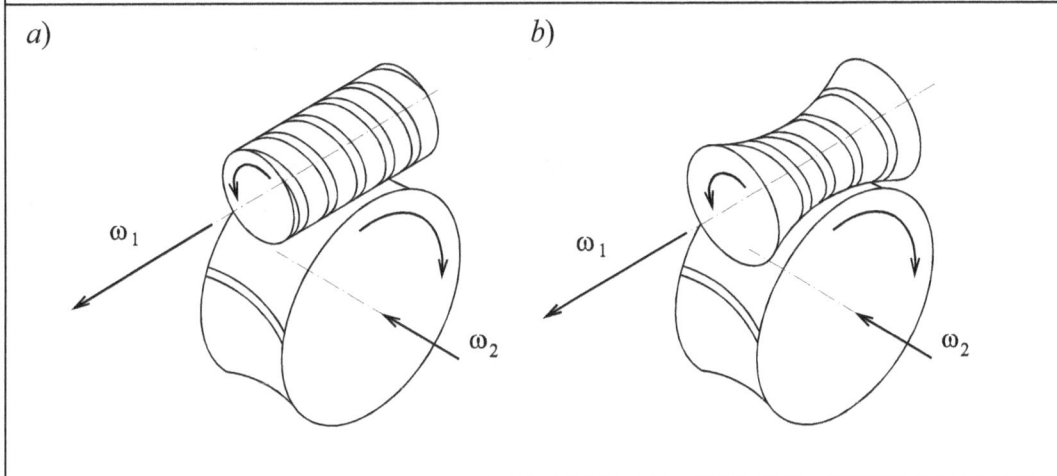

Figura 5.8 Engranatges de vis sense fi: a) Roda glòbica; b) Cargol i roda glòbiques

Recobriment i soroll

Tant les geometries dels engranatges de vis sense fi com les dels engranatges hipoïdals solen proporcionar sempre recobriments suficients, mentre que cal fer la comprovació en els engranatges helicoïdals encreuats.

Tots els engranatges hiperbòlics tenen els dentats inclinats (helicoïdals o espirals, almenys en una de les rodes) i per tant gaudeixen del funcionament suau i silenciós dels contactes progressius entre les dents. Els engranatges de vis sense fi són especialment silenciosos i suaus.

Procediments de fabricació

Les rodes dels engranatges helicoïdals encreuats es fabriquen amb la maquinària i procediments dels engranatges cilíndrics helicoïdals i, les rodes dels engranatges hipoïdals, amb la maquinària i procediments de les rodes còniques espirals normalment de dentat Gleason o Oerlikon.

Tot i que els visos o cargols dels engranatges de vis sens fi es poden fabricar al torn, s'obté més productivitat si es tallen amb fresa discoïdal o pinyó tallador en màquines especials i posteriorment es rectifiquen, mentre que les rodes (habitualment glòbiques) es tallen per mitjà d'una fresa mare especial de les dimensions del vis o cargol que avança axialment.

Aplicacions

El disseny d'engranatges helicoïdals encreuats permet una gran versatilitat pel que fa a relacions de transmissió, distància mínima i angle de convergència, però la baixa capacitat per transmetre forces els limita a aplicacions cinemàtiques.

Els engranatges hipoïdals permeten solucions constructives amb els dos eixos passants però tenen l'inconvenient d'un rendiment sensiblement més baix que el dels engranatges cònics equivalents. En els anys 20 es van començar a utilitzar en els ponts posteriors dels automòbils ja que permetien abaixar la transmissió i el centre de gravetat del vehicle, però el baix rendiment podia produir a plena potència el gripatge de la transmissió per excés de calor dissipat (el problema es va resoldre amb els olis d'extrema pressió).

Els engranatges de vis sense fi permeten transmetre grans forces amb reduccions elevades per mitjà d'una solució constructiva molt compacte. Per a les relacions de transmissió més petites (7÷25) s'aconsegueixen rendiments relativament bons del 80÷90%, però per a relacions de transmissió més grans (25÷100) els rendiments cauen fins al 50% o a valors inferiors. Sovint s'utilitzen en mecanismes que exigeixin autoretenció, gràcies a la seva simplicitat constructiva.

5.2 Trens d'engranatges

Definició, funcions i estructura dels trens d'engranatges

Definició i funcions

Un tren d'engranatges és tota combinació d'engranatges que enllaça dos o més eixos (en el límit, pot estar format per un sol engranatge).

Les funcions bàsiques són: *a*) Transmetre el moviment i les forces (i, per tant, la potència) entre l'eix (o eixos) d'entrada i l'eix (o eixos) de sortida; *b*) Modificar la situació, orientació o sentit del moviment dels eixos de sortida respecte a la dels d'entrada; *c*) Establir determinades relacions cinemàtiques, ja sigui una relació de transmissió fixa entre dos eixos, o determinades relacions lineals entre les velocitats de tres o més eixos. En tots els casos, les relacions entre velocitats són exactes, dent contra dent (transmissions sincròniques).

Estructura dels trens d'engranatges

Es distingeixen dos tipus de trens d'engranatges en funció de la seva estructura interna: *a*) *Trens d'eixos fixos*, on totes les rodes dentades estan articulades a la base; *b*) *Trens epicicloïdals* (o *trens planetaris*), que tenen una o més rodes dentades articulades sobre braços giratoris.

Els trens d'eixos fixos determinen un valor fix de la relació de transmissió entre els eixos que enllacen (en els canvis de marxes, connexions alternatives permeten prendre diversos valors discrets) mentre que els trens epicicloïdals determinen relacions lineals entre les velocitats de tres o més eixos (els sistemes que combinen trens d'eixos fixos i trens epicicloïdals, mantenen les característiques d'aquests darrers).

Disposicions i aplicacions dels trens d'engranatges

Les principals disposicions i aplicacions dels trens d'engranatges són (Figura 5.9):

a)   *Reductors* i *multiplicadors*

Trens d'engranatges amb una relació de transmissió diferent de la unitat entre un eix d'entrada i un eix de sortida. La velocitat de sortida s'obté multiplicant la velocitat d'entrada per la inversa de la *relació de transmissió* ($\omega_s = \omega_e / i$) i, el parell de sortida, multiplicant el parell d'entrada per la *relació de parells* ($M_s = M_e \cdot i_M$). La relació de parells i la relació de transmissió es relacionen a través del rendiment ($i_M = i \cdot \eta$).

Quan la relació de transmissió és $i > 1$ (la velocitat de sortida és més petita que la d'entrada), aquestes transmissions s'anomenen *reductors d'engranatges* (o, simplement, *reductors*) mentre que, quan la relació de transmissió és $i < 1$ (la velocitat de sortida és més gran que la d'entrada), s'anomenen *multiplicadors d'engranatges* (o, simplement, *multiplicadors*).

Els reductors són més utilitzats que els multiplicadors, ja que la major part de motors tenen velocitats elevades i parells baixos, mentre que els receptors requereixen velocitats més baixes i parells més elevats. Aquest és el cas de la major part de vehicles i màquines (automòbils, grues, fresadores, perforadores).

Algunes aplicacions específiques requereixen multiplicadors (aerogeneradors).

e) *Reenviaments, inversors*

Trens d'engranatges de relació de transmissió igual a la unitat ($i=1$) que tenen per missió canviar l'orientació de l'eix de sortida respecte del d'entrada (*reenviaments*; per exemple, d'engranatges cònics en angle recte), o invertir el sentit de rotació de la sortida respecte del d'entrada (*inversors*: per exemple, per invertir el sentit de gir de l'hèlice d'un embarcació). Molts trens d'engranatges combinen les funcions de reducció o multiplicació amb les funcions d'un reenviament (reductors de vis sense fi, o reductors cònico-helicoïdals) o amb les d'un inversor (determinats reductors planetaris).

b) *Transmissions cinemàtiques, de força i de potència*

En determinats trens d'engranatges interessen fonamentalment les *relacions cinemàtiques* (rellotges, aparells de mesura) essent les forces molt petites o pràcticament nul·les. Els dentats poden ser cicloïdals o d'evolvent.

En determinats trens reductors interessa fonamentalment la *transmissió d'un gran parell* a la sortida (moviments de gir i d'extensió d'una grua de port). Els dentats transmeten grans forces però el rendiment no és determinant.

Finalment, hi ha trens d'engranatges (normalment reductors, però també multiplicadors) on interessa la *transmissió de potència* (transmissió d'automòbil, multiplicador d'un aerogenerador). Els dentats transmeten grans forces a velocitats elevades i amb un bon rendiment.

e) *Canvis de marxes*

Trens d'engranatges (d'eixos fixos o epicicloïdals) amb una entrada i una sortida que, per mitjà de la connexió d'una o altra combinació d'engranatges, permeten obtenir diversos valors discrets (o *marxes*) de la relació de transmissió, *i* (canvis de marxes dels vehicles de motor, de determinades màquines eina).

Els canvis de marxes es poden basar en trens d'eixos fixos (generalment, els canvis de marxes manuals), o en trens epicicloïdals (molts dels canvis de marxes automàtics) on s'immobilitzen els elements necessaris en cada marxa per restringir el nombre de graus de llibertat del sistema a un sol.

c) *Trens diferencials*

Trens d'engranatges epicicloïdals que estableixen una relació cinemàtica lineal i un determinat repartiment de parells entre tres o més eixos.

Un dels trens diferencials més difós és el diferencial d'automòbil, però també s'usen en altres aplicacions en què cal una composició de moviments.

a)

$$i = \frac{\omega_1}{\omega_3} = \frac{z_{s2} \cdot z_{s3}}{z_{e1} \cdot z_{e2}}$$

b)

$$i = \frac{\omega_1}{\omega_3} = \frac{\omega_1}{\omega_4}$$

c)

$$i_{12} = \frac{\omega_1}{\omega_2} = \frac{z_{s2}}{z_{e1}} \qquad i_{13} = \frac{\omega_1}{\omega_3} = \frac{z_{s3}}{z_{e1}}$$

d)

$$|i_{13}| = \frac{\omega_1}{\omega_3} = \frac{z_{s2} \cdot z_{s3}}{z_{e1} \cdot z_{e2}} = \frac{z_{s3}}{z_{e1}} = 1$$

e)

f)

$$\omega_3 + \omega_4 = 2\,\omega_2$$

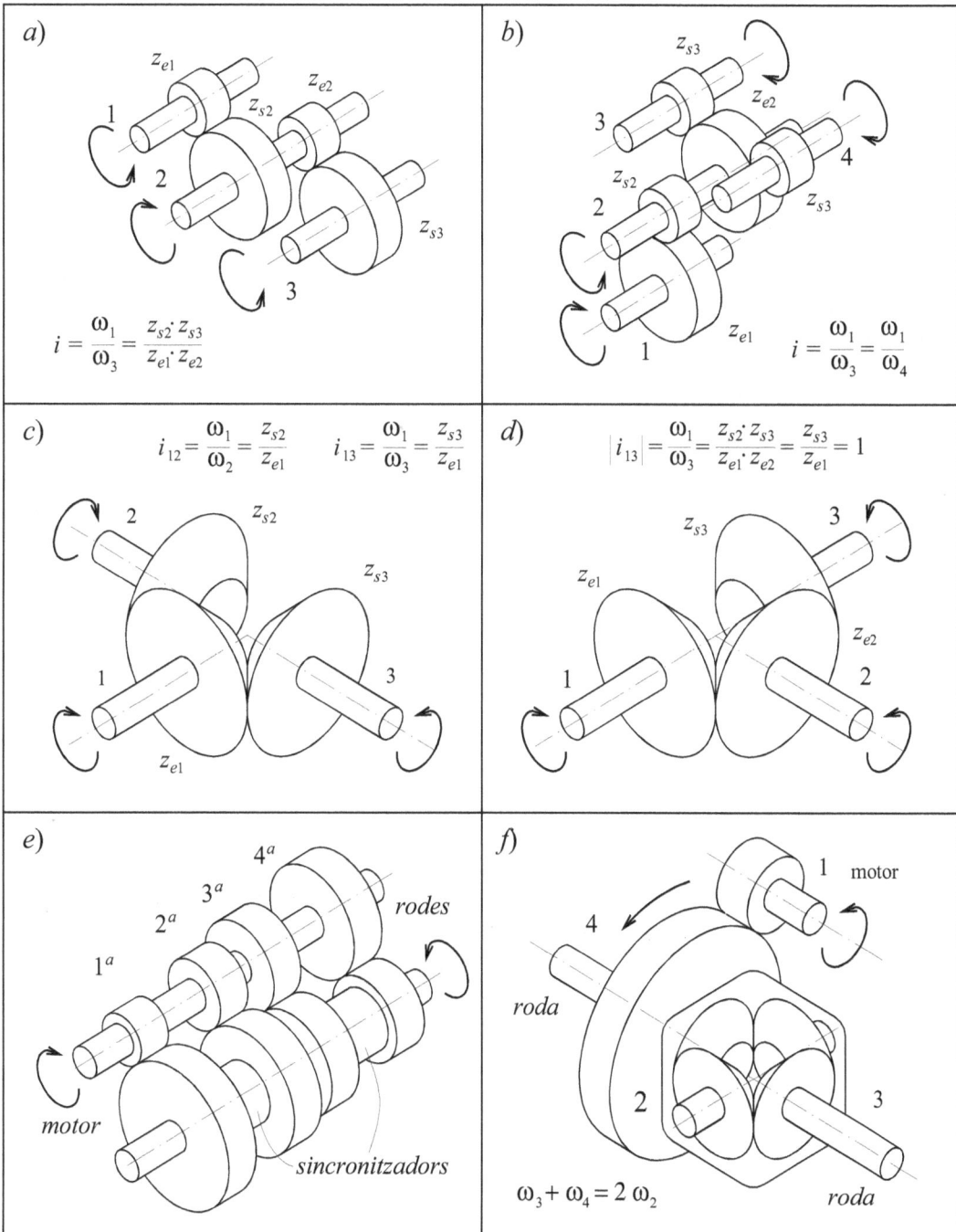

Figura 5.9 Diferents tipus de trens d'engranatges: *a*) Reductor de dues etapes; *b*) Multiplicador de dues etapes amb una entrada i dues sortides; *c*) Reenviament cònic doble (dues sortides); *d*) Inversor; *e*) Canvi de 4 marxes per a automòbil (reductora-multiplicadora); *f*) Diferencial d'automòbil.

5.3   Trens d'engranatges d'eixos fixos

Tipus de trens d'engranatges d'eixos fixos

Els trens d'engranatges d'eixos fixos, formats per engranatges cilíndrics, cònics i/o hiperbòlics, adopten nombroses disposicions que poden agrupar-se en: *a*) *Trens d'engranatges en sèrie*: l'eix de sortida de l'engranatge d'una etapa és l'eix d'entrada de l'engranatge de l'etapa següent (són els més freqüents); *b*) *Trens d'engranatges en paral·lel*: sobre un mateix eix d'entrada (i/o de sortida) se situen les rodes de diversos engranatges (alguns canvis de marxes adopten aquesta disposició); *c*) *Trens d'engranatges mixtos*: combinen engranatges en sèrie i engranatges en paral·lel (són més freqüents que els trens d'engranatges en paral·lel).

Entre els trens d'engranatges en sèrie es pot distingir entre: *a*1) *Trens recurrents*, en què la primera i darrera roda dentada són coaxials, o sigui d'eixos coincidents (el concepte de tren recurrent té un gran interès en l'estudi dels trens epicicloïdals); *a*2) *Trens oberts*, en què no es compleix aquesta condició.

Paràmetres que defineixen un tren d'eixos fixos

En el disseny d'un tren d'engranatges d'eixos fixos intervenen nombrosos factors (relacions de transmissió, velocitats de funcionament, orientació dels eixos, parells a transmetre, espais disponibles, rendiments, règims de funcionament) l'estudi global dels quals escapa a l'àmbit del present curs. Tanmateix, a continuació se n'estudien dos d'ells que són de gran interès en l'estudi preliminar d'aquestes transmissions: la *relació de transmissió* i el *rendiment*.

Relació de transmissió

Es defineix la relació de transmissió, i_{jk} (o simplement *i*), entre dos eixos qualssevol, *j* i *k*, d'un tren d'engranatges d'eixos fixos, com el quocient entre la velocitat angular de l'eix considerat d'entrada, ω_j, i la velocitat angular de l'eix considerat de sortida, ω_k (cal observar la relativitat d'aquesta definició): $i_{jk}=\omega_j/\omega_k$. A continuació es concreta aquesta definició en trens d'engranatges en paral·lel, en sèrie i mixtos.

Relació de transmissió de trens d'engranatges en paral·lel

Aquests trens d'engranatges tenen un eix d'entrada i diversos eixos de sortida o, viceversa, diversos eixos d'entrada i un eix de sortida; per tant, la relació de transmissió és, per a cada parella d'eixos d'entrada i sortida, la relació de transmissió de l'engranatge que els relaciona. Atès que els trens d'engranatges en paral·lel sempre tenen una etapa, la relació de transmissió és la del corresponent engranatge que enllaça els dos eixos.

Relació de transmissió de trens d'engranatges en sèrie

Els trens d'engranatges en sèrie estan formats per diverses etapes successives d'engranatges entre dos eixos. S'estableixen els següents conceptes i nomenclatures sobre un tren d'engranatges en sèrie de n etapes: *a*) Hi ha n engranatges amb relacions de transmissió, i_1, i_2, i_3 ... i_n (la referència correspon a l'eix d'entrada de l'engranatge de cada etapa); *b*) Hi ha $n+1$ eixos denominats $e=1$ (entrada), 2, 3 ... n, $s=n+1$ (sortida); *c*) En principi hi ha $2 \cdot n$ rodes dentades i es denominen pel nombre de dents, z, amb un doble subíndex: el primer indica si la roda és la d'entrada (e) o de sortida (s) de cada engranatge, mentre que el segon indica l'eix sobre el qual està situada.

A partir de les anteriors definicions, la relació de transmissió entre un eix d'entrada (e) i un eix de sortida (s) d'un tren d'engranatges en sèrie, i_{es}, és el producte de les relacions de transmissió de cada un dels engranatges, i_j, i, per tant, és el quocient entre el producte dels nombres de dents de les rodes de sortida de cada un dels engranatges, z_{sj+1}, i el producte del nombre de dents de les corresponents rodes d'entrada, z_{ej}, o sigui:
$i_j = \omega_j / \omega_{j+1} = z_{sj+1} / z_{ej}$

$$i_{es} = \frac{\omega_e}{\omega_s} = \frac{\omega_{e(=1)}}{\omega_2} \cdot \frac{\omega_2}{\omega_3} \frac{\omega_3}{\omega_4} \cdots \frac{\omega_n}{\omega_{s(n+1)}} = \prod_{j=1}^{n} i_j \qquad (2)$$

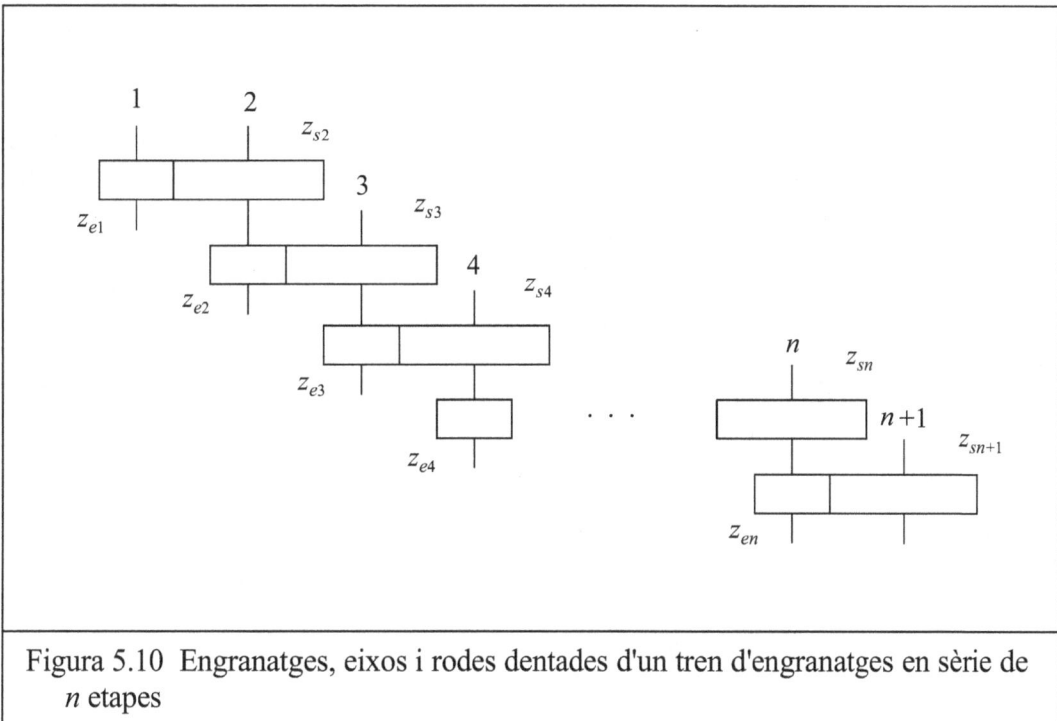

Figura 5.10 Engranatges, eixos i rodes dentades d'un tren d'engranatges en sèrie de n etapes

Relació de transmissió de trens d'engranatges mixtos

Hi ha trens d'engranatges que combinen trens en sèrie i trens en paral·lel, de manera que poden existir diversos eixos d'entrada i diversos eixos de sortida. Aleshores existeixen tantes relacions de transmissió com parelles d'un eix d'entrada i d'un eix de sortida es puguin formar. Les fórmules dels trens d'engranatges en sèrie són vàlides per a les etapes d'engranatge entre l'eix d'entrada i l'eix de sortida considerat.

Disseny de trens d'eixos fixos amb relacions de transmissió fixades

Els requeriments de les relacions de transmissions dels trens d'engranatges d'eixos fixos poden situar-se en un dels casos següents: *a*) Relacions de transmissió molt grans (reductores) o molt petites (multiplicadores) que no poden ser obtingudes amb un tren d'una sola etapa (un sol engranatge en sèrie); *b*) Diferents nivells de grau de precisió de les relacions de transmissió: *b*1) Rigorosament exactes (rellotge); *b*2) De gran aproximació (plats divisors de màquina eina, aparells astronòmics); *b*3) Esglaonaments (canvis de marxes; sèries de reductors).

En el disseny cinemàtic (determinació del nombre d'etapes i del nombre de dents de les diferents rodes dentades) de trens d'engranatges, cal tenir en compte els següents factors:

Nombres de dents màxims i mínims, $z_{màx}$ i $z_{mín}$

En general, és recomanable no baixar d'un cert nombre de dents mínim, $z_{mín}$, ni sobrepassar un determinat nombre de dents màxim, $z_{màx}$, pels següents motius:

a) Per un costat, es fa difícil d'obtenir una roda de geometria adequada amb molt poques dents; en transmissions de potència amb dentats de perfil d'evolvent sense desplaçar no és convenient baixar per sota del $z_{mín}=16$ dents ni, amb dentats desplaçats, baixar per sota de $z_{mín}=12$ dents; en transmissions cinemàtiques i dentats cicloïdals es pot disminuir aquest límit fins a $z_{mín}=8$ dents (fins i tot 6 dents);

b) El nombre màxim de dents queda limitat per dos factors: Un d'ells és l'excessiva distància entre eixos que pren l'engranatge; L'altre, i més determinant, és la dificultat de fabricar amb prou precisió rodes dentades de moltes dents sense que l'error de pas acumulat no comporti dificultats en el tancament de l'última dent (amb precisions habituals no s'acostumen a tallar rodes de més de 100 dents). Aquests dos fet porten a recomanar nombres de dents compresos entre $z_{màx}=60 \div 120$ dents.

Relació de transmissió màxima (o mínima) d'una etapa, $i_{màx}$ ($i_{mín}$)

La limitació màxima i mínima del nombre de dents de les rodes dentades comporta una limitació de la reducció màxima ($i_{màx} \leq z_{màx}/z_{mín}$) o la multiplicació mínima ($i_{mín} \geq z_{mín}/z_{màx}$) d'una etapa d'un tren d'engranatges d'eixos fixos. Si la reducció o la multiplicació ha de ser més gran que aquest valor, caldrà necessàriament disposar un tren d'engranatges de més d'una etapa.

Nombre d'etapes mínim, p

Atès que la relació de transmissió total d'un tren d'engranatges de diverses etapes és el producte de les relacions de transmissió de cada una d'elles i, essent la relació de transmissió límit d'una d'elles $i_{màx}$ (engranatges reductors) o $i_{mín}$ (engranatges multiplicadors), el nombre d'etapes mínim, p (nombre enter), que haurà de tenir el tren serà la que resulti del compliment de les següents desigualtats:

Trens reductors: $\qquad (i_{màx})^{p-1} \leq i_T \leq (i_{màx})^{p}$

Trens multiplicadors: $\qquad (i_{mín})^{p-1} \geq i_T \geq (i_{mín})^{p}$

Nombres de dents de les dues rodes de cada etapa

En les transmissions de potència, és convenient que els nombres de dents de les dues rodes dentades que engranen en cada etapa siguin primers entre ells o, en tot cas, que tinguin el mínim nombre de divisors comuns. D'aquesta manera, cada dent d'una roda engrana amb totes les dents de l'altra roda i es produeix un efecte uniformitzador del desgast de les diferents dents.

Exemple 5.1: *Aproximació a una relació de transmissió*

Enunciat

Es demana d'aproximar una relació de transmissió de $i=2,750$ a partir de rodes dentades amb nombres de dents compresos entre 13 i 45. Es demana que en cas de solucions de gran aproximació (o exactes), però amb nombres de dents no primers entre ells, s'estudiïn els cicles d'engranament de les dents d'ambdues rodes.

Resposta

S'ha partit de la relació 2,750 i s'ha multiplicat per 13, 14 i 15 i s'han aproximat als nombres enters superiors i inferiors:

$36/13 = 2,769$ (error $+ 0,019$) $\qquad 35/13 = 2,692$ (error $- 0,058$)

$39/14 = 2,786$ (error $+ 0,036$) $\qquad 38/14 = 2,714$ (error $- 0,036$)

$42/15 = 2,800$ (error $+ 0,050$) $\qquad 41/15 = 2,733$ (error $- 0,017$)

$44/16 = 2,750$ (error $+ 0,000$)

Hi ha una relació exacta ($z_2/z_1=44/16$), però els nombres de dents de pinyó i roda no són primers entre ells. Hi ha també dues relacions més que s'aproximen molt a la relació de transmissió desitjada en què el nombre de dents del pinyó i el de la roda són primers entre ells: $z_2/z_1=36/13=2,769$ (error $+ 0,019$) i $z_2/z_1=41/15=2,733$ (error $-0,017$). Aquestes solucions són preferibles a la primera més exacta.

La relació exacta $z_2/z_1=44/16$ es basa en dos nombres de dents (44 i 16) que tenen un divisor comú (el 4). Es poden formar, doncs, quatre conjunts de dents que engranen entre si, un dels quals agrupa les dents 1–5–9–13 del pinyó i les dents 1–5–9–13––17–21–25–29–33–37–41 de la roda; la dent 1 del pinyó engranarà successivament amb les dents de la roda ressenyades anteriorment seguint l'ordre: 1–17–33–5–21–37––9–25–41–13–29 i altre cop 1–17..., però mai engranarà amb les dents 2, 3 o 4, o les dents que resulten de sumar un múltiple de 4.

Rendiment

Es defineix com el quocient entre la potència subministrada a l'eix d'entrada i la potència rebuda a l'eix o eixos de sortida.

Rendiment dels trens d'engranatges en sèrie
El rendiment total, $/$, d'un tren d'engranatges en sèrie és el producte dels rendiments de cada una de les seves etapes (o engranatges), η_j, ja que la potència de sortida de cada un d'ells és la potència d'entrada del següent:

$$\eta = \frac{P_s}{P_e} = \frac{P_{s\,(=n+1)}}{P_n} \cdot \frac{P_n}{P_{n-1}} \cdot \; \cdots \; \cdot \frac{P_2}{P_{e\,(=1)}} = \prod_{j=1}^{n} \eta_j \qquad \eta_j = \frac{P_{j+1}}{P_j} \tag{3}$$

Rendiment dels trens d'engranatges en paral·lel
El rendiment total d'un tren d'engranatges en paral·lel amb una entrada i diverses sortides depèn del repartiment de la potència d'entrada entre els diversos eixos de sortida. Si els factors de repartiment de la potència sobre cada un dels m eixos en paral·lel són respectivament, ξ_k ($\Sigma\xi_k=1$; $k=1\cdots m$), i els rendiments corresponents són, η_k, el rendiment total resultant del tren engranatges és:

$$\eta = \frac{\displaystyle\sum_{k=1}^{m}\eta_k\cdot(\xi_k\cdot P)}{P} = \sum_{k=1}^{m}\xi_k\cdot\eta_k \tag{4}$$

Per tant, el rendiment es modifica si els factors de repartiment de la potència varien.

Rendiment dels trens d'engranatges mixtos
Els trens d'engranatges mixtos disposen en paral·lel m cadenes en sèrie de un màxim de n etapes. La fórmula del rendiment resultant és:

$$\eta = \frac{\displaystyle\sum_{k=1}^{m}\left(\prod_{j=1}^{n}\eta_{jk}\right)\cdot(\xi_k\cdot P)}{P} = \sum_{k=1}^{m}\xi_k\cdot\left(\prod_{j=1}^{n}\eta_{jk}\right) \tag{5}$$

Exemple 5.2: Rendiments de diversos trens alternatius

Enunciat

Es demana d'estudiar el rendiment de diverses alternatives de trens d'engranatges d'eixos fixos per a una relació de transmissió total de i_T=3280 i un parell de sortida mitjà (0,5÷1 kN·m). Es proposa de limitar el nombre de dents entre z=12÷70.

Resposta

Es consideren solucions basades en engranatges cilíndrics (relació de transmissió màxima per etapa de $i_{c\text{-}màx}=z_s/z_e$=67/12=5,5833) i engranatges de vis sense fi (relació de transmissió màxima per etapa $i_{v\text{-}màx}=z_s/z_e$=70/1).

Per a parells mitjans (0,5÷1 kN·m), el rendiment d'un engranatge cilíndric és de l'ordre de η_c=0,97, mentre que els rendiments dels engranatges de vis sense fi disminueixen fortament de la relació de transmissió: η_v=0,89÷0,85 per a i_v=7÷15; η_v=0,84÷0,79 per a i_v=18÷30; i η_v=0,78÷0,71 per a i_v=35÷65.

A partir d'aquestes dades, s'analitza el rendiment de diverses alternatives on es constata la influència negativa del baix rendiment dels engranatges de vis sense fi:

a) *Diverses etapes d'engranatge cilíndric*
   El nombre d'etapes d'engranatges cilíndrics, p, necessàries és de: $i_T=(i_{c\text{-}màx})^p$; essent $p=\log i_T/\log i_{c\text{-}màx}=\log(3280)/\log(5,5833)$=4,71; calen, doncs, p=5 etapes ($i_c=i_T^{1/p}=3280^{1/5}$=5,049). Atès que el rendiment d'una etapa d'un engranatge cilíndric és η_c=0,97, el rendiment total de les 5 etapes és $\eta_T=\eta_c^p=0,97^5$=0,859.

b) *Diverses etapes d'engranatge de vis sense fi (relació de transmissió màxima)*
   El nombre d'etapes, p, necessàries és de: $i_T=(i_{v\text{-}màx})^p$; essent $p=\log(i_T)/\log(i_{v\text{-}màx})=\log(3280)/\log(70)$=1,91; calen, doncs, p=2 etapes ($i_v=i_T^{1/p}=3280^{1/2}$=57,3 (de fet, 57). Atès que rendiment d'una etapa d'un engranatge de vis sense fi per a i_v=57,27 és η_c=0,73, el rendiment total és de $\eta_T=\eta_c^p=0,73^2$=0,533.

c) *Diverses etapes d'engranatge de vis sense fi (relació de transmissió menor)*
   El rendiment dels engranatges de vis sense fi millora significativament quan la relació de transmissió baixa. Si p=3, la relació de transmissió per a cada etapa és $i_v=i_T^{1/p}=3280^{1/3}$=14,86 (cal prendre 14 o 15) amb un rendiment per etapa de η_v=0,85, per la qual cosa el rendiment total és $\eta_T=\eta_c^p=0,85^3$=0,0,614.

b) *Una etapa d'engranatge cilíndric i dues d'engranatge de vis sense fi*
   Si hi ha una etapa d'engranatge cilíndric (i_c=5,5833), les dues etapes d'engranatges de vis sense fi restants tenen una reducció de $i_v=(i_T/i_c)^{1/2}=(3280/5,5833)^{1/2}$=24,23 (de fet haurà de ser 24 o 25). El rendiment d'una etapa d'un engranatge de vis sense fi per a i_v=24,23 es pot xifrar en η_c=0,82 i el rendiment total és $\eta_T=\eta_c\cdot\eta^2=0,97\cdot0,82^2$=0,652.

5.4 Trens epicicloïdals simples

Introducció

Els trens epicicloïdals (també anomenats *trens planetaris* perquè la disposició de les rodes dentades recorda el sistema solar) tenen algunes rodes dentades articulades sobre braços giratoris, de manera que qualssevol dels seus punts descriuen tipus de corbes cicloïdals (generalment epicicloïdals).

Entre les moltes formes que poden adoptar els trens epicicloïdals, cal distingir entre *trens epicicloïdals simples*, de tres eixos coaxials, un dels quals és el braç que arrossega grups d'un o més eixos satèl·lits, i *trens epicicloïdals complexos*, que són el resultat de la composició de dos o més trens epicicloïdals simples, que es veuran en la propera Secció 5.5.

Un tren epicicloïdal simple està format per tres eixos coaxials, dos d'ells lligats a dues rodes dentades que s'anomenen *planetaris* (subíndexs 1 i 3; en el cas de dentats cilíndrics interiors prenen el nom de *corones*) i un tercer lligat al *braç* (subíndex 2) on hi ha articulats l'eix o els eixos dels *satèl·lits* que enllacen els dos planetaris (en anglès s'usen els termes *sun* i *planets*, enlloc de *planetaris* i *satèl·lits*). A fi de repartir el parell i equilibrar les forces sobre els planetaris, generalment es disposen diversos grups de satèl·lits distribuïts al llarg d'una volta.

Les velocitats angulars dels tres eixos coaxials dels trens epicicloïdals simples estan relacionades per una equació lineal, anomenada *equació de Willis*, mentre que els parells exteriors aplicats sobre els tres eixos coaxials mantenen relacions fixes entre ells independentment del seu moviment.

Una forma intuïtiva de concebre un tren epicicloïdal simple i que, alhora, facilita el plantejament de les seves equacions, és assimilar-lo a un tren recurrent. Els eixos d'entrada i de sortida corresponen als planetaris mentre que, les rodes dentades que completen el tren corresponen als satèl·lits i estan articulats sobre un suport fix (que correspon al braç). Si es permet que el suport fix giri respecte als eixos coaxials, el tren recurrent es transforma en el tren epicicloïdal. La relació de transmissió del tren recurrent, i_0, i el rendiment del tren recurrent, η_0, són paràmetres bàsics per al càlcul dels paràmetres del tren epicicloïdal.

Els trens planetaris simples més freqüents, amb rodes cilíndriques i un sol eix de satèl·lits per grup, poden agrupar-se segons els quatre tipus que indica en la Figura 5.11. Tanmateix, existeixen altres tipus de trens planetaris simples formats per rodes còniques o amb més d'un eix de satèl·lits per grup. Com a exemple, vegeu la Figura 5.12 que mostra diverses solucions constructives de diferencials.

Relacions cinemàtiques. Equació de Willis

Dos trens epicicloïdals que tinguin la mateixa relació de transmissió del tren recurrent, i_0 (valor i signe), es comporten cinemàticament de la mateixa manera, i com a caixa tancada no es pot conèixer quina és la seva configuració interna. Així, doncs, els tres trens epicicloïdals de la Figura 5.12 (diferencial d'automòbil), amb la mateixa relació de transmissió del tren recurrent, $i_0=-1$, tenen el mateix comportament.

A continuació s'estableixen les relacions entre les velocitats angulars dels tres eixos exteriors d'un tren planetari simple (1, entrada; 2, braç; 3, sortida), per mitjà de l'anomenada *equació de Willis*. Tanmateix, per evitar errors en l'aplicació d'aquesta equació, és convenient d'establir prèviament els significats de les nomenclatures i designacions dels signes, eixos i rodes del tren recurrent i del tren planetari.

Designacions i nomenclatures

Signe de la relació de transmissió del tren recurrent: q
Si s'immobilitza el braç d'un tren epicicloïdal simple, entrant per un dels dos eixos coaxials del tren recurrent i sortint per l'altre, immediatament es comprova si les velocitats angulars poden tenir el mateix sentit ($q=1$) o sentits contraris ($q=-1$).
En un tren recurrent format exclusivament per engranatges cilíndrics (exteriors i interiors), el signe q es calcula per mitjà de la fórmula $q=(-1)^x$ on x és el nombre d'engranatges exteriors que són els que inverteixen el sentit de gir.
Si un tren recurrent inclou engranatges cònics o hiperbòlics, per a determinar el signe q, cal analitzar pas a pas el sentit de gir de cada una de les etapes del tren recurrent.

Eixos del tren epicicloïdal
Les velocitats angulars i els parells exteriors aplicats sobre els planetaris (o corones) es designen amb els subíndexs 1 i 3, mentre que la velocitat angular i el parell exterior sobre el braç de satèl·lits es designen amb el subíndex 2. Des del punt de vista cinemàtic, els trens epicicloïdals simples es poden agrupar en dos conjunts: *a*) Si la relació de transmissió del tren recurrent és negativa (s'inverteix el sentit de gir entre els planetaris i/o corones), i el tren epicicloïdal té un planetari i una corona, s'acostuma a designar amb el subíndex 1 el primer i, amb el subíndex 3, la segona. Els eixos dels trens epicicloïdals dels tipus I i II (Figura 5.11) es designen seguint aquest criteri; *b*) Si la relació de transmissió del tren recurrent és positiva (no s'inverteix el sentit de gir entre els planetaris i/o corones), s'assigna el subíndex 1 al planeta o corona que actua com a eix d'entrada quan la relació de transmissió del tren recurrent és superior a la unitat, $i_0>1$ (sempre hi ha un sentit del flux de potència en què la relació de transmissió és superior a la unitat). Els eixos dels trens epicicloïdals dels tipus III i IV (Figura 5.11) es designen segons aquest criteri.

Eixos del tren recurrent

En la major part dels trens epicicloïdals, hi ha un sol eix per grup de satèl·lits i, aleshores, aquest eix i els corresponents satèl·lits es designen pel subíndex 2.

Però també hi pot haver un major nombre d'eixos de satèl·lits sobre el braç (dos eixos, molt rarament tres o més), tal com mostren les Figures 5.12b i 5.12c. En aquests casos, la designació d'aquests eixos seria 2', 2", 2'''··· (acceptable per a pocs eixos i que, alhora, no modifica les designacions dels planetes i/o corones).

Rodes dentades

El nombre de dents de les rodes dentades es designen per mitjà d'una z amb dos subíndexs: el primer indica si la roda dentada és d'entrada (subíndex e) o de sortida (subíndex s) del corresponent engranatge (d'acord amb l'elecció de l'entrada i la sortida del tren recurrent); i, el segon subíndex indica l'eix sobre el que gira la roda dentada.

Si hi ha un sol eix en cada grup de satèl·lits del braç, les rodes dentades es designen per: *a*) Si són rodes intermèdies (la mateixa roda engrana amb els planetes i/o corones; vegeu Figures: 5.11ª i 5.12ª): z_{e1}, $z_2 (=z_{s2}=z_{e2})$ i z_{s3}; *b*) Si en l'eix de cada grup de satèl·lits hi ha dues rodes dentades (Figures 5.11b, 5.11c i 5.11d): z_{e1}, z_{s2}, z_{e2} i z_{s3}.

Si en cada grup de satèl·lits hi ha dos o més eixos, tant els eixos com les corresponents rodes dentades es designen per 2', 2"···. En els trens planetaris de les Figures 5.12b i 5.12c (diferencials, $i_0=-1$, que tenen la mateixa estructura), amb dos eixos per cada grup de satèl·lits, les rodes dentades es designen per: z_{e1}, $z_{s2'}$, $z_{e2'}$, $z_{s2"}$, $z_{e2"}$, z_{s3}.

Equació de Willis

Si s'immobilitza el braç d'un tren epicicloïdal simple qualsevol, aquest es transforma en un tren recurrent amb la següent relació de transmissió (les velocitats angulars d'entrada i sortida respecte al braç són $\omega_{1/2}=\omega_1-\omega_2$ i $\omega_{3/2}=\omega_3-\omega_2$):

$$\frac{\omega_{1/2}}{\omega_{3/2}}=\frac{\omega_1-\omega_2}{\omega_3-\omega_2}=i_0 \qquad\qquad \omega_1-(1-i_0)\cdot\omega_b-i_0\cdot\omega_3=0 \qquad\qquad (6)$$

L'equació que en resulta, ja sigui en forma de fracció o en forma lineal, és l'anomenada *equació de Willis* que proporciona una relació lineal entre els tres eixos coaxials del tren epicicloïdal.

La relació de transmissió del tren recurrent, i_0, inclou la informació sobre dos factors: un d'ells, q, fixa el signe de la relació de velocitats entrada-sortida, mentre que l'altre és el mòdul de la relació de velocitats entre els eixos 1 i n del tren recurrent (coincidents amb els eixos 1 i 3 del tren epicicloïdal). La seva expressió és:

$$i_0=q\cdot\frac{z_{s2}}{z_{e1}}\cdot\frac{z_{s3}}{z_{e2}}\cdot\ \ \cdots\ \ \frac{z_{sn-1}}{z_{en-2}}\cdot\frac{z_{sn}}{z_{en-1}}=q\cdot\prod_{j=1}^{n}\frac{z_{sj+1}}{z_{ej}} \qquad\qquad (7)$$

Tipus I

z_{s3}

$z_2(=z_{e2}=z_{s2})$

1   3   2

z_{e1} $i_0 = -\dfrac{z_{s3}}{z_{e1}} < -1$

Tipus II

z_{s2} z_{s3}

1   z_{e2} 3   2

z_{e1}

$i_0 = -\dfrac{z_{s2} \cdot z_{s3}}{z_{e1} \cdot z_{e2}} < 0$

Tipus III

z_{s2} z_{e2}

1   2
                                    3

z_{e1} z_{s3}

$i_0 = \dfrac{z_{s2} \cdot z_{s3}}{z_{e1} \cdot z_{e2}} > 1$

Tipus IV

z_{e1} z_{s3}

1   3   2
              z_{s2} z_{e2}

$i_0 = \dfrac{z_{s2} \cdot z_{s3}}{z_{e1} \cdot z_{e2}} > 1$

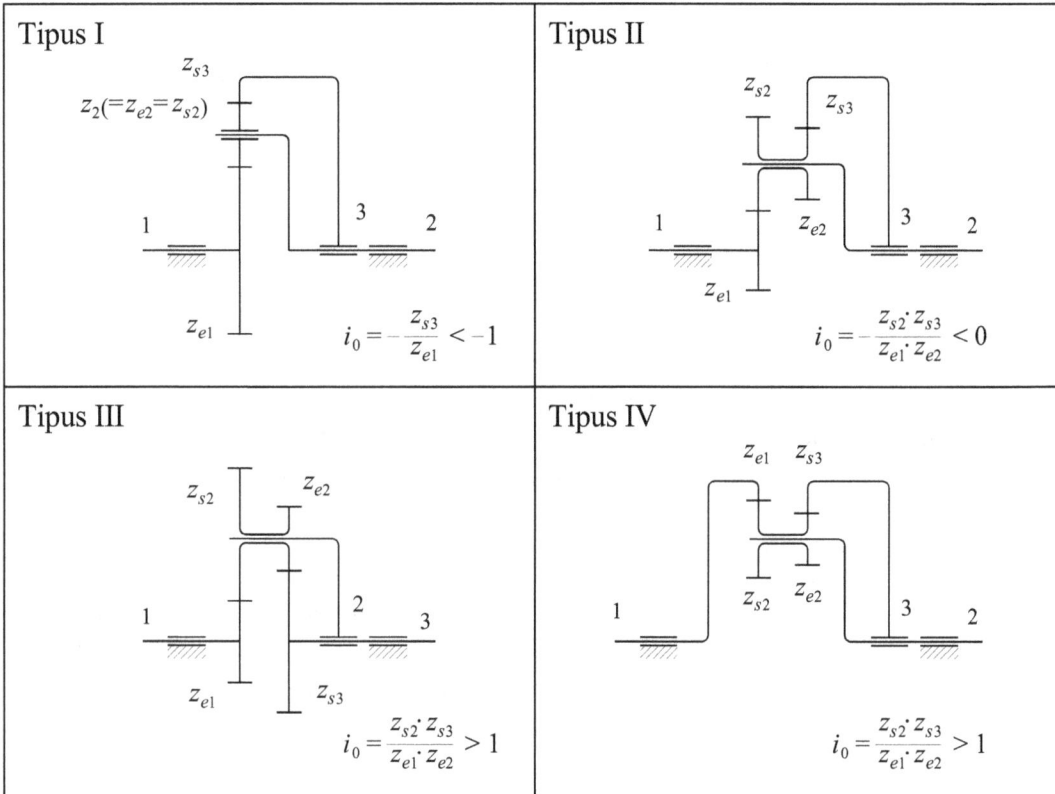

Figura 5.11 Tipus de trens epicicloïdals: I. Planeta i corona enllaçats directament pels satèl·lits; II. Planeta i corona enllaçats per un eix de dos satèl·lits; III. Dos planetes enllaçats per un eix de doble satèl·lit; IV. Dues corones enllaçades per un eix de doble satèl·lit.

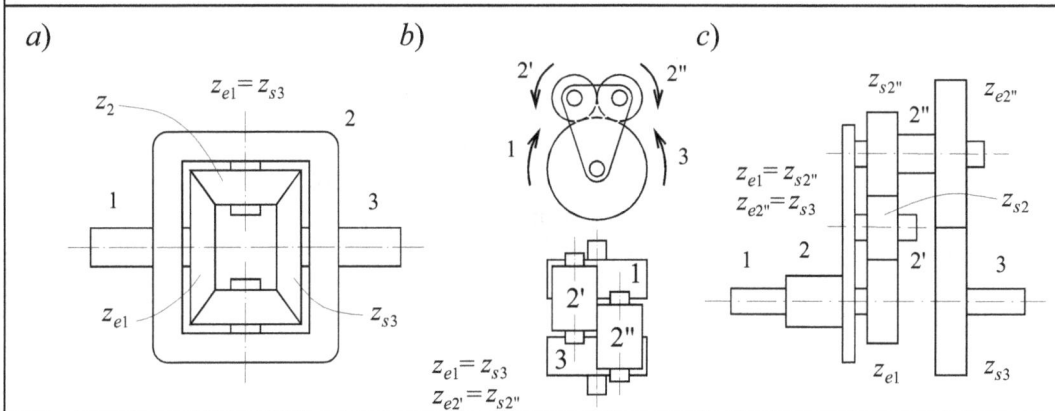

a)

z_2 $z_{e1}=z_{s3}$
                                    2
1   3

z_{e1} z_{s3}

b)

2'   2"
1   3

2'
3   2"

$z_{e1}=z_{s3}$
$z_{e2'}=z_{s2"}$

c)

$z_{s2"}$ $z_{e2"}$
              2"
$z_{e1}=z_{s2"}$
$z_{e2"}=z_{s3}$ z_{s2}

1   2   2'   3

z_{e1} z_{s3}

Figura 5.12 Tres versions de tren epicicloïdal amb la mateixa relació de transmissió del tren recurrent ($i_0=-1$; diferencial); *a)* Amb 2 engranatges cònics; *b)* i *c)* Amb 3 engranatges cilíndrics.

Els trens epicicloïdals poden funcionar com a mecanismes de composició de velocitats (també anomenats *trens diferencials*) quan les velocitats dels tres eixos són diferents de zero, però també poden funcionar com a un tren reductor o multiplicador acompanyat o no d'un efecte inversor del moviment quan bloquegen un dels tres eixos del tren (habitualment el d'entrada o sortida del tren recurrent).

Nombre de grups de satèl·lits

Els trens epicicloïdals disposen, en general, de dos o més grups de satèl·lits distribuïts en 360° per, d'aquesta manera, repartir el parell i equilibrar les forces que actuen sobre els planetaris i corones. Aquest repartiment sol ser uniforme amb angles iguals (per a 2 grups de satèl·lits, l'angle és de $360/2 = 180°$; per a 3 grups, l'angle és $360/3 = 120°$; per a 4 grups, 90°; per a 5 grups, 72°, etc.), però també és possible distribuir-los amb angles lleugerament diferents quan la combinació dels nombres de dents de les rodes no fa possible el repartiment uniforme.

A fi que sigui possible el repartiment uniforme en una volta de N grups de satèl·lits exactament iguals (fins i tot en la posició relativa angular entre els dos satèl·lits sobre un mateix eix), cal que es compleixin les següents relacions amb els nombres de dents de les rodes dentades per als diferents tipus de trens planetaris:

a) *Cas general*
Tipus I i II: Tipus III i IV:

$$\frac{v}{N} \cdot \left(\frac{z_{e1} \cdot z_{e2} + z_{s2} \cdot z_{s3}}{z_{s2} \ o \ z_{e2}} \right) = \text{enter} \qquad \frac{v}{N} \cdot \left(\frac{z_{e1} \cdot z_{e2} - z_{s2} \cdot z_{s3}}{z_{s2} \ o \ z_{e2}} \right) = \text{enter} \qquad (8)$$

v=nombre enter no múltiple de N.

b) *Satèl·lits únics o comuns*
En els trens planetaris amb una sola roda intermèdia com a satèl·lit (entre el planetari i la corona, en el tren de tipus I; o que engrana amb dos planetaris o dues corones, casos especials de trens dels tipus III i IV), les anteriors fórmules se simplifiquen en les següents (en totes elles és $z_{s2} = z_{e2}$):

Tipus I: $(z_{e1} + z_{s3})/N = \text{enter}$ Tipus III i IV: $(z_{e1} - z_{s3})/N = \text{enter}$

c) *Planetaris i corones divisibles per N*:
També és possible el repartiment uniforme dels grups de satèl·lits si el nombre de dents del planetari i de la corones són divisibles per N:

$z_{e1}/N = \text{enter}$ $z_{s3}/N = \text{enter}$

Exemple 5.3 Repartiment de grups de satèl·lits

Enunciat

Donats els quatre trens planetaris: Tipus I: $z_{e1}=25$, $z_{s2}=z_{e2}=13$ $z_{s3}=51$; Tipus II: $z_{e1}=25$, $z_{s2}=13$, $z_{e2}=17$, $z_{s3}=55$; Tipus III: $z_{e1}=14$, $z_{s2}=27$, $z_{e2}=13$, $z_{s3}=28$; Tipus IV: $z_{e1}=75$, $z_{s2}=z_{e2}=23$, $z_{s3}=77$; es demana que s'estudiïn quines distribucions uniformes de grups de satèl·lits es poden establir.

Resposta

Tren tipus I: $z_{e1}=25$; $z_{s2}=z_{e2}=13$; $z_{s3}=51$; $i_0=-51/25=-2{,}040$

Essent un tren amb un únic satèl·lit per grup, s'aplica la regla $(z_{e1}+z_{s3})/N=$enter. Essent en aquest cas és, $z_{e1}+z_{s3}=(25+51)=76=2\cdot2\cdot19$, admet 2 i 4 grups de satèl·lits uniformement distribuïts (19 0 38 no són geomètricament possibles).

Tren tipus II: $z_{e1}=25$; $z_{s2}=13$; $z_{e2}=17$; $z_{s3}=55$; $i_0=-(13\cdot55)/(25\cdot17)=-1{,}682$

Essent un tren epicicloïdal del tipus II, s'aplica la regla: $(v/N)\cdot(z_{e1}\cdot z_{e2}+z_{s2}\cdot z_{s3})/(z_{s2}$ o $z_{e2})=$enter. En aquest cas és $Q=(z_{e1}\cdot z_{e2}+z_{s2}\cdot z_{s3})=1140=2\cdot2\cdot3\cdot5\cdot19$; si es divideix per $z_{s2}=13$ i multiplica per $v=13$ dóna $Q\cdot v/z_{s2}=1140$ i, si es divideix per $z_{e2}=17$ i es mul-tiplica per $v=17$, és també $Q\cdot v/z_{e2}=1140$, valors que són divisibles per $N=2, 3, 4, 5, 6 \cdots$, tots ells enters no són divisors de $v=13$ o $v=17$. Per tant, aquest tren admet 2, 3, 4, 5, 6 grups de satèl·lits uniformement distribuïts; teòricament, també en podria admetre 10, 12, 15, 19, 20, 30, 38, 57, 60, 76, 95, 114, etc., però geomètricament no són possibles més de 8.

Tren tipus III: $z_{e1}=14$; $z_{s2}=27$; $z_{e2}=13$; $z_{s3}=28$; $i_0=+(27\cdot28)/(14\cdot13)=+4{,}154$

Essent un tren epicicloïdal del tipus III, s'aplica la regla: $(v/N)\cdot(z_{e1}\cdot z_{e2}-z_{s2}\cdot z_{s3})/(z_{s2}$ o $z_{e2})=$enter. En aquest cas és $Q=(z_{e1}\cdot z_{e2}-z_{s2}\cdot z_{s3})=-574=-2\cdot7\cdot41$; si es divideix per $z_{s2}=27$, pot ser $v=27$, i si es divideix per $z_{e2}=13$ pot ser $v=13$. Per tant, admet $N=2$, $N=7$ i $N=43$ grups de satèl·lits uniformement distribuïts (els dos primers resultats podrien haver-se obtingut aplicant el cas c, ja que $z_{e1}=14$ i $z_{s3}=28$ són divisibles per 2 i per 7; el segon i el tercer resultats són geomètricament impossibles).

Tren tipus IV: $z_{e1}=75$; $z_{s2}=z_{e2}=23$; $z_{s3}=77$ $i_0=+(77/75)=+1{,}027$

Essent un tren epicicloïdal del tipus IV amb satèl·lits comuns entre les dues corones, s'aplica la regla b: $(z_{e1}-z_{s3})/N=$enter. En aquest cas és $(z_{e1}-z_{s3})=-2$ i, per tant, admet 2 grups de satèl·lits uniformement distribuïts. Si la diferència de dents de les dues corones només hagués estat d'una dent, no s'hauria pogut fer la distribució uniforme de grups de satèl·lits més enllà d'un.

Relacions entre parells

Atès que els tres eixos que intervenen en un tren epicicloïdal simple són coaxials, les reaccions sobre els suports dels eixos no donen lloc a cap parell i, per tant, en l'equilibri de les forces exteriors tan sols cal tenir en compte els tres parells exteriors aplicats sobre els tres eixos: M_1 (entrada), M_2 (braç) i M_3 (sortida). La suma de les potències virtuals sobre aquests tres eixos ha de sumar zero:

$$M_1 \cdot \omega_1 + M_2 \cdot \omega_2 + M_3 \cdot \omega_3 = 0 \tag{9}$$

Aquesta equació s'ha de complir per a qualsevol moviment possible del tren (compatible amb els enllaços), o sigui per a qualsevol conjunt de velocitats angulars que compleixin l'equació de Willis. Per tant, aquestes dues equacions són la mateixa i els seus coeficients han de ser proporcionals:

$$\frac{M_1}{1} = \frac{M_2}{-(1-i_0)} = \frac{M_3}{-i_0} \tag{10}$$

Així, doncs, donada la relació de transmissió del tren recurrent, i_0, i un dels tres parells exteriors, els altres dos parells mantenen proporcions fixes amb ell, independentment del moviment els eixos. Cal fer notar que si un dels parells és nul, els altres dos també ho són.

En el diferencial d'automòbil, amb relació de transmissió, $i_0 = -1$, el parell aplicat a través de la corona sobre la caixa del diferencial es reparteix en dues parts iguals sobre els eixos de cada palier. D'aquesta manera, la tracció sobre les dues rodes és igual i la reacció de tracció sobre l'automòbil sempre està centrada respecte al vehicle. Cal fer notar que quan una roda queda sense tracció, l'altra roda tampoc exerceix parell i el motor funciona en buit.

Rendiment dels trens epicicloïdals simples

Si als tres eixos d'un tren epicicloïdal se'ls resta una mateixa velocitat angular, els moviments relatius no varien. Si aquesta velocitat és la del braç, s'obté el moviment del tren recurrent que juntament amb els parells exteriors aplicats sobre els eixos permet determinar el sentit del flux de potència en el tren recurrent (flux P).

El rendiment del tren recurrent, η_0 (calculat com en un tren d'eixos fixos en sèrie), és sensiblement igual tant si el flux de potència va en un sentit (eix 1 $\rightarrow$ eix 3) o en l'altre (eix 3 $\rightarrow$ eix 1). Però, per aplicar-lo correctament al tren recurrent, cal saber quin dels seus eixos és el motor (velocitat i parell del mateix sentit) i quin és el receptor (velocitat i parell de sentits contraris), els quals poden no coincidir amb els del tren epicicloïdal.

Determinació del sentit del flux de potència (flux P)

Per determinar el sentit del flux de potència en el tren recurrent, es resta als tres eixos del tren epicicloïdal la velocitat angular del braç, ω_2, i, amb les velocitats angulars resultants (la del braç esdevé nul·la) i els parells reals aplicats als eixos, es determina quin és l'eix motor (velocitat i parell del mateix valor) i quin és el receptor (velocitat i parell de sentits contraris) i, en conseqüència, el sentit del flux de potència en el tren recurrent ($1{\rightarrow}3$ o $3{\rightarrow}1$).

Exemple 5.3 Determinació del flux de potència (flux P)

Enunciat

Es demana de determinar el flux de potència del tren recurrent en els dos trens epicicloïdals següents que funcionen en el mode 3 2 1 (3, entrada; 2, sortida; 1 fix):
a) Tipus I o II ($i_0=-2 < 0$); *b*) Tipus III o IV ($i_0=3 >1$).

Resposta

La Taula 5.1 mostra les operacions realitzades: velocitats, parells i potència del tren epicicloïdal; velocitats i potència del tren recurrent; observació del sentit del flux P. Malgrat que els dos trens epicicloïdals funcionen en el mateix mode (entrada per 3, sortida per 2, fix 1), el fluxos de potència en el tren recurrent dels dos engranatges epicicloïdals tenen sentits contraris ($3{\rightarrow}1$, per al tipus I; $1{\rightarrow}3$, per al tipus III).

Taula 5.2

Tren epicicloïdal de tipus I:	$i_0=-2$					
Equació de Willis:	$\omega_1-3\cdot\omega_2+2\cdot\omega_3=0$					
Relacions de parells:	$M_1=-(1/3)\cdot M_2=(1/2)\cdot M_3$					
eixos	funcionament real			flux de potència en el tren recurrent		
	ω/ω_3	M/M_3	$P_{real}/(M_3\cdot\omega_3)$	$(\omega-\omega_2)/\omega_3$	$P_{tr}/(M_3\cdot\omega_3)$	flux P_{tr}
1	0	0,5	0	−0,6666	−0,3333	1
2	0,6666	−1,5	−1	0	0	↑
3	1	1	1	0,3333	0,3333	3

Tren epicicloïdal de tipus III:	$i_0=3$					
Equació de Willis:	$\omega_1 + 2\cdot\omega_2 - 3\cdot\omega_3 = 3$					
Relacions de parells:	$M_1 = 0,5\cdot M_2 = -0,3333\cdot M_3$					
eixos	funcionament real			flux de potència en el tren recurrent		
	ω/ω_3	M/M_3	$P_{real}/(M_3\cdot\omega_3)$	$(\omega-\omega_2)/\omega_3$	$P_{tr}/(M_3\cdot\omega_3)$	flux P_{tr}
1	0	−0,3333	0	−1,5	0,5	1
2	1,5	−0,6666	−1	0	0	↓
3	1	1	1	−0,5	−0,5	3

Avaluació del rendiment dels trens planetaris

Reprenent l'exemple anterior, a continuació es dedueixen les expressions del rendiment d'un tren planetari en el funcionament (3 2 1). Com s'ha comprovat anteriorment, segons la relació de transmissió del tren recurrent, el flux de potència pren un sentit o altre (de $1 \rightarrow 3$, per a $i_0 > 1$; de $3 \rightarrow 1$, per a $i_0 < 0$)

Rendiment per a $i_0 > 1$ (flux $P\ 1 \rightarrow 3$)

El flux de potència en el tren recurrent va de $1 \rightarrow 3$ i, per tant, el rendiment del tren recurrent, η_0, afecta les relacions de parells de la següent forma:

$$M_3 = -M_1 \cdot i_0 \cdot \eta_0 \qquad M_2 = -(M_1 + M_3) = -M_1 \cdot (1 - i_0 \cdot \eta_0) \tag{11}$$

Introduint les anteriors expressions i la relació de transmissió, $i = \omega_3 / \omega_2 = (i_0 - 1)/i_0$, en l'equació del rendiment real del tren, s'obté:

$$\eta_{32} = -M_2 \cdot \omega_2 / (M_3 \cdot \omega_3) = -(M_2/M_3)/i = (i_0 \cdot \eta_0 - 1)/((i_0 - 1) \cdot \eta_0) \tag{12}$$

Rendiment per a $i_0 < 0$ (flux $P\ 3 \rightarrow 1$)

El flux de potència en el tren recurrent va de $3 \rightarrow 1$ i, per tant, el rendiment del tren recurrent, η_0, afecta les relacions de parells de la següent forma:

$$M_3 = -M_1 \cdot i_0 / \eta_0 \qquad M_2 = -(M_1 + M_3) = -M_1 \cdot (1 - i_0/\eta_0) \tag{13}$$

Introduint les anteriors expressions i la relació de transmissió, $i = \omega_3 / \omega_2 = (i_0 - 1)/i_0$, en l'equació del rendiment real del tren, s'obté:

$$\eta_{32} = -M_2 \cdot \omega_2 / (M_3 \cdot \omega_3) = -(M_2/M_3)/i = (i_0 - \eta_0)/(i_0 - 1) \tag{14}$$

Aquestes expressions dels rendiments figuren a la Taula 5.3. Per a obtenir els rendiments dels restants casos de trens epicicloïdals simples, així com en trens epicicloïdals complexos, es pot procedir de forma anàloga buscant prèviament el sentit del flux de potència dels trens recurrents.

Comentaris sobre els rendiments dels trens epicicloïdals

La Figura 5.13 proporciona una representació gràfica del rendiment dels trens epicicloïdals en funció del tipus de tren (I, II, III o IV; vegeu Figura 5.11) i de la relació de transmissió, i. S'observa que, quan l'eix d'entrada són els planetes o corones, per a relacions de transmissió pròximes a 0 (grans multiplicacions) es pot produir l'autoretenció mentre que, quan l'eix d'entrada és el braç, es dóna una sensible disminució del rendiment per a grans reduccions ($1/i$ molt petits). També es pot observar que, per a relacions de transmissió no molt allunyades de a $i = 1$, el rendiment del tren epicicloïdal pot arribar a ser superior al rendiment del tren recurrent.

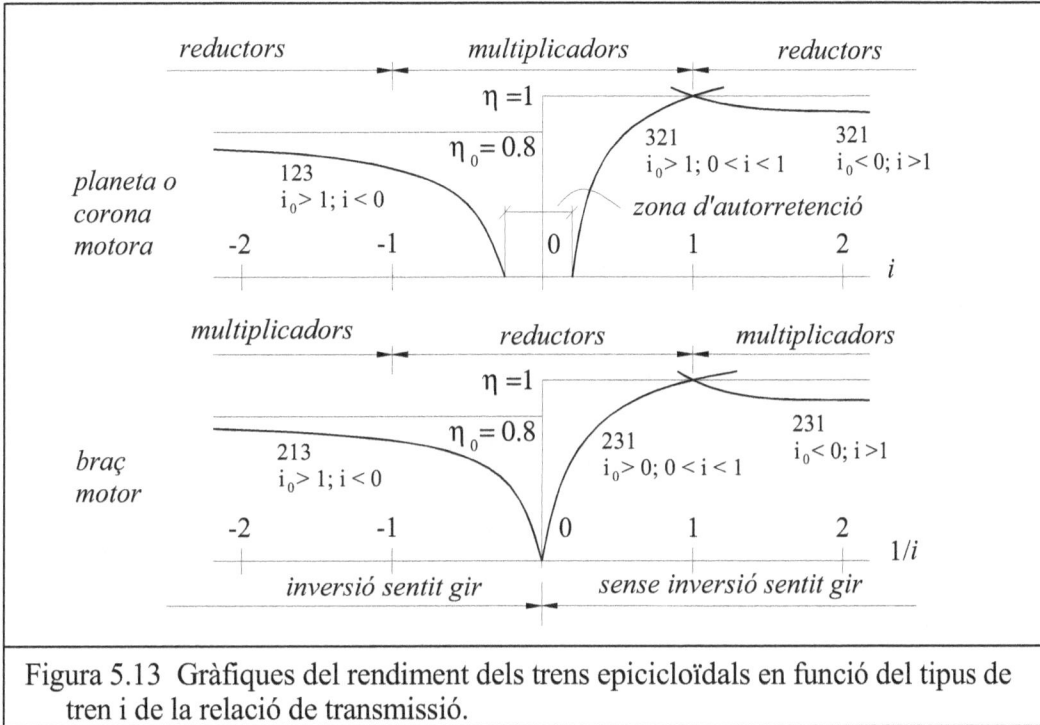

Figura 5.13 Gràfiques del rendiment dels trens epicicloïdals en funció del tipus de tren i de la relació de transmissió.

Taula 5.2

$e\ s$ fix	$i=\omega_e/\omega_s$	$i_0=\Pi z_s/\Pi z_e$	flux P	$\mu=-M_s/M_e$	$\eta=-P_s/P_e=\mu/i$

$i_0>1$ $\quad i_0<0$					
1 3 2	$i_{13}=i_0$	$i_0=i_{13}$	$1\to3$	$\mu_{13}=i_0\cdot\eta_0$	$\eta_{13}=\eta_0$
3 1 2	$i_{31}=1/i_0$	$i_0=1/i_{31}$	$3\to1$	$\mu_{31}=\eta_0/i_0$	$\eta_{31}=\eta_0$
1 2 3	$i_{12}=1-i_0$	$i_0=1-i_{12}$	$1\to3$	$\mu_{12}=1-i_0\cdot\eta_0$	$\eta_{12}=(i_0\cdot\eta_0-1)/(i_0-1)$
2 1 3	$i_{21}=1/(1-i_0)$	$i_0=1-1/i_{21}$	$3\to1$	$\mu_{21}=\mu_0/(\mu_0-i_0)$	$\eta_{21}=(i_0-1)\cdot\eta_0/(i_0-\eta_0)$

$i_0>1$					
3 2 1	$i_{32}=(i_0-1)/i_0$	$i_0=1/(1-i_{32})$	$1\to3$	$\mu_{32}=(i_0\cdot\eta_0-1)/(i_0\cdot\eta_0)$	$\eta_{32}=(i_0\cdot\eta_0-1)/((i_0-1)\cdot\eta_0)$
2 3 1	$i_{23}=i_0/(i_0-1)$	$i_0=i_{23}/(i_{23}-1)$	$3\to1$	$\mu_{23}=i_0/(i_0-\eta_0)$	$\eta_{23}=(i_0-1)/(i_0-\eta_0)$

$i_0<0$					
3 2 1	$i_{32}=(i_0-1)/i_0$	$i_0=1/(1-i_{32})$	$3\to1$	$\mu_{32}=(i_0-\eta_0)/i_0$	$\eta_{32}=(i_0-\eta_0)/(i_0-1)$
2 3 1	$i_{23}=i_0/(i_0-1)$	$i_0=i_{23}/(i_{23}-1)$	$1\to3$	$\mu_{23}=i_0\cdot\eta_0/(i_0\cdot\eta_0-1)$	$\eta_{23}=(i_0-1)\cdot\eta_0/(i_0\cdot\eta_0-1)$

5.5 Trens epicicloïdals complexos

Hi ha nombroses aplicacions que utilitzen trens epicicloïdals complexos, ja sigui per mitjà d'enllaçar eixos coaxials de dos trens planetaris simples o, fins i tot per mitjà de dos o més trens epicicloïdals simples que comparteixen el mateix braç portasatèl·lits.

Així, doncs, en els trens epicicloïdals complexos es poden determinar quatre o més eixos coaxials que permeten formar més d'un tren epicicloïdal simple. El seu funcionament es basa en el dels trens epicicloïdals simples, però el seu estudi és més complex i requereix una anàlisi metòdica. Els passos que es proposen són:

a)   Destriar els eixos coaxials amb moviment diferent i denominar-los amb un número (*m* velocitats angulars diferents, ω_j).

b)   Determinar tots els trens epicicloïdals simples existents en el tren epicicloïdal complex, entenent per tal els conjunts formats per dues rodes dentades coaxials (planetaris i/o corones) i un braç amb satèl·lits que les enllacin.

c)   Plantejar les equacions de Willis dels diferents trens epicicloïdals simples (*n* equacions lineals).

d)   Per determinar el nombre de trens epicicloïdals simples independents, cal establir el rang de la matriu (*m* x *n*) formada pels coeficients, A_{kj}, de les diferents equacions de Willis (en cada equació hi haurà tan sols 3 coeficients no nuls).

$$\sum_{k=1}^{m} A_{1k} \cdot \omega_k = 0$$

$$\sum_{k=1}^{m} A_{nk} \cdot \omega_k = 0$$

(15)

Si el rang, *r*, és igual al nombre d'equacions (*r*=*n*) vol dir que tots els trens són independents; si el rang és menor que el nombre d'equacions (*r*<*n*), alguns dels trens són combinació lineal dels altres. Si hi ha *m* variables ω_i i *r* equacions de Willis independents, el sistema disposarà de *m*−*n* graus de llibertat:

e)   Els moviments possibles són tots aquells que permeten les equacions de Willis dels trens linealment independents. En algunes aplicacions (trens epicicloïdals complexos que formen canvis de marxes), existeixen dispositius complementaris (frens, embragatges, acoblaments hidràulics) que estableixen noves relacions cinemàtiques o de forces entre eixos del tren epicicloïdal complex.

f) El moviment més general dels eixos del tren epicicloïdal complex ha de complir el conjunt d'equacions de Willis independents i, per tant, també compleix una nova equació que sigui combinació lineal de les anteriors:

$$\left(\sum_{j=1}^{n} \lambda_j \cdot A_{j1} \right) \cdot \omega_1 + \left(\sum_{j=1}^{n} \lambda_j \cdot A_{j2} \right) \cdot \omega_2 + \cdots + \left(\sum_{j=1}^{n} \lambda_j \cdot A_{jm} \right) \cdot \omega_m = 0 \tag{16}$$

g) L'equació de les potències virtuals per al tren epicicloïdal complex és (M_i són els parells exteriors aplicats sobre cada un dels eixos):

$$\sum_{k=1}^{m} M_k \cdot \omega_k = 0 \tag{17}$$

L'equació de les potències virtuals s'ha de complir per a qualsevol conjunt de velocitats dels eixos compatible amb els enllaços (o sigui, el sistema d'equacions de Willis, o una combinació lineal); així, doncs, aquestes dues equacions són la mateixa i, en conseqüència, es pot establir la proporcionalitat entre els coeficients de les velocitats angulars, funció dels n factors λ_j:

$$\frac{M_i}{\sum_{j=1}^{n} \lambda_j \cdot A_{ji}} = \frac{M_k}{\sum_{j=1}^{n} \lambda_j \cdot A_{jk}} \tag{18}$$

Un d'aquests factors λ_j pot eliminar dividint els altres factors per ell.

h) El conjunt d'equacions de Willis del sistema, juntament amb altres condicions suplementàries derivades de la presència d'embragatges, frens, o altres connexions, permeten determinar, juntament el moviment del tren. Generalment, les condicions complementàries permeten determinar algun dels parells, de manera que es poder concretar alguns dels paràmetres λ_j.

A continuació s'analitza un tren epicicloïdal complex seguint aquesta metodologia.

Exemple 5.4 Tren planetari complex amb rodes còniques

Enunciat

La Figura 5.14 mostra un tren planetari complex compost de diversos engranatges cònics. Els nombres de dents de les rodes dentades són: $z_1{=}67$, $z_2{=}32$, $z_3{=}22$, $z_4{=}17$, $z_5{=}19$, $z_6{=}65$ (atès que es tracta d'un tren planetari complex on els satèl·lits poden pertànyer a més d'un tren planetari simple, no se segueix la nomenclatura de la Secció 5.4). Es demana que trobeu les relacions de transmissió i les relacions entre els parells aplicats sobre els diferents arbres.

Resolució

El braç portasatèl·lits d'aquest tren epicicloïdal és compartit per diversos trens epicicloïdals simples:

$$a) \quad z_1 - z_2 - z_4 - z_3 \qquad b) \quad z_1 - z_2 - z_5 - z_6 \qquad c) \quad z_3 - z_4 - z_5 - z_6$$

Les seves equacions de Willis són:

$$(\omega_0 - \omega_2)/(\omega_1 - \omega_2) = i_{01} = +(z_2/z_1) \cdot (z_3/z_4) = 0{,}618086$$
$$(\omega_0 - \omega_2)/(\omega_3 - \omega_2) = i_{02} = +(z_2/z_1) \cdot (z_6/z_5) = 1{,}633936$$
$$(\omega_1 - \omega_2)/(\omega_3 - \omega_2) = i_{03} = +(z_4/z_3) \cdot (z_6/z_5) = 2{,}643541$$

En aquests trens epicicloïdals complexos que comparteixen els braços portasatèl·lits pot donar-se el cas que no totes les equacions de Willis són linealment independents. Aquest sembla ser el cas, ja que el tercer dels trens epicicloïdals no fa intervenir cap arbre que ja no hagués intervingut en els anteriors. Tanmateix, això és pot comprovar calculant el rang de la matriu del sistema. En primer lloc, es presenten les equacions de Willis en forma lineal:

$$
\begin{aligned}
a) \quad & \omega_0 - i_{01} \cdot \omega_1 - (1 - i_{01}) \cdot \omega_2 && = 0 \\
b) \quad & \omega_0 - (1 - i_{02}) \cdot \omega_2 - i_{02} \cdot \omega_3 && = 0 \\
c) \quad & \omega_1 - (1 - i_{03}) \cdot \omega_2 - i_{03} \cdot \omega_3 && = 0
\end{aligned}
$$

Es pot comprovar fàcilment que el determinant de la matriu de les tres primeres columnes és zero (rang 2). En conseqüència, tan sols dues d'aquestes tres equacions linealment independents).

Prenent les equacions *a*) i *b*) i establint una combinació lineal, s'obté:

$$(1 + \lambda) \cdot \omega_0 - i_{01} \cdot \omega_1 - ((1 - i_{01}) + \lambda \cdot (1 - i_{02})) \cdot \omega_2 - \lambda \cdot i_{02} \cdot \omega_3 = 0$$

L'equació de les potències virtuals té la forma:

$$M_0 \cdot \omega_0 + M_1 \cdot \omega_1 + M_2 \cdot \omega_2 + M_3 \cdot \omega_3 = 0$$

Establint la proporcionalitat de coeficients entre aquestes dues equacions, ja que es compleixen per a qualsevol conjunt de velocitats angulars compatibles amb el tren epicicloïdal, s'obté:

$$\frac{M_0}{1 + \lambda} = \frac{M_1}{-i_{01}} = \frac{M_2}{-((1 - i_{01}) + \lambda \cdot (1 + i_{02}))} = \frac{M_3}{-\lambda \cdot i_{02}}$$

Es pot observar que el braç portasatèl·lits 2 no té cap parell exterior aplicat (per tant, $M_2 = 0$). El denominador d'aquesta fracció també ha de ser nul:

$$- ((1-i_{01}) + \lambda \cdot (1-i_{02})) = 0 \qquad \Rightarrow \qquad \lambda = -(1-i_{01})/(1-i_{02})$$

Introduint l'expressió de λ en l'anterior relació de parells, s'obté:

$$\frac{M_0}{1-(1-i_{01})/(1-i_{02})} = \frac{M_1}{-i_{01}} = \frac{M_2}{0} = \frac{M_3}{(1-i_{01}) \cdot i_{02}/(1-i_{02})}$$

Les relacions entre els parells són (signe inclòs), de forma algebraica i numèrica:

$$M_0 = -\frac{1-i_{02}/i_{01}}{1-i_{02}} \cdot M_1 = -2{,}592599 \cdot M_1$$

$$M_2 = 0 \qquad M_3 = -\frac{1/i_{01}-1}{1/i_{02}-1} \cdot M_1 = 1{,}592599 \cdot M_1$$

Cal observar que donat el parell sobre un arbre, tots els altres queden determinats, sense que hi hagi possibilitat d'elecció.

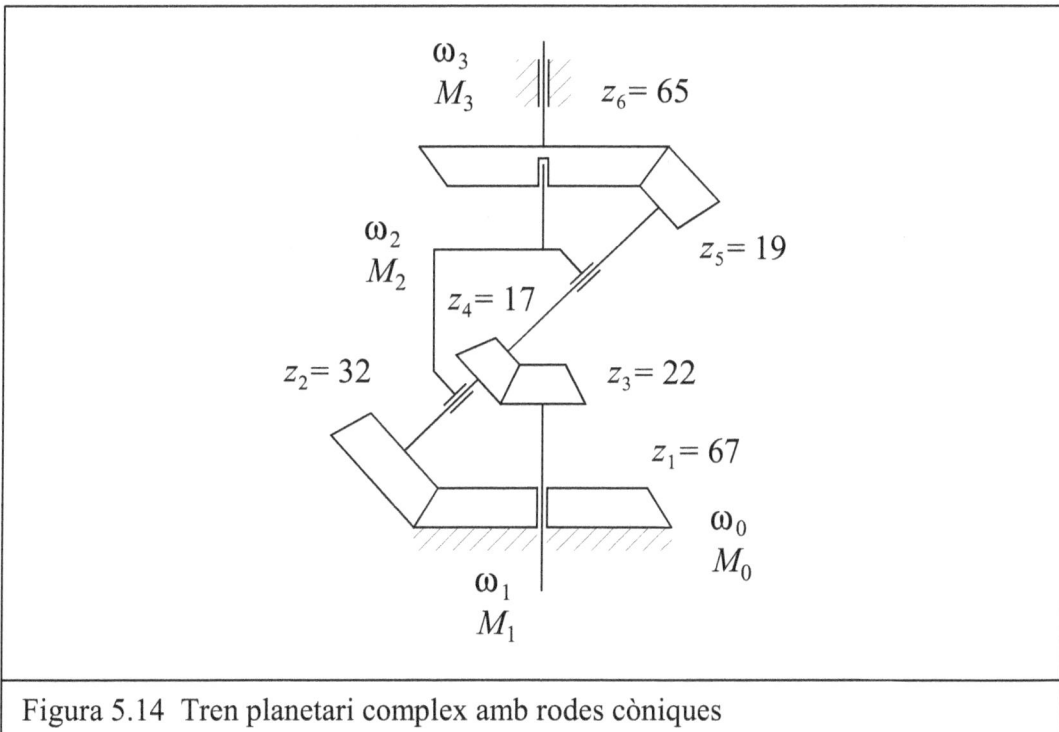

Figura 5.14 Tren planetari complex amb rodes còniques

6 Teoria de l'engranament

6.1 Condició d'engranament i perfils conjugats

Introducció

L'estudi de la geometria dels engranatges cilíndrics rectes és la que presenta una més gran facilitat, ja que es pot estudiar en el pla. Alhora, per mitjà de determinades transformacions, serveix de referència o de reducció per a l'anàlisi de la geometria dels engranatges cilíndrics helicoïdals, dels engranatges cònics i de determinats engranatges hiperbòlics. Per tant, és la base sobre la qual es construeix la teoria de l'engranament.

Els mecanismes que transmeten el moviment per mitjà de dents (engranatges, cadenes, corretges dentades) sempre asseguren una relació de transmissió mitjana constant donada per la relació de dents. Si les formes de les dents són arbitràries, la velocitat fluctua sobre aquest valor mitjà i s'originen forces d'inèrcia sobre òrgans de transmissió que només són acceptables mentre les velocitats són molt lentes (antics engranatges de molí, o de roda hidràulica, Figura 6.1).

Però, quan les velocitats són més elevades, per a mantenir la regularitat i suavitat de funcionament cal que la relació de transmissió sigui constant durant tot el contacte de cada parella de dents. Això s'assegura a través de la *condició d'engranament*, i els perfils de les dents que compleixen aquesta condició s'anomenen *perfils conjugats*.

Condició d'engranament

La relació de transmissió entre dues rodes dentades és en tot moment constant si el centre instantani del moviment relatiu, I_{12} (anomenat *punt d'engranament*, I, en els engranatges) manté una posició fixa en la línia de centres O_1O_2 (Figura 6.2). El punt d'engranament, I, s'obté de la intersecció entre la línia de centres i la normal en el punt de contacte dels perfils de les dents, C.

Per demostrar-ho se segueix el següent raonament. El centre instantani relatiu de dos membres d'un mecanisme (en aquest cas, les dues rodes dentades) es defineix com un punt coincident dels dos membres que, per a un instant donat, té la mateixa velocitat, v. La seva expressió escalar és:

$$v = \omega_1 \cdot O_1 I_{12} = \omega_2 \cdot O_2 I_{12} \qquad i = \frac{\omega_1}{\omega_2} = \frac{O_2 I_{12}}{O_1 I_{12}} \tag{1}$$

Si la relació d'aquestes distàncies (que és la mateixa que la relació dels radis axoides, $r_1'=d_1'/2$ i $r_2'=d_2'/2$) és constant, la relació de transmissió també ho és.

També és interessant d'avaluar la velocitat de lliscament, $v_g = v_{C2/C1}$, entre els flancs de les dents en el punt de contacte, C. Si un dels dos membres es considera fix (el 1, per exemple), el membre 2 gira al voltant del centre instantani relatiu, I_{12} amb una velocitat angular relativa, diferència algebraica de les velocitats dels dos membres: $\omega_2 - (-\omega_1)$ en el cas dels engranatges exteriors (Figura 6.2). El mòdul de la velocitat de lliscament en els engranatges exteriors és:

$$v_g = v_{C2/C1} = (\omega_1 + \omega_2) \cdot I_{12}C \tag{2}$$

La velocitat de lliscament dóna lloc a pèrdues de rendiment i a desgasts; per tant, convé no allunyar excessivament el punt de contacte, C, del punt d'engranament I.

Perfils conjugats

Pel procediment de generació, es poden crear infinites parelles de perfils conjugats. En efecte, es parteix d'un perfil lligat al membre 1 i, per mitjà del moviment relatiu, aquest dibuixa una família de corbes sobre el membre 2, l'envolvent de les quals (sempre que existeixi) constitueix el perfil conjugat. Però tan sols dos tipus de perfils han tingut una importància pràctica en el disseny i fabricació dels engranatges.

Perfils cicloïdals (Figura 6.3a)
Són perfils conjugats que s'obtenen unint corbes cicloïdals, normalment una epicicloide generada per un punt d'un cercle que rodola sense lliscar per l'exterior del cercle axoide i una hipocicloide generada per un punt d'un cercle que rodola sense lliscar per l'interior del cercle axoide). Van ser els primers perfils conjugats a utilitzar-se industrialment (segle XIX).

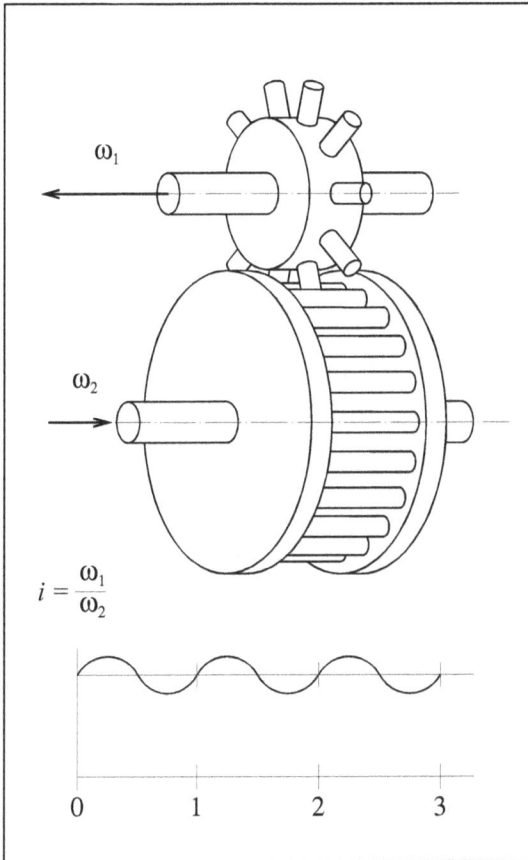

Figura 6.1 Antic engranatge de molí

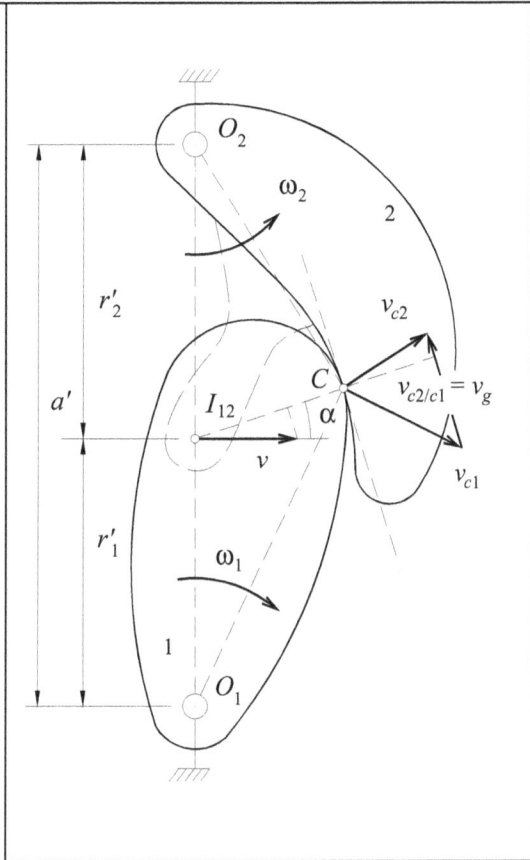

Figura 6.2 Geometria del contacte entre perfils

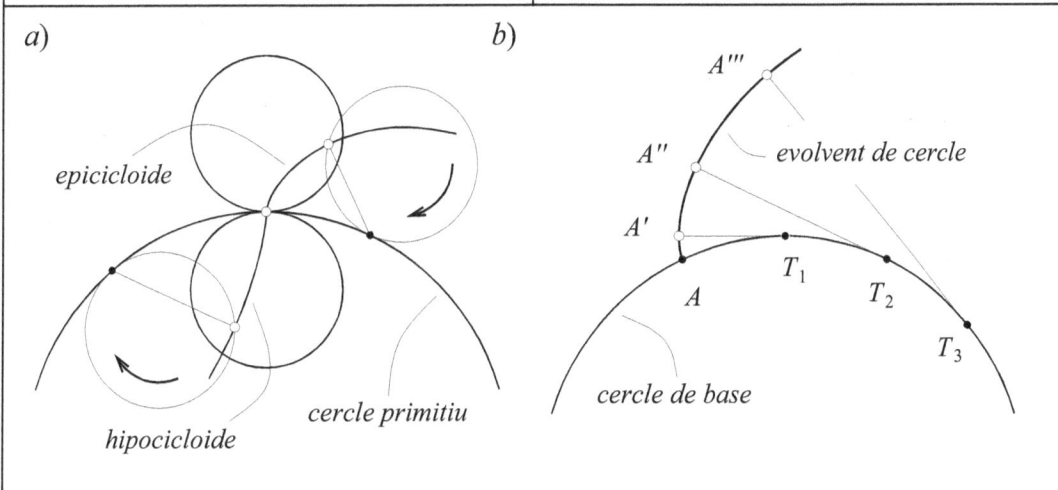

Figura 6.3 Perfils conjugats usats en engranatges: *a*) Perfil cicloïdal; *b*) Perfil d'evolvent

Perfils d'evolvent (Figura 6.3b)

Són perfils conjugats que es generen per un punt d'una recta que rodola sense lliscar sobre un cercle. A cavall dels segles XIX i XX, van desplaçar progressivament els perfils cicloïdals pels indiscutibles avantatges que ofereixen en engranatges de potència. El desenvolupament de la fabricació per generació va impulsar aquesta substitució ja que la cremallera d'evolvent és de flancs rectes, fet que facilita la construcció i l'esmolament d'eines de manera molt més precisa i simple.

Dentat Wildhaber-Novikov

A Rússia ha tingut un cert ressò el dentat Wildhaber-Novikov, sols aplicable a engranatges helicoïdals, ja que el recobriment s'assegura per la inclinació de la dent, essent el recobriment frontal nul. Els perfils són arcs de cercle i no compleixen la condició d'engranament, sinó que tan sols es toquen en el punt d'engranament i romanen separats abans i després del contacte. L'avantatge d'aquest tipus de dentat consisteix en la possibilitat de transmetre una major càrrega amb un millor rendiment, el qual queda contrarestat per una major dificultat de fabricació.

El dentat cicloïdal s'ha conservat en rellotgeria, ja que permet reduccions i multiplicacions més elevades (pinyons de molt poques dents) i ofereix un rendiment millor, especialment en engranatges multiplicadors, així com en aplicacions especials (els rotors de determinades bombes i compressors volumètrics).

Comparació entre els dentats cicloïdal i d'evolvent

És interessant de comparar breument algunes de les característiques dels dentats cicloïdals i d'evolvent:

1. *Angle de pressió, α* (Figura 6.2)
   En el perfil d'evolvent és constant, mentre que en el perfil cicloïdal és variable, la qual cosa és una font de vibracions.

2. *Cremallera de referència*
   La cremallera de perfil d'evolvent és de flancs rectes (facilita els procediments de generació i de mesura), mentre que en el perfil cicloïdal són curvilinis.

3. *Variació de la distància entre eixos*
   El compliment de la condició d'engranament en el dentat d'evolvent no depèn de petites variacions en la distància entre eixos (els errors de muntatge són menys crítics), mentre que en el dentat cicloïdal es perd aquesta condició.

4. *Resistència a la ruptura*
   Les dents de perfil d'evolvent són més resistents a la ruptura que les de perfil cicloïdal, però en general menys resistents a la fatiga superficial.

6.2 Perfil d'evolvent. Propietats

Compliment de la condició d'engranament

Per mostrar que els perfils d'evolvent compleixen la condició d'engranament, s'estableix el següent model (Figura 6.4): les rodes s'associen a dos *cercles de base* de centres O_1 i O_2 i diàmetres d_{b1} i d_{b2} que s'enllacen per una corda inextensible (mantinguda sempre tensa) enrotllada en sentits contraris sobre cada un d'ells, la qual materialitza la *línia d'engranament* tangent als cercles de base en els punts T_1 i T_2. La intersecció de línia d'engranament T_1T_2 amb la *línia de centres* O_1O_2 determina el *punt d'engranament*, I, i el diàmetre dels axoides de funcionament (o *circumferències primitives de funcionament*), d_1' i d_2'. La relació de transmissió és:

$$i = \frac{\omega_1}{\omega_2} = \frac{r_{b2}}{r_{b1}} = \frac{d_{b2}}{d_{b1}} = \frac{r_2'}{r_1'} = \frac{d_2'}{d_1'} \qquad (3)$$

Quan el mecanisme es mou, un punt C qualsevol de la corda inextensible que materialitza la línia d'engranament descriu una evolvent sobre el pla mòbil lligat al cercle de base de la roda 1, i una altra evolvent sobre el pla mòbil lligat al cercle de base de la roda 2. Les dues evolvents són sempre tangents entre si en el punt C i normals a la línia d'engranament T_1T_2 que en tot moment passa pel punt d'engranament I. Per tant, el contacte entre els perfils d'evolvent reprodueix el moviment conduït per la corda inextensible.

Propietats de l'evolvent

L'evolvent de cercle gaudeix d'interessants propietats que és bo de ressenyar (la major part d'elles il·lustrades a la Figura 6.5):

1. Per a cada cercle de base, sols existeix una corba evolvent (amb dos ramals) que depèn d'un sol paràmetre, el diàmetre de base d_b.

2. La normal a una evolvent en qualsevol punt és sempre tangent al cercle de base.

3. El radi de curvatura d'una evolvent en un punt, A, és la distància de A al punt de tangència corresponent T (distància AT; Figura 6.5a).

4. La distància entre un punt d'una evolvent i el punt de tangència és igual a l'arc des del l'origen de l'evolvent al punt de tangència: A_1T_1=arc(AT_1); T_1C_1=arc(T_1C); A_1C_1=arc(AC)=A_2C_2=A_3C_3, etc. (Figura 6.5b).

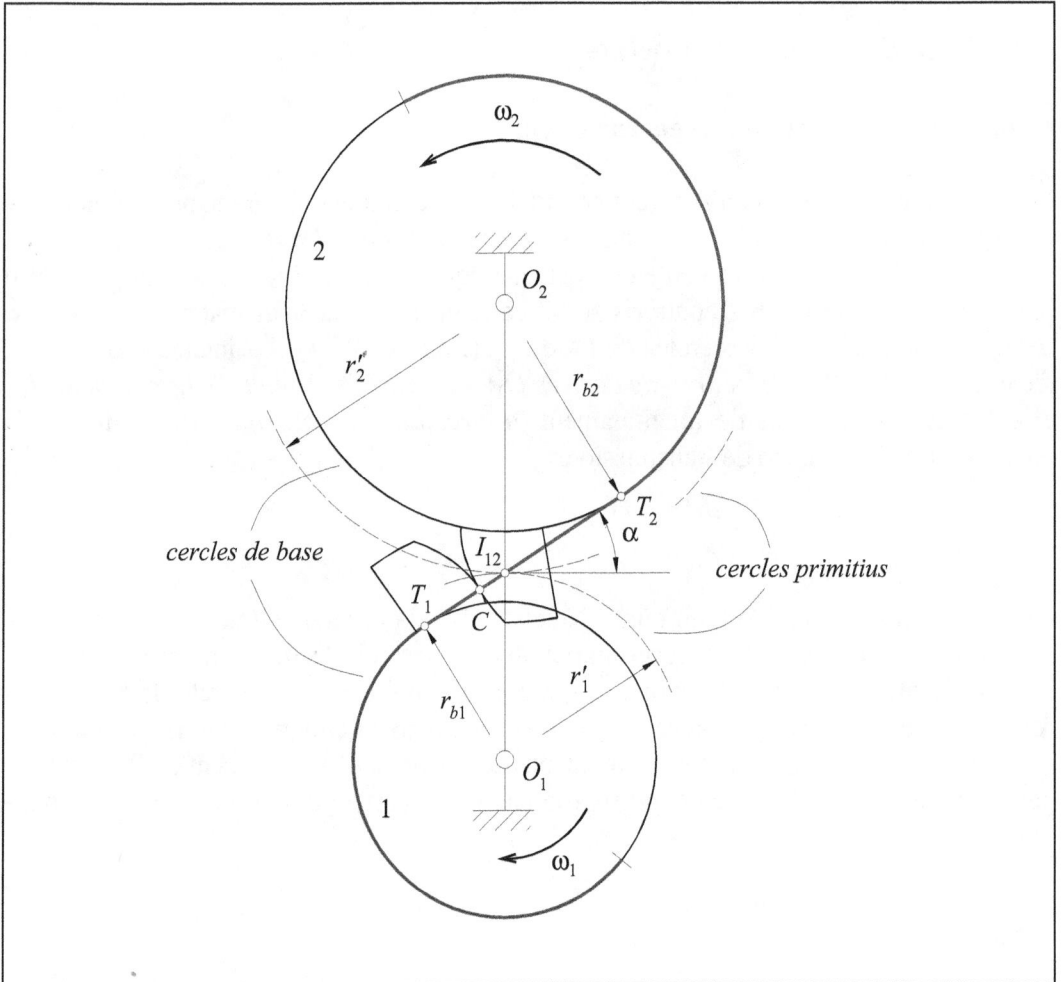

Figura 6.4 Condició d'engranament en els perfils d'evolvent

a)   *b)*

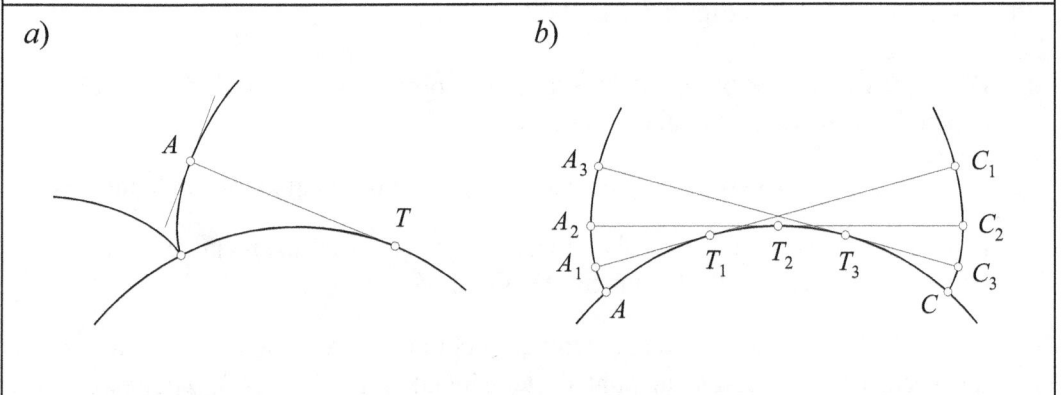

Figura 6.5 Propietats de l'evolvent: *a)* Dos ramals; La normal, tangent al cercle de base; Radi de curvatura; *b)* Igualtats entre longituds de tangents i arcs

Funció evolvent i relació de gruixos en una dent (Figura 6.6)

En diverses expressions del càlcul geomètric dels engranatges és útil definir l'anomenada *funció evolvent*, diferència entre la tangent i l'angle expressat en radiants. A partir de la Figura 6.6a, i sabent que $TA=TA_1=r_b \cdot \tan\alpha$, $\text{arc}(TQ)=r_b \cdot \alpha$, $\text{arc}(QA_1)=r_b \cdot \varphi$ i que $TA=TA_1=TQ+QA_1$, es poden establir les següents relacions:

$$r = \frac{r_b}{\cos\alpha} \qquad r_b \cdot \varphi = r_b \cdot \tan\alpha - r_b \cdot \alpha \qquad \varphi = \tan\alpha - \alpha = \text{inv}\,\alpha \qquad (4)$$

La funció evolvent permet relacionar el gruix, s, de la dent sobre un determinat diàmetre, d, amb el *gruix de base*, s_b, sobre el diàmetre de base, d_b. La Figura 6.6b permet establir les relacions: $r_b=r \cdot \cos\alpha$, $\varphi=\text{inv}\,\alpha$, $\gamma=(s/2)/r=s/d$; $\gamma_b=(s_b/2)/r_b=s_b/d_b$, que, integrades a l'expressió de la diferència angular, $\gamma=\gamma_b-\varphi$, proporciona l'expressió buscada:

$$\gamma=\gamma_b-\varphi \qquad \frac{s}{d}=\frac{s_b}{d_b}-\text{inv}\,\alpha \qquad s=\frac{s_b-d_b \cdot \text{inv}\,\alpha}{\cos\alpha} \qquad (5)$$

Quan el gruix de cap és nul ($s=0$, apuntament de la dent), queda definit un radi d'apuntament, r_{apu}, i un angle d'apuntament, α_{apu}.

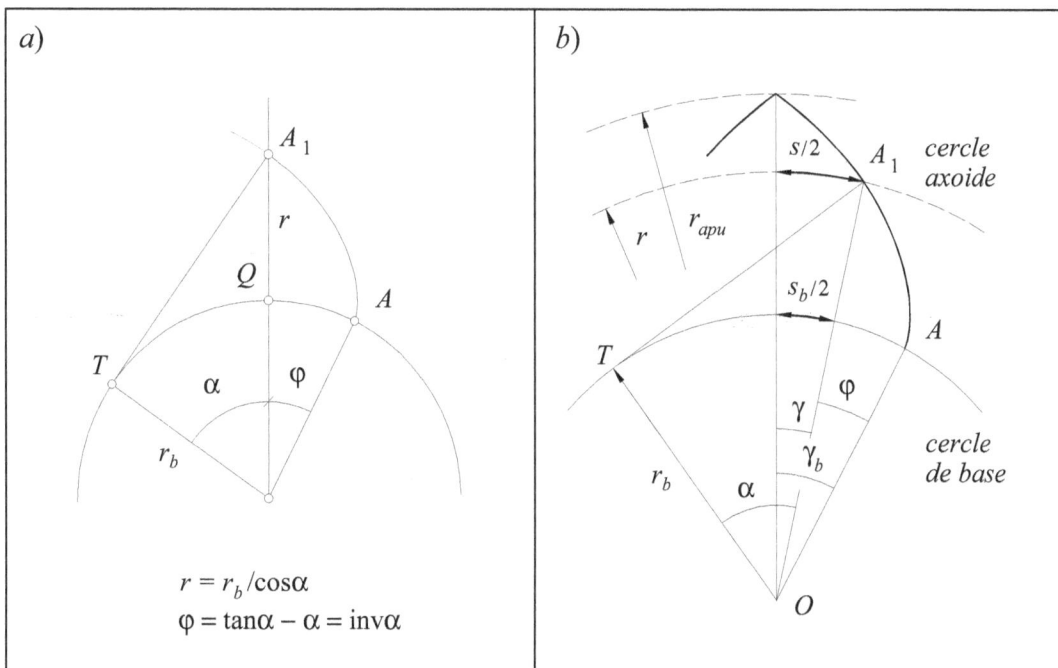

Figura 6.6 *a*) Funció evolvent; *b*) Relació entre els gruixos diferents alçades de les dents; Apuntament de la dent.

Exemple 6.1: Gruix en diferents alçades de la dent

Enunciat

Es tracta d'estudiar el gruix de la dent i de l'entredent per a diferents alçades, des del cercle de base (gruix de base, s_b) fins a l'alçada en què el gruix s'anul·la (apuntament de la dent), així com també determinar el diàmetre d'apuntament, d_{apu}, aplicat a una roda dentada de 10 dents ($z=10$) de diàmetre de base, $d_b=50$ mm, i gruix de base, $s_b=11$ mm.

Resposta

El pas, p, d'una roda dentada és proporcional al diàmetre de la circumferència conside-rada mentre que els gruixos, s, disminueixen (fora d'un petit augment prop del cercle de base en rodes dentades de molt poques dents, com és el cas present) i els entredents, e, augmenten a mesura que es consideren circumferències més allunyades de la de base.

La Taula 6.1 que ve a continuació proporciona els valors dels gruixos i dels entredents de les dents de la roda dentada de l'enunciat per a diferents alçades determinades pels diàmetres dels corresponents cercles (des de $d_b=50$ mm fins a $d_{apu}=69,670$ mm).

Taula 6.1

		Gruixos i entredents segons l'alçada de la dent		
d	$p=s+e$	α	s	e
	$p=\pi \cdot d/z$	$\alpha=\mathrm{acos}(d_b/d)$	$s=d\cdot((s_b/d_b)-\mathrm{inv}\,\alpha)$	$e=p-s$
$d_{apu}=d_b/\cos\alpha_{apu}$		$\mathrm{Inv}\,\alpha_{apu}=s_b/d_b$		
(mm)	(mm)	(°)	(mm)	(mm)
50	15,708	0	11,000	4,708
52	16,336	15,942	10,015	6,321
54	16,965	22,192	9,678	7,287
56	17,593	26,766	9,115	8,478
58	18,221	30,450	8,328	9,893
60	18,850	33,557	7,342	11,508
62	19,478	36,249	6,166	12,683
64	20,106	38,625	4,808	15,298
66	20,735	40,749	3,272	17,462
68	21,363	42,668	1,561	19,902
69,670	21,888	44,138	0	21,888

6.3   Definició d'una roda dentada. Paràmetres intrínsecs

Una roda dentada cilíndrica recta es pot definir per mitjà de paràmetres (anomenats *paràmetres intrínsecs*) mesurats o avaluats a partir de la seva pròpia geometria, sense fer referència a l'engranament amb una altra roda dentada. Aquests són (Figura 6.7):

Diàmetre de base, d_b
Defineix el cercle de base que al seu torn determina unívocament la forma dels perfils d'evolvent, tant dels flancs d'un costat com dels de l'altre. Conegut el pas de base, p_b, el diàmetre de base es pot calcular per mitjà de $d_b = z \cdot p_b / \pi$.

Pas de base, p_b
Longitud de l'arc sobre el cercle de base que va des de l'arrencada de l'evolvent d'un flanc d'una dent fins a l'arrencada de l'evolvent del mateix flanc de la dent següent. El pas de base ha de coincidir amb el quocient de la longitud de la circumferència pel nombre de dents (nombre enter): $p_b = \pi \cdot d_b / z$. Es pot calcular per diferència entre dues distàncies cordals de k i $k+1$ dents (Figura 6.8): $p_b = W_{k+1} - W_k$. El mòdul de base es defineix com a $m_b = p_b / \pi$ i representa la fracció del diàmetre de base que correspon a una dent: $m_b = d_b / z$.

Gruix de base, s_b
Longitud de l'arc sobre el cercle de base que va des de l'arrencada de l'evolvent d'un flanc fins a l'arrencada de l'evolvent de l'altre flanc de la mateixa dent. En general és menor que el pas de base, però si els dentats estan molt allunyats del cercle de base, el gruix de base pot arribar a ser superior al pas de base. Es pot calcular per diferència entre una distància cordal i un nombre de passos de base igual al nombre de dents que abraça menys una (Figura 6.8): $s_b = W_k - (k-1) \cdot p_b$.

Diàmetre de cap, d_a
Defineix el cercle més exterior fins on arriba el dentat. Generalment és el diàmetre del cilindre de què es parteix per a la fabricació de l'engranatge. Si el nombre de dents és parell, la mesura és directa, mentre que si és senar, cal establir una mesura indirecta. El diàmetre de cap sempre ha de ser inferior al diàmetre d'apuntament, on els dos flancs de les dents es tallen i el gruix de la dent esdevé nul. En general, es recomana que el gruix de cap no sigui inferior a una determinada fracció del mòdul (per exemple, $s_a \geq 0{,}3 \cdot m_b$).

Diàmetre de peu (o de *fons*)*, d_f*
Defineix el cercle del fons dels entredents del dentat que, eventualment, pot ser més petit que el cercle de base. Si el nombre de dents és parell, la mesura és directa, mentre que si és senar, cal establir una mesura indirecta. Pot ser més gran o més petit que el diàmetre de base, però sempre superior al diàmetre límit d'evolvent.

Diàmetre límit d'evolvent, d_{inv}

Diàmetre límit en la zona del peu de la dent per sota del qual el perfil deixa de ser d'evolvent i inicia la corba de transició fins al diàmetre de peu. Aquest diàmetre sempre ha de ser superior al diàmetre de base. La forma de la corba de transició entre el diàmetre límit d'evolvent i el diàmetre de peu depèn de l'eina i de la geometria de generació de la dent.

Exemple 6.2: Determinació d'una roda a partir de mesures

Enunciat

En una roda dentada cilíndrica recta, que se sap que ha estat tallada amb una eina normalitzada d'angle de pressió $\alpha_0=20°$, s'han mesurat amb un palmer de platets els següents valors (sols s'ha obtingut una precisió de centèsimes de mil·límetre):

Nombre de dents:	z	$= 16$
Distància cordal entre 2	W_2	$= 11,64$ mm
Distància cordal entre 3	W_3	$= 19,00$ mm
Diàmetre de cap	d_a	$= 44,50$ mm
Diàmetre de fons	d_f	$= 33,74$ mm

Es demana:

1. Paràmetres intrínsecs (excepte el diàmetre límit d'evolvent)
2. Mòdul normalitzat amb què, presumiblement, ha estat fabricada la roda
3. Gruix de cap. Està dintre de límits acceptables ?

Resposta

1. Els paràmetres intrínsecs que cal obtenir són: diàmetre de base, d_b; pas de base, p_b; gruix de base, s_b. Els diàmetre de cap i de peu s'han obtingut per mesura directa.

   S'inicia el càlcul pel pas i gruix de base. Se sap que el primer és la diferència entre dues distàncies cordals successives, mentre que el segon s'obté d'una distància cordal de k dents prèvia substracció de $k-1$ passos de base:

$$p_b = W_3 - W_2 = 19,00 - 11,64 \quad = 7,36 \text{ mm}$$
$$s_b = W_2 - p_b = 11,64 - 7,36 \quad = 4,28 \text{ mm}$$

2. Per l'enunciat, se sap que l'eina de fabricació és normalitzada i que té un angle de pressió de $\alpha_0=20°$. El mòdul de generació es pot obtenir a partir de la definició de pas de base i pressuposant $\alpha_0=20°$ (vegeu Secció 6.5 i Capítol 7):

$$m_0 = p_b/(\pi \cdot \cos\alpha_0) = 7{,}36/(3.141592 \cdot \cos 20) = 2{,}493 \ \text{mm}$$

Ateses les imprecisions de les mesures de centèsimes amb un pàlmer de platets, es pot pressuposar que el mòdul normalitzat és $m_0 = 2{,}5$. Recalculant el pas de base amb aquest mòdul, dóna: $p_b = 7{,}38033$ mm. I, el diàmetre de base és:

$$d_b = z \cdot p_b/\pi = 16 \cdot 7{,}38033/3{,}141592 = 37{,}588 \ \text{mm}$$

3.   L'angle de cap d'aquesta roda dentada és:

$$\cos\alpha_a = d_b/d_a = 37{,}588/44{,}50 = 0{,}84467 \qquad \alpha_a = 32{,}363°$$

I el gruix de cap és:

$$s_a = (s_b - d_b \cdot \text{inv}\,\alpha_a)/\cos\alpha_a = 2{,}002 \ \text{mm} \quad (\text{suficientment ample})$$

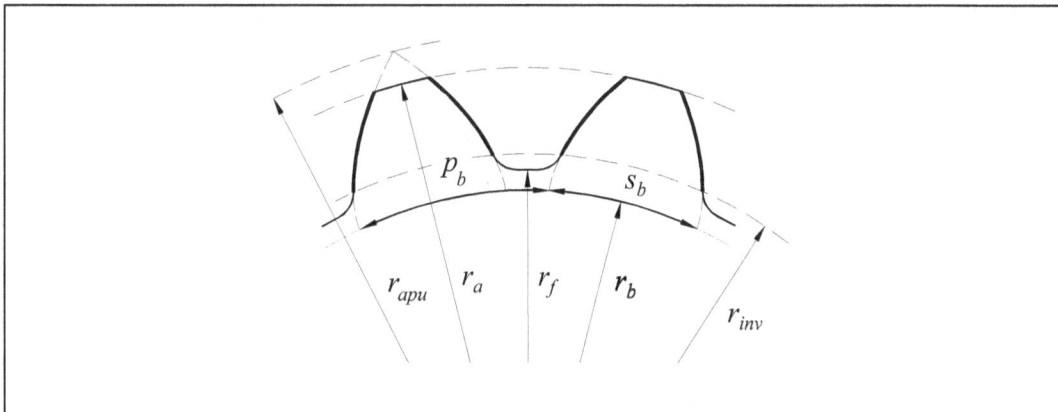

Figura 6.7 Paràmetres intrínsecs d'una roda cilíndrica recta

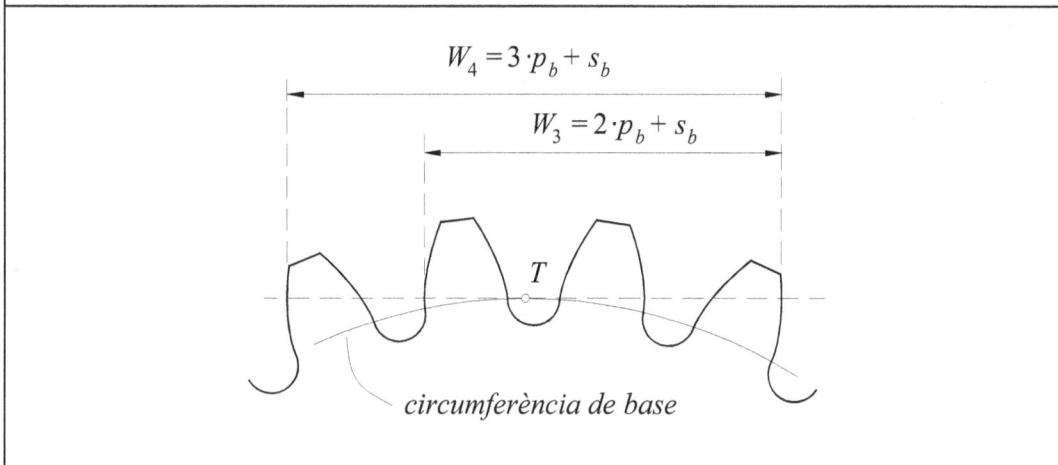

Figura 6.8 Mesura de distàncies cordals en una roda cilíndrica recta

6.4   Engranament entre dues rodes dentades. Limitacions

Introducció

Els perfils d'evolvent de les dents de dues rodes qualssevol poden engranar correctament (o sigui, compleixen la condició d'engranament) sigui la que sigui la distància entre centres, sempre i quan els flancs de les dents puguin establir el contacte. Si s'acosten dues rodes, són els gruixos de les dents els qui determinen la distància mínima de funcionament quan els flancs d'ambdós costats estableixen contacte simultàniament (Figura 6.9).

Un cop determinada la distància mínima de funcionament i l'angle mínim de funcionament a què engranen dues rodes (el joc de funcionament s'estableix a partir de donar toleràncies negatives a les distàncies cordals), cal comprovar unes altres limitacions geomètriques per assegurar el correcte funcionament de l'engranatge, que són:

> *Recobriment mínim*
> *Interferències de funcionament*
> *Jocs de fons mínims*

Distància i angle mínims de funcionament (Figura 6.9)

Quan es dona la condició anterior (dues rodes estableixen contacte simultàniament amb els flancs d'ambdós costats), la distància entre centres de funcionament, a', i l'angle de pressió de funcionament, α', són els mínims possibles. L'angle de pressió de funcionament i els diàmetres axoides de funcionament, són:

$$\cos\alpha' = \frac{d_{b1} + d_{b2}}{2\cdot a'} \qquad d_1' = \frac{2\cdot a'}{1+i} \qquad d_2' = \frac{2\cdot i\cdot a'}{1+i} \qquad (6)$$

La geomètric nominal d'un engranatge es calcula a partir d'un joc de funcionament nul i, a la pràctica, el joc de funcionament real s'obté a través de donar toleràncies negatives a les distàncies cordals (i, en definitiva, s'actua sobre els gruixos de les dents). Per tant, la suma dels gruixos (nominals) de les dents sobre els axoides de funcionament donen el pas de funcionament:

$$p' = s_1' + s_2' \qquad (7)$$

Per tal de poder transformar aquesta relació a paràmetres intrínsecs, cal prèviament relacionar el pas i els gruixos de funcionament amb el pas i gruixos de base:

$$p' = \frac{p_b}{\cos\alpha'} \qquad s_1' = \frac{s_{b1} - d_{b1}\cdot \mathrm{inv}\,\alpha'}{\cos\alpha'} \qquad s_2' = \frac{s_{b2} - d_{b2}\cdot \mathrm{inv}\,\alpha'}{\cos\alpha'} \qquad (8)$$

Si les expressions (8) s'integren a la (7), donen lloc a les fórmules de l'angle de pressió mínim i als diàmetres de funcionament mínims:

$$\operatorname{inv}\alpha'=\frac{s_{b1}+s_{b2}-p_b}{d_{b1}+d_{b2}} \qquad d_1'=\frac{d_{b1}}{\cos\alpha'} \qquad d_2'=\frac{d_{b2}}{\cos\alpha'} \tag{9}$$

De fet, aquests són els valors nominals per al càlcul de la resta de la geometria de l'engranatge.

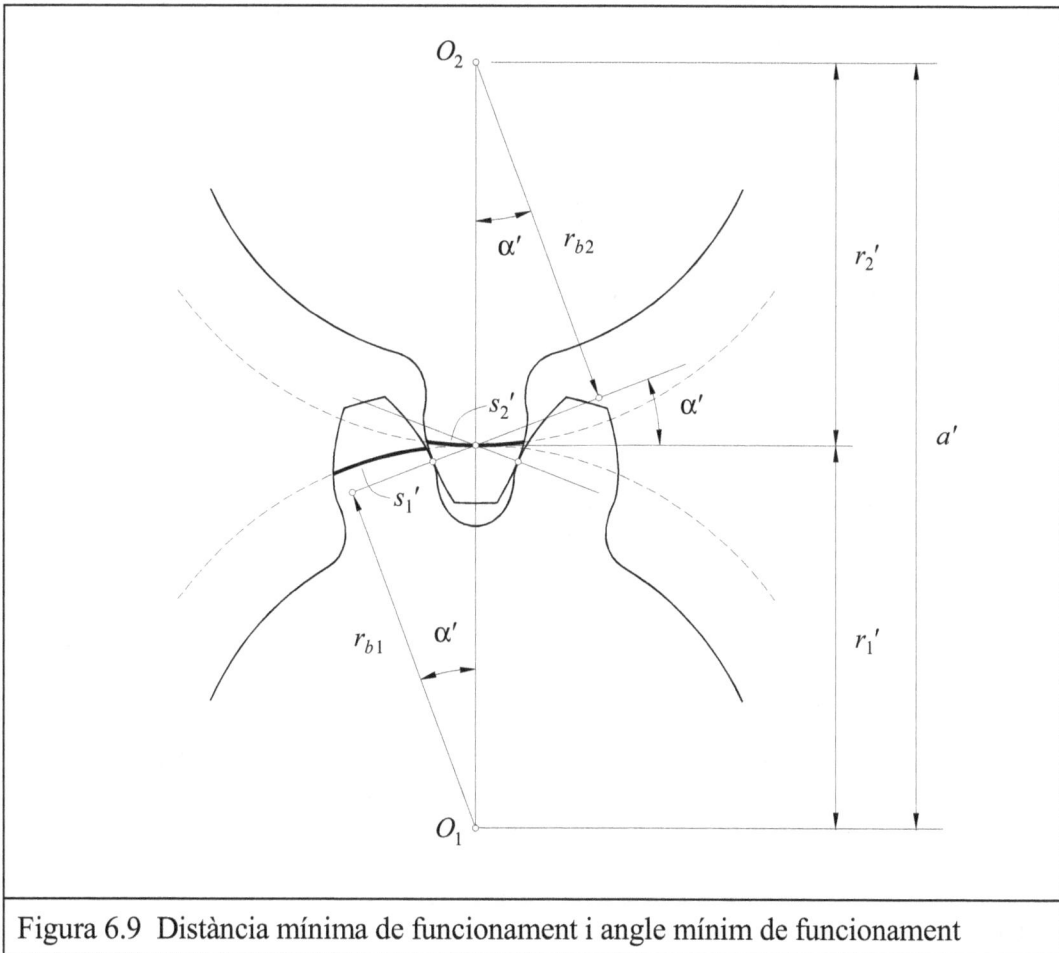

Figura 6.9 Distància mínima de funcionament i angle mínim de funcionament

Recobriment mínim (Figura 6.10)

En els engranatges cilíndrics rectes és de gran importància la continuïtat de l'engranament, o sigui, assegurar que abans que els flancs d'una parella de dents abandoni el contacte, els flancs de la parella següents ja l'hagin iniciat.

Els cercles de cap de les dues rodes delimiten la *zona d'engranament* (on s'interpenetren les dents de les dues rodes) que alhora delimita la *longitud de contacte*, $g_\alpha = A_1 A_2$ (les dents inicien el contacte a A_1 i l'acaben a A_2, o viceversa). Els punts de contacte de parelles de flancs sobre la línia d'engranament se succeeixen a distàncies del pas de base, p_b. Per assegurar la continuïtat de l'engranament cal, doncs, que la longitud de contacte sigui igual o més gran que el pas de base, $A_1 A_2 \geq p_b$. El *recobriment frontal*, ε_α, es defineix com el quocient entre la longitud de contacte i el pas de base, $\varepsilon_\alpha = A_1 A_2 / p_b$ i la pràctica recomana que sigui més gran de $\varepsilon_\alpha \geq 1,2$.

Per avaluar el recobriment frontal, es pot dividir la longitud d'engranament en dues parts, $A_1 A_2 = A_1 I + A_2 I$ (es consideren valors absoluts), i s'associa un recobriment parcial a cada una de les rodes (malgrat que el recobriment frontal és únic per a un engranatge), $\varepsilon_\alpha = \varepsilon_{\alpha 1} + \varepsilon_{\alpha 2}$, essent $\varepsilon_{\alpha 1} = A_1 I / p_b$ i $\varepsilon_{\alpha 2} = I A_2 / p_b$.

Cada una de les parts de la longitud de contacte es calculen a partir de les diferències: $A_1 I = T_1 A_1 - T_1 I$ i $A_2 I = T_2 A_2 - T_2 I$; els primers termes s'avaluen a *partir* de les expressions $T_1 A_1^2 = r_{a1}^2 - r_{b2}^2$ i $T_2 A_2^2 = r_{a2}^2 - r_{b2}^2$ i, els segons termes, a partir de $T_1 I = r_{b1}/\cos \alpha'$ i $T_2 I = r_{b2}/\cos \alpha'$. Integrant totes aquestes fórmules s'arriba finalment:

$$\varepsilon_\alpha = \frac{1}{2 \cdot \pi} \cdot \left(z_1 \cdot \left(\sqrt{\left(\frac{d_{a1}}{d_{b1}}\right)^2 - 1} - \tan \alpha' \right) + z_2 \cdot \left(\sqrt{\left(\frac{d_{a2}}{d_{b2}}\right)^2 - 1} - \tan \alpha' \right) \right) \tag{10}$$

Si bé normalment els engranatges cilíndrics rectes acostumen a tenir un coeficcient de recobriment suficient ($\varepsilon_\alpha = 1,4 \div 1,8$), cal tenir present que aquest paràmetre disminueix sensiblement amb diversos factors, com ara un augment de l'angle de pressió, una suma positiva de desplaçaments (vegeu Secció 6.5 i Capítol 7) o una disminució dels diàmetres de caps.

Interferències de funcionament (Figura 6.10)

Per evitar l'anomenada *interferència de funcionament* entre l'extrem superior del flanc de la dent d'una roda i la zona del peu de la dent de la roda contrària, cal assegurar que el diàmetre de cap de la primera (per exemple, d_{a1}), no demani d'engranar amb un punt del flanc del peu de la dent contrària per sota del seu diàmetre límit d'evolvent (d_{inv2}), ja que en aquesta zona el perfil de la segona roda ha deixat de ser d'evolvent i ha iniciat la corba de transició vers el fons de la dent.

La circumferència de cap d'una roda talla la línia d'engranament en un dels extrems de la línia de contacte (seguint l'exemple, punt A_1) el qual, al seu torn, determina el *diàmetre actiu de peu* de la roda contrària (d_{A2}), o sigui el diàmetre més petit sobre el qual el cap de la primera roda demana d'engranar. La condició perquè no hi hagi interferència de funcionament és que el *diàmetre actiu de peu* de la segona roda sigui igual o superior al *diàmetre límit d'evolvent* d'aquesta mateixa roda ($d_{A2} \geq d_{inv2}$).

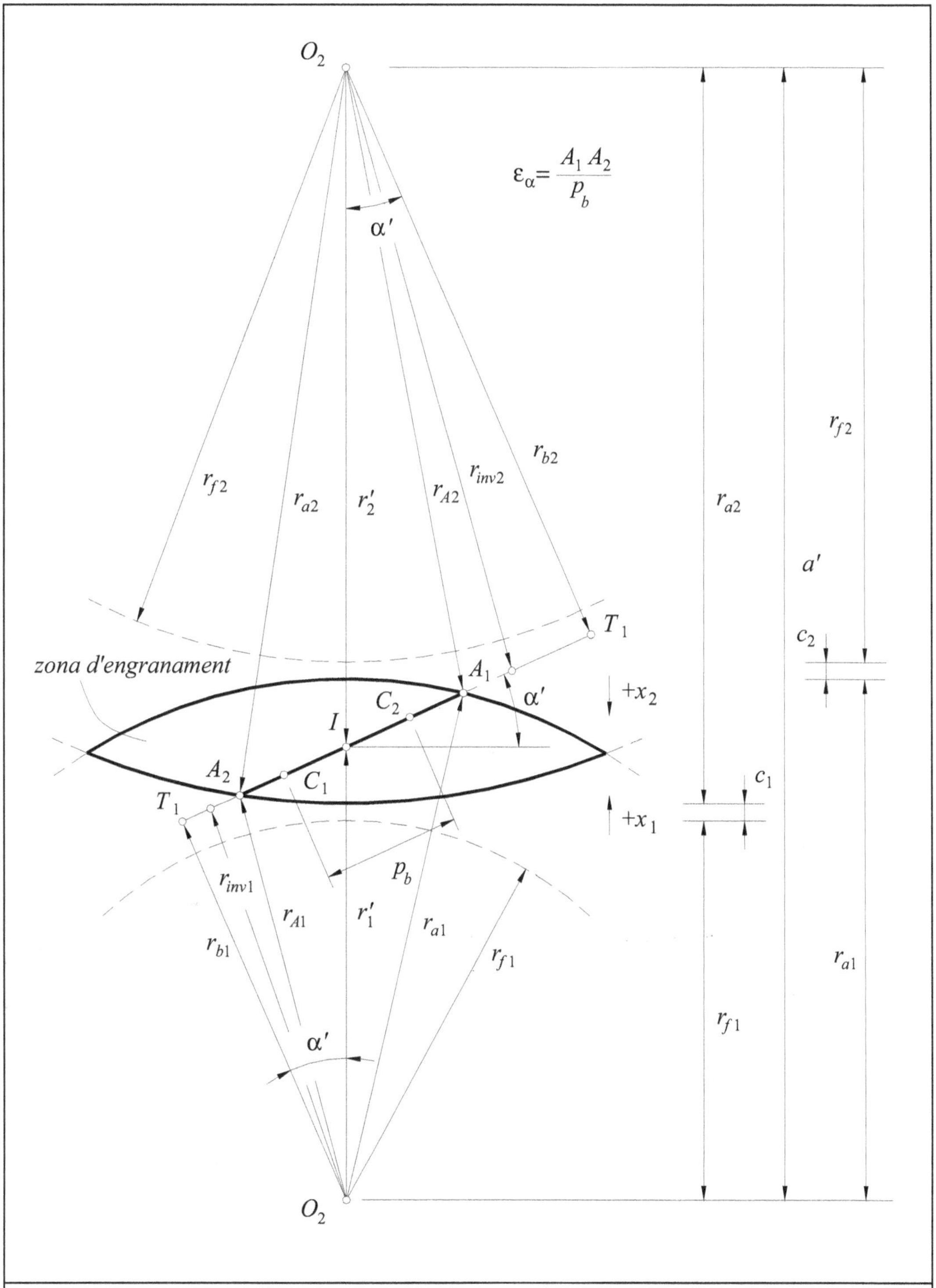

Figura 6.10 Limitacions en l'engranament entre dues rodes dentades

Una condició anàloga s'ha de complir entre el diàmetre actiu de peu i el diàmetre límit d'evolvent per a l'altra roda. Els diàmetres límits d'evolvent són paràmetres intrínsecs mentre que els diàmetres actius de peu depenen de les condicions d'engranament.

El radi actiu de peu de la roda 1, r_{A1}, es pot calcular per Pitàgoras a partir del radi de base, r_{b1}, i la distància $T_1A_2 = T_1T_2 - T_2A_2$. El primer terme d'aquesta darrera diferència s'obté a partir de la suma de radis de base i de l'angle de pressió de funcionament a través de l'expressió: $T_1T_2 = (r_{b1} + r_{b2}) \cdot \tan\alpha'$, mentre que el segon terme es calcula, també per Pitàgoras, a partir de la diferència de quadrats dels radis de cap i de base de la roda contrària: $T_2A_2 = (r_{a2}^2 - r_{b2}^2)^{1/2}$. Integrant totes aquestes expressions, tenint en compte que $d_{b2}/d_{b1} = i$, i aplicant-les a les dues rodes, s'obté finalment:

$$d_{A1} = \sqrt{1 + \left((1+i) \cdot \tan\alpha' - i \cdot \sqrt{\left(\frac{d_{a2}}{d_{b2}}\right)^2 - 1}\right)^2} \cdot d_{b1}$$

$$d_{A2} = \sqrt{1 + \left(\left(1+\frac{1}{i}\right) \cdot \tan\alpha' - \frac{1}{i} \cdot \sqrt{\left(\frac{d_{a1}}{d_{b1}}\right)^2 - 1}\right)^2} \cdot d_{b2}$$

$$(11)$$

La condició de no interferència és, finalment:

$$d_{inv1} \le d_{A1} \qquad d_{inv2} \le d_{A2} \tag{12}$$

Durant la fabricació es pot donar el cas que l'eina interfereixi amb el peu de la roda que talla, de manera anàloga a les interferències entre dues rodes qualssevol. Tanmateix, en aquest cas, l'eina mossega el material i produeix un soscavament del flanc en la zona del peu de la dent (Figura 6.11).

Aquesta circumstància mai és desitjable i, per aquest motiu, es procura evitar per mitjà d'un desplaçament d'eina. Però, si es dóna, produeix una sensible retallada del flanc útil en la zona del peu de la dent que pot fer que no hi hagi prou flanc útil per engranar amb el cap de la roda contrària, a més de debilitar el peu de la dent.

Jocs de fons mínims (Figura 6.10)

El tercer dels aspectes que cal comprovar de l'engranament entre dues rodes és que existeixi un *joc de fons* (distància entre el cap d'una roda i el peu de la roda contrària) suficient. En principi, es procura que sigui el mateix que el suplement de cap de les eines ($c_0 = 0,25 \cdot m_0$ en les normalitzades).

$$c_1 = a' - r_{a1} - r_{f2} \ge c_0 \qquad d_{a1} \le 2 \cdot (a' - c_0) - d_{f2}$$

$$c_2 = a' - r_{a2} - r_{f1} \ge c_0 \qquad d_{a2} \le 2 \cdot (a' - c_0) - d_{f1}$$

$$(13)$$

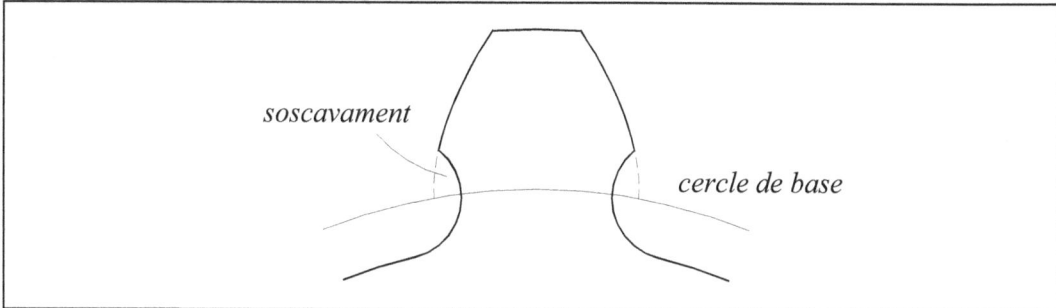

Figura 6.11 Roda dentada amb soscavament a la base de la dent a causa de la interferència del cap de l'eina de generació.

Exemple 6.3: Engranatge de nombre de dents mínim

Enunciat

Es tracta d'estudiar la geometria bàsica d'un engranatge de dues rodes iguals que tinguin el mínim nombre de dents possibles. Les principals condicions que ha de complir aquest engranatge i les rodes dentades són: *a*) El perfil d'evolvent de la roda dentada no existeix per sota del cercle de base (diàmetre, d_b) ni per sobre del diàmetre d'apuntament, d_{apu}; *b*) L'engranatge funciona a la distància mínima (sense joc de funcionament); *c*) S'ha d'assegurar un recobriment frontal mínim ($\varepsilon_\alpha \geq 1$).

Resposta

Consisteix en l'estudi de la geometria lliure (sense eines normalitzades) en un cas límit (mínim nombre de dents) que ha de complir les mateixes condicions que la resta d'engranatges (tota la geometria es refereix a un diàmetre de base unitat, $d_b = 1$):

a) L'angle de funcionament és tal que les rodes toquen amb els dos flancs (sense joc de funcionament). L'equació que expressa aquesta condició és:

$$\operatorname{inv}\alpha' = \frac{s_{b1} + s_{b2} - p_b}{d_{b1} + d_{b2}} = \frac{2 \cdot s_b - p_b}{2 \cdot d_b} \tag{14}$$

b) El diàmetre de cap no pot superar el d'apuntament, que ve donat per:

$$\operatorname{inv}\alpha_{apu} = \frac{s_b}{d_b} \qquad d_{apu} = \frac{d_b}{\cos\alpha_{apu}} \tag{15}$$

c) En tercer lloc, la circumferència de la punta de les dents no ha de sobrepassar el punt de tangència de la línia d'accionament amb la circumferència de base de la roda contrària. Atès que les dues rodes dentades són iguals ($T_1 T_2 = 2 \cdot TI$ i $T_1 A = TI + IA$), aquesta condició es transforma en:

$$T_1T_2 = \frac{d_b}{2} \cdot \tan\alpha' \geq T_1A_1 = \frac{d_b}{2} \cdot \tan\alpha_{apu} \qquad TI \geq IA \tag{16}$$

d)   I, finalment, la longitud de la línia d'engranament, $A_1A_2 = 2 \cdot IA$, ha de ser més gran que el pas de base a fi que hi hagi continuïtat en l'engranament (recobriment):

$$A_1A_2 = 2 \cdot IA = 2 \cdot (TA - TI) \geq p_b \quad \Rightarrow \quad IA \geq \frac{p_b}{2} \tag{17}$$

La Taula 6.2 presenta la geometria de tres engranatges de dues rodes iguals de 4, 5 i 6 dents, partint de diversos valors del gruix de base. Per assegurar un recobriment igual o superior a 1, cal que sigui $IA \geq p_b/2$; i, per assegurar dents reals que, com a màxim, arribin a l'apuntament, cal que $IA \geq TI$ (els valors marcats en negreta en la Taula 6.2 marquen els límits d'existència entre la primera i la segona condició). L'engranatge amb dues rodes de 4 dents no és possible.

Taula 6.2

Paràmetres d'engranatges de rodes iguals de poques dents				
s_b	α'	α_{apu}	TI	IA
	$\mathrm{inv}\,\alpha' =$ $=(s_b-p_b/2)/d_b$	$\mathrm{inv}\,\alpha_{apu}=s_b/d_b$	$TI=d_b\cdot\tan\alpha'/2$	$IA=TA-TI=$ $TA=d_b\cdot\tan\alpha_{apu}/2$
(mm)	(°)	(°)	(mm)	(mm)
$d_b=1$; $z=4$; $p_b=0,7854$ ($p_b/2=0,39270$)				
0,60	44,576	58,265	0,4927	0,3158
0,55	41,270	57,120	0,4388	0,3347
0,50	36,951	55,864	0,3761	0,3614
0,49394	36,217	55,677	0,3662	0,3662
$d_b=1$; $z=5$; $p_b=0,6283$ ($p_b/2=0,31416$)				
0,55	46,169	57,120	0,5208	0,2526
0,50	43,250	55,864	0,4704	0,2672
0,45	39,576	54,478	0,4133	0,2871
0,40407	**35,066**	**53,067**	**0,35097**	**0,31416**
0,38868	**33,145**	**52,559**	**0,32650**	**0,32650**
$d_b=1$; $z=6$; $p_b=0,52360$ ($p_b/2=0,26180$)				
0,50	46,292	55,864	0,5231	0,2144
0,45	43,401	54,478	0,4728	0,2276
0,40	39,773	52,934	0,4162	0,2458
0,36810	**36,850**	**51,850**	**0,37472**	**0,26180**
0,32064	**30,846**	**50,062**	**0,29860**	**0,29860**

Engranament d'una roda exterior i una corona (Figura 6.12)

Els conceptes i relacions establertes per als engranatges cilíndrics rectes entre dues rodes exteriors continuen essent vàlides per al engranatges cilíndrics interiors (engranament entre una roda de dentat exterior amb una roda de dentat interior), tot i que són necessàries les següents precisions:

a) Cal donar signe negatiu al nombre de dents de la corona, amb la qual cosa, la distància entre eixos i els diàmetres de la corona resulten negatius.

b) El sentit positiu del desplaçament de l'eina durant la generació de la corona és vers el cap (ara, vers el centre de la roda; vegeu Figura 12).

Amb aquestes dues anotacions, totes les fórmules dels engranatges cilíndrics exteriors tenen validesa per als engranatges cilíndrics interiors (quan s'estudien els engranatges cilíndrics helicoïdals interiors, cal tenir present que els angles d'inclinació tenen el mateix signe).

Els engranatges cilíndrics interiors presenten algunes diferències respecte als exteriors en el tema de les interferències que obliga a analitzar-les amb un cert deteniment.

Interferència primària
És anàloga a la dels engranatges cilíndrics exteriors, o sigui, la zona del peu de la dent d'una roda ha de tenir suficient flanc d'evolvent per engranar amb el cap de l'altra.
Però, a diferència dels engranatges exteriors on aquesta condició normalment es compleix, els engranatges interiors són més crítics a causa de la fabricació de la corona (el pinyó tallador genera menys flanc en la zona del peu que una cremallera) i de la curvatura interior del cap de la corona que requereix més flanc en la zona del peu del pinyó.

Interferència secundària
Es dóna quan engranen un pinyó de diàmetre pròxim al de la corona i consisteix en la interferència dels caps de les dues rodes en una zona allunyada de l'engranament.
L'estudi complet de les condicions en què es produeix la interferència secundària estan fora de l'abast d'aquest text però, per evitar-la, es recomana que la diferència de dents entre la corona i el pinyó sigui superior al valor donat per la següent expressió (α, és l'angle de pressió; h_a, és l'altura de cap promig de pinyó, h_{a1}, i corona, h_{a2}):

$$z_2 - z_1 \geq (z_2 - z_1)_{\text{lím}} = \frac{h_a}{m_0} \cdot (46{,}5 - 3 \cdot \alpha + 0{,}054 \cdot \alpha^2) \qquad (18)$$

Interferència d'avanç radial
No sempre és possible tallar una corona amb una penetració radial d'un pinyó-tallador de z_0 dents ja que es pot produir una interferència amb dents allunyades de la zona d'engranament. Per evitar-la, es recomana de és prendre una diferència de dents com l'assenyalada a la fórmula 18, augmentada de 6.

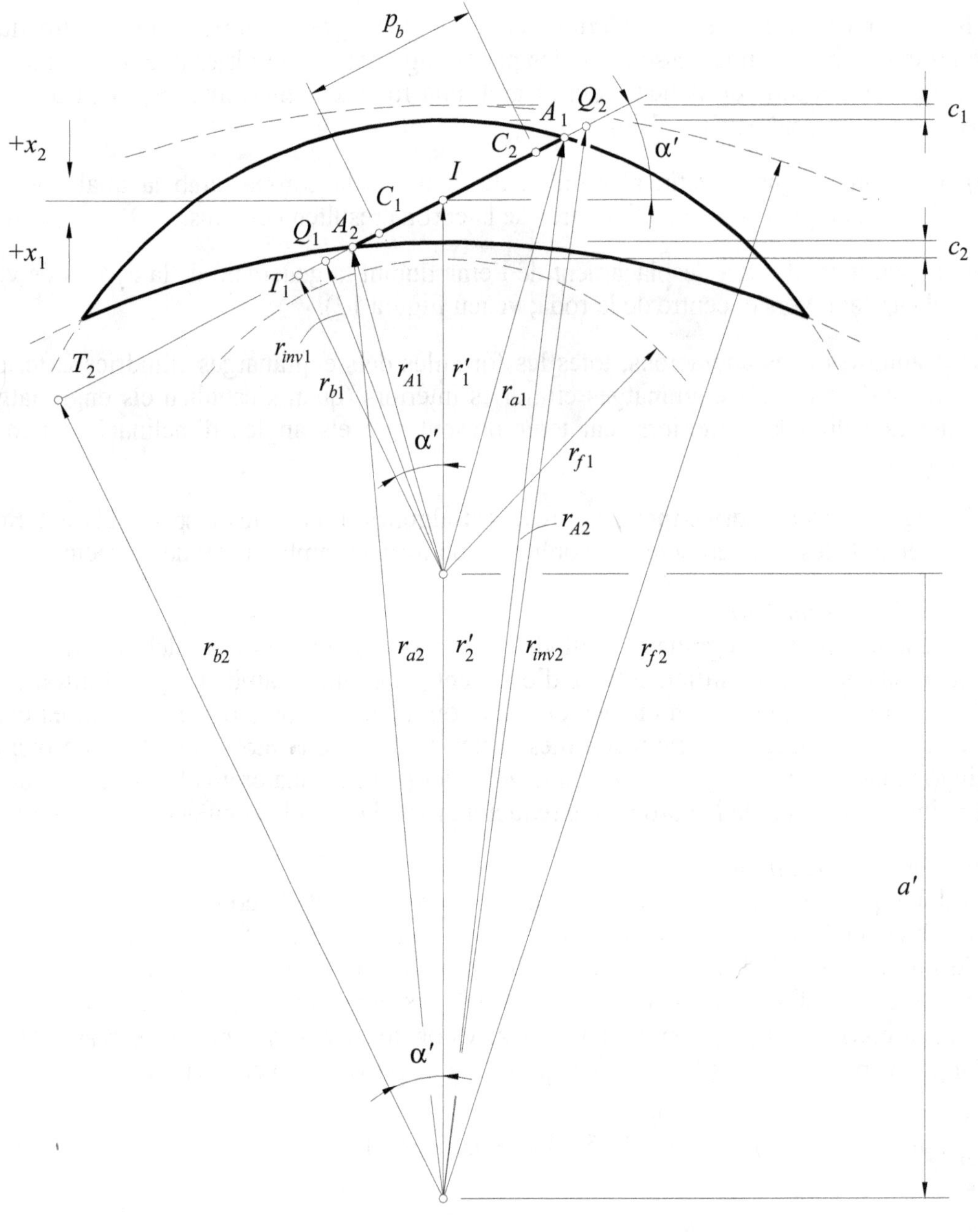

Figura 6.12 Limitacions en l'engranament en un engranatge cilíndric exterior (pinyó i corona)

6.5 Generació d'una roda dentada. Eines normalitzades

Malgrat que en el segle XIX els engranatges es fabricaven amb eines de forma, els procediments normalment utilitzats avui dia en el tallatge, l'acabament i la verificació de les rodes dentades es basen en el principi de generació. A continuació es descriuen aquests dos procediments i s'analitzen els avantatges del segon respecte al primer.

Fabricació amb eines de forma (Figura 6.13)

És un procediment de fabricació de rodes dentades realitzat amb màquines i utillatges convencionals (com ara, una fresadora i una *fresa de forma*; Figura 6.13) que es basa en buidar els successius entredents per mitjà d'un mecanisme divisor que gira la roda un arc corresponent a una dent. Les eines de forma també s'utilitzen per a la rectificació. Malgrat la seva simplicitat, aquest procediment té dos greus inconvenients que l'han limitat a la fabricació de determinats engranatges de perfil cicloïdal: *a*) Requereix eines diferents per a cada dimensió (mòdul) de les dents i per a cada nombre de dents de la roda (per limitar el nombre de freses, se sol usar una mateixa eina per a tallar dos o tres nombres de dents correlatius, malgrat que això introdueix petits errors); *b*) Els flancs de les freses, que tenen la forma de l'entredent, són difícils de fabricar i d'esmolar.

Tanmateix, la introducció del control numèric i de sistemes d'esmolada automàtica, poden donar un nou impuls als mètodes de fabricació dels engranatges per forma.

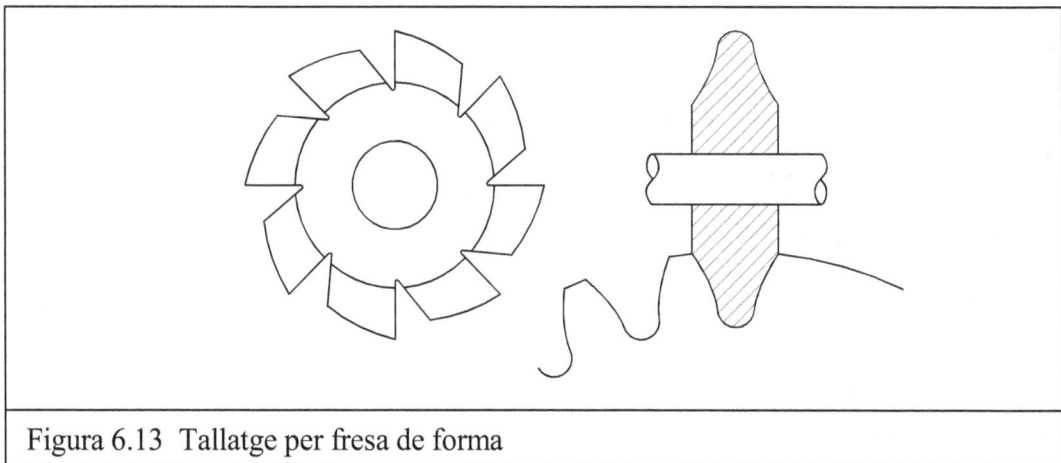

Figura 6.13 Tallatge per fresa de forma

Fabricació per generació (Figura 6.14 i 15)

Generació i cremallera d'evolvent
La generació consisteix en crear el dentat conjugat (dentat generat en la roda que es fabrica) a partir d'un dentat conegut (dentat generador de l'eina) per mitjà del moviment relatiu de les dues rodes que es mouen com si engranessin (el dentat generat resulta de

l'envolvent de les successives traces del dentat generador sobre la roda generada; Figura 6.14). El perfil d'evolvent de cercle de radi infinit (o sigui l'evolvent d'una cremallera) esdevé una recta perpendicular a la línia d'engranament que forma un angle α amb l'axoide de la cremallera (anomenat *angle de pressió*).

Avantatges de la generació amb perfil d'evolvent

Es pot definir, doncs, una cremallera de flancs rectes (geometria fàcil de materialitzar) a partir de la qual es poden generar (o referenciar) els dentats d'evolvent de les rodes dentades, les eines de tall (una fresa mare, un pinyó-tallador) o els dispositius d'esmolar, una mola helicoïdal de rectificació) de dentats d'un mateix mòdul, amb independència del nombre de dents. A més, acostumen a ser procediments de fabricació de més gran rendibilitat que els de fabricació amb eina de forma.

Moviments en la fabricació per generació

Tots aquests procediments combinen el moviment de generació (com si l'eina i la peça engranessin) amb els moviments de tall (l'eina arrenca el material) i d'avanç de l'eina (dóna la profunditat en la formació de les dents). Aquest darrer moviment és el que permet tallar rodes dentades amb desplaçament (vegeu Figura 6.14 i Secció 7.2).

Operacions i eines de fabricació per generació

La Figura 6.15 il·lustra diversos processos de fabricació per generació per a rodes cilíndriques rectes, principi que també s'usa per a les rodes dentades dels engranatges cònics i hiperbòlics.

Tallatge

Les principals eines utilitzades en els processos de tallatge per generació són: *a*) *Cremallera* (procediment Maag). Eina que reprodueix directament el perfil de referència (Figura 6.15a); *b*) *Fresa mare* (procediment de tallatge de gran eficàcia i, alhora, més freqüent). Eina constituïda per diverses cremalleres situades en plans diametrals de manera que els successius talls d'una mateixa dent formen una hèlice sobre el cilindre (Figura 6.15b); *c*) *Pinyó tallador* (procediment Fellows, imprescindible per a rodes interiors). Eina en forma de pinyó que engrana amb la roda a tallar (Figura 6.15c).

Acabament

Entre les processos d'acabament hi ha: 1) *Rectificació*, procés d'esmolat realitzat després d'un tractament d'enduriment superficial, basada en: *d*) *Moles planes*. Eines que materialitzen els flancs del perfil de referència (Figura 6.15d), relativament barates, però de baixa productivitat; *e*) *Moles helicoïdals*. Eines de forma anàloga a un vis sens fi, cares però de gran productivitat; 2) *Afaitat*, procés de gran productivitat per acabar rodes no tractades, basat en: *f*) *Afaitador*, eina semblant a una roda helicoïdal, amb molts petits talls transversals sobre les dents amb vores afilades, que engrana amb la roda a acabar amb els eixos lleugerament entrecreuats, essent el moviment de lliscament axial el que produeix el tall (Figura 6.15e: afaitador).

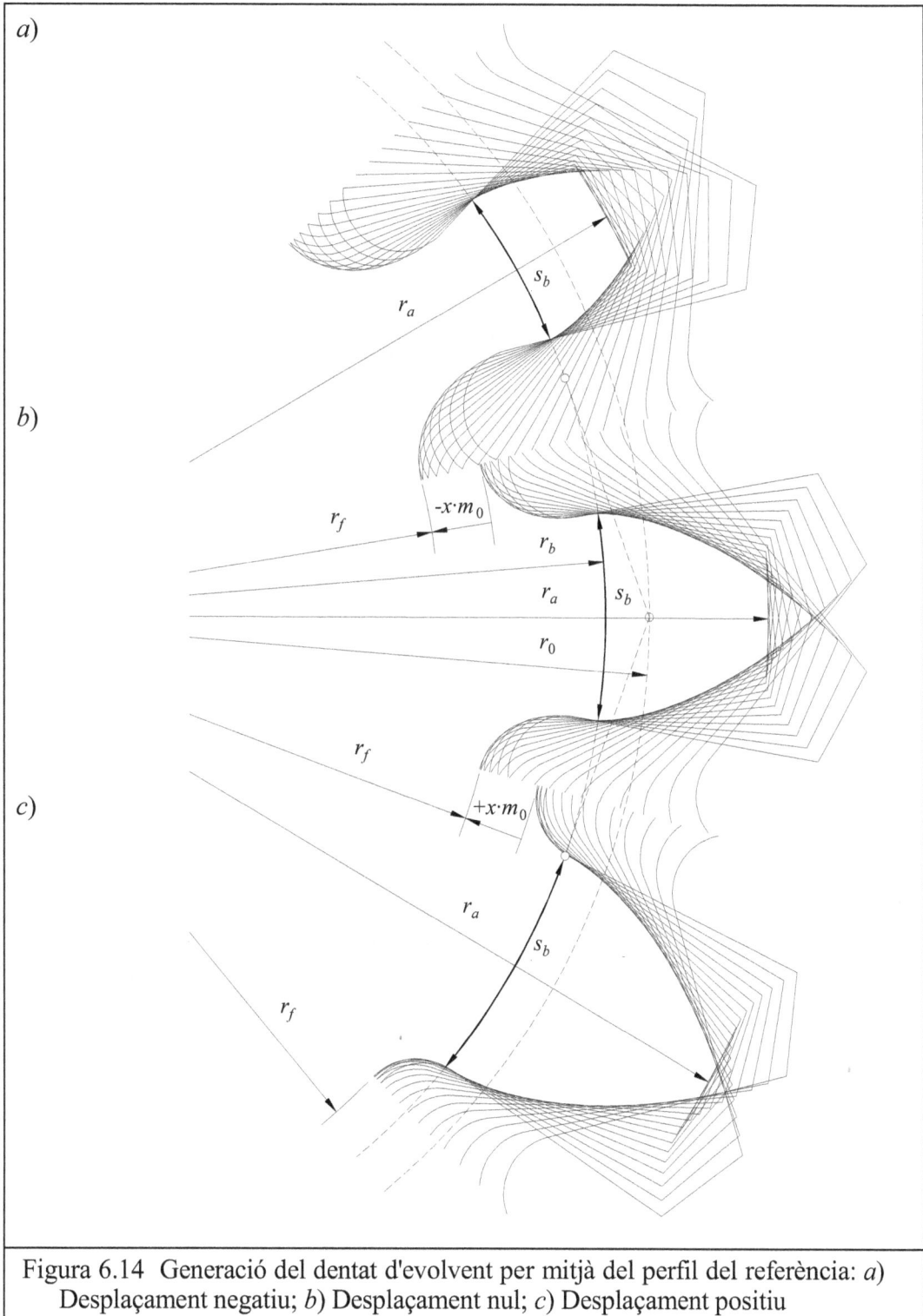

Figura 6.14 Generació del dentat d'evolvent per mitjà del perfil del referència: *a*) Desplaçament negatiu; *b*) Desplaçament nul; *c*) Desplaçament positiu

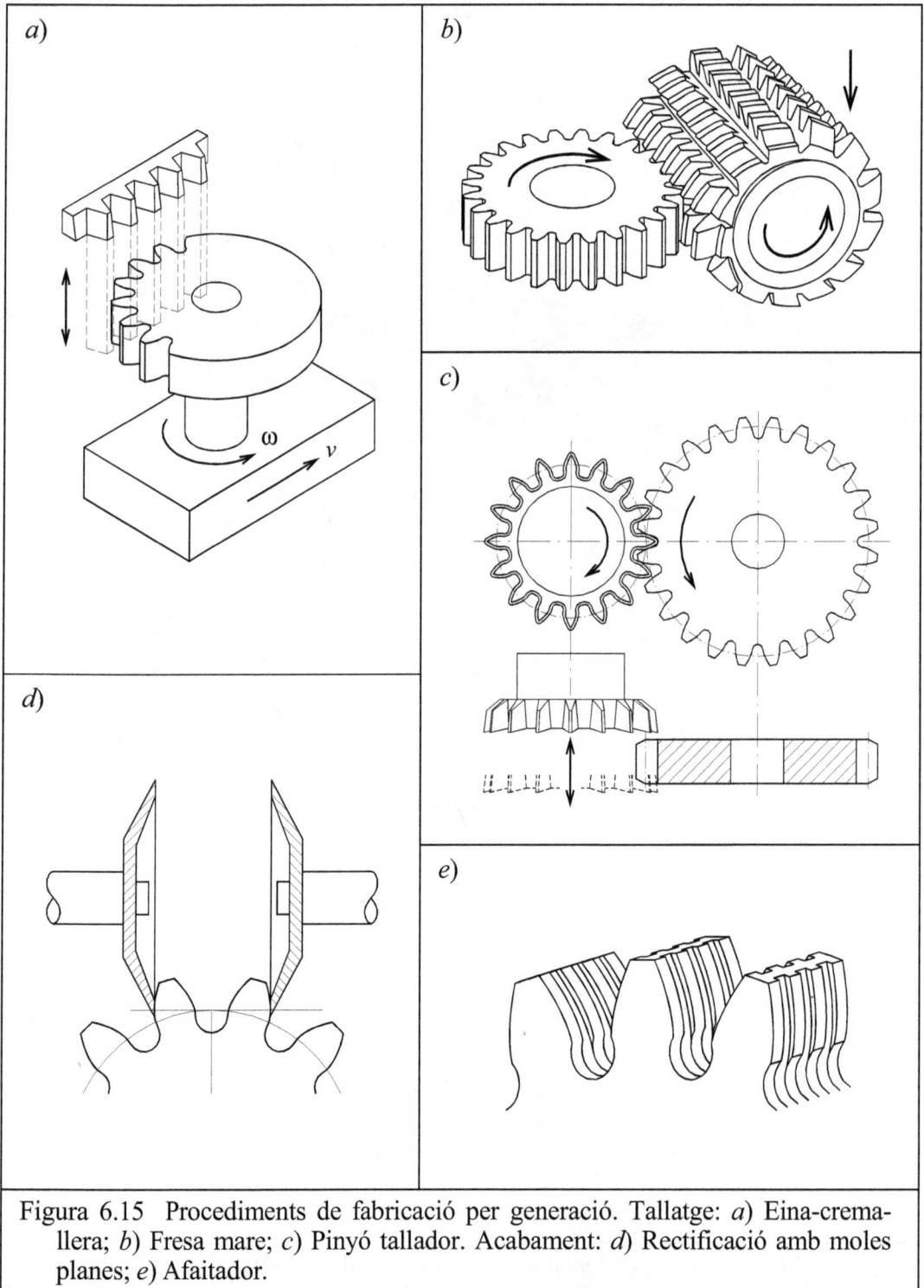

Figura 6.15 Procediments de fabricació per generació. Tallatge: *a*) Eina-crema-llera; *b*) Fresa mare; *c*) Pinyó tallador. Acabament: *d*) Rectificació amb moles planes; *e*) Afaitador.

Eines normalitzades

Per tal limitar el nombre d'eines necessàries per a la gran diversitat d'engranatges que demana la indústria, ISO ha establert normes internacionals (adoptades per la major part de normes nacionals, entre elles la UNE) sobre dos aspectes de la seva geometria i dimensions: *a*) *Perfil normalitzat*; *b*) *Mòduls normalitzats*.

Perfil normalitzat

La norma internacional ISO 53-1974 fixa la geometria del perfil normalitzat de cremallera (Figura 6.16) on tots els paràmetres es relacionen amb una *línia de referència* i prenen com a unitat de mesura el mòdul normalitzat, m_0.

Pas	$p_0 = \pi \cdot m_0$	sobre la línia de referència
Gruix de la dent	$s_0 = \frac{1}{2}\,\pi \cdot m_0$	sobre la línia de referència
Altura de cap	$h_{a0} = 1 \cdot m_0$	a partir de la línia de referència
Altura de peu	$h_{f0} = 1{,}25 \cdot m_0$	a partir de la línia de referència
Suplement de cap	$c_0 = 0{,}25 \cdot m_0$	

L'*angle de pressió de generació*, α_0 (entre els flancs i el pla normal a la línia de referència), completa la geometria del perfil normalitzat. Normalment és de 20° (històricament s'havia usat 14,5° ja que el seu sinus és aproximadament 0,25); en eines especials pot ser de 15°, 17½°, 22½° i 25°.

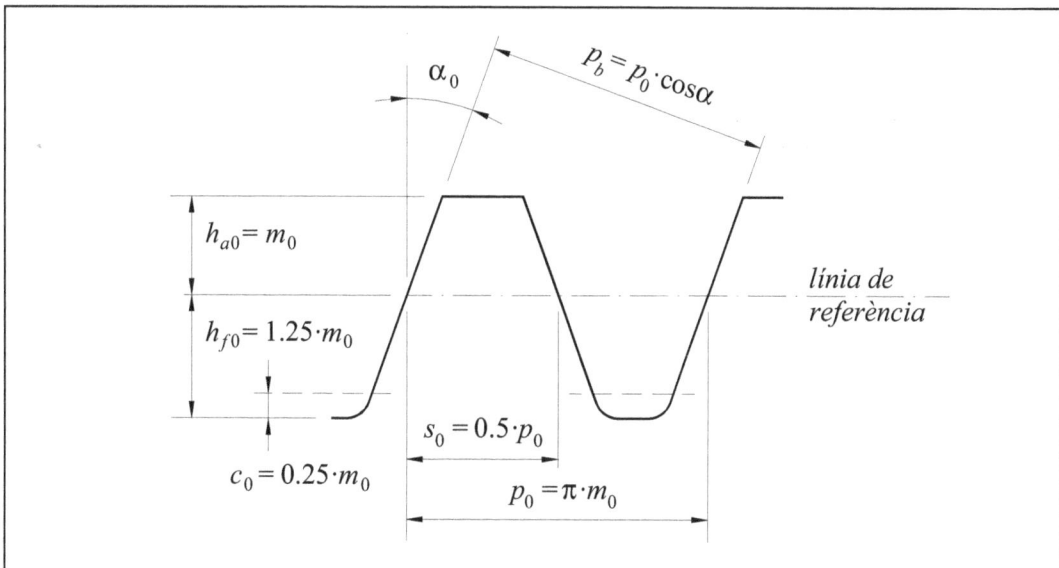

Figura 6.16 Perfil normalitzat segons ISO 53-1974

Mòduls d'eina normalitzats

La norma internacional ISO 54-1977 fixa els mòduls d'eina normalitzats per a mecànica general i mecànica pesada (m_0, en mm), els quals segueixen una seqüència de valors en què cada nova línia és el resultat de multiplicar l'anterior per 2, a excepció d'alguns dels darrers valors (els mòduls en negreta són preferibles als altres:

1,000	1,125	**1,250**	1,375	**1,500**	1,750
2,000	2,250	**2,500**	2,750	**3,000**	3,500
4,000	4,500	**5,000**	5,500	**6,000**	7,000
8,000	9,000	**10,000**	11,000	**12,000**	14,000
16,000	18,000	**20,000**	22,000	**25,000**	28,000
32,000	36,000	**40,000**	45,000	**50,000**	

Si es vol obtenir una millor optimització dels engranatges, també és possible fabricar rodes dentades a partir d'eines de perfils i mòduls no normalitzats (com ho fa la indústria de l'automòbil), però aleshores cal assegurar-se que el cost de fabricació de les eines és acceptable (en l'automòbil les eines es fabriquen en sèrie).

7 Engranatges cilíndrics rectes i helicoïdals

7.1 Geometria dels engranatges cilíndrics rectes

En les Seccions 6.3 i 6.4 del capítol anterior s'han estudiat les relacions i les limitacions de la geometria dels engranatges cilíndrics rectes en base als paràmetres intrínsecs. Tanmateix, els engranatges es fabriquen a partir d'eines normalitzades com ara les descrites a la Secció 6.5, per la qual cosa, no tots els paràmetres de les rodes dentades són independents, sinó que molts d'ells estan relacionats per la forma i les dimensions de l'eina de generació.

En aquesta Secció es formulen els paràmetres intrínsecs de les rodes cilíndriques rectes i les diverses limitacions del seu engranament a partir dels paràmetres de les eines normalitzades i els paràmetres de generació.

Paràmetres de generació d'una roda

Partint del perfil normalitzat, hi ha sis *paràmetres de generació* que fixen la geometria de la roda cilíndrica recta generada: 1) Diàmetre exterior del cilindre de material d'on es talla la roda, i que sol determinar el *diàmetre de cap*, d_{a1}; 2) *Mòdul de l'eina*, m_0, que determina la dimensió del dentat; 3) *Nombre de dents*, z (sempre enter en rodes completes), que determina la dimensió de la roda per mitjà del *diàmetre de generació*, d_0; 4) *Angle de pressió de l'eina*, α_0, que influeix en la forma de la dent (de menys a més "gòtica"); 5) *Desplaçament de perfil*, x, que incideix en la forma i situació de les dents respecte als axoides de generació.

En el procés de generació, és fonamental el moviment relatiu entre l'eina i la roda a tallar (determinat per diàmetre de generació, d_0), així com la posició relativa de l'eina respecte a la roda a tallar (determinada pel desplaçament de l'eina, x).

Diàmetre de generació, d_0

En el procés de generació, el *cilindre axoide* de la roda generada i el *pla axoide* de la cremallera generadora rodolen sense lliscar, de manera que el pas de la roda és igual al pas de la cremallera, $p=\pi \cdot m_0$ (Figura 7.1). El diàmetre axoide de la roda (anomenat també *diàmetre primitiu de generació*), d, queda determinat exclusivament pel mòdul de l'eina, m_0, i pel nombre de dents, z, de la roda a generar:

$$d = z \cdot m_0 \tag{1}$$

Cal observar que, amb eines normalitzades, el diàmetre de generació pot prendre tan sols uns determinats valors discrets, múltiples de qualsevol dels mòduls normalitzats.

Desplaçament de perfil, x

El perfil normalitzat ha estat concebut de manera que, si durant la generació l'eina avança (o penetra) fins que la seva línia de referència coincideix amb l'axoide, les rodes dentades que s'obtenen engranen correctament entre elles (són rodes tallades a 0, sense desplaçament o sense correcció per desplaçament, Figura 6.13b).

Tanmateix, res impedeix que l'eina avanci contra la roda una profunditat diferent de l'anterior de manera que s'obtenen modificacions en les alçades i gruixos de les dents que poden resultar d'interès en el disseny de determinats engranatges (rodes tallades amb desplaçament, o rodes corregides per desplaçament, Figures 6.13a i 6.13c).

Quan al final de la generació la línia de referència de l'eina queda situada enfora a certa distància del seu axoide (Figura 6.13c), es diu que la roda ha estat tallada amb *desplaçament positiu* ($+x \cdot m_0$) mentre que, si intersecta l'axoide de la roda (Figura 6.13a), es diu ha estat tallada amb un *desplaçament negatiu* ($-x \cdot m_0$).

Paràmetres intrínsecs d'una roda dentada recta en funció dels de generació

A continuació s'expressen els paràmetres intrínsecs (o de definició) d'una roda dentada rcta a partir dels paràmetres de generació:

Diàmetre de base, d_b

Determinat el diàmetre de generació, d, la inclinació dels flancs rectes de la cremallera generadora respecte a la perpendicular a seu axoide (o *angle de pressió de generació*), α_0, determina la circumferència de base de la roda com a cercle concèntric a l'axoide de generació i tangent a la línia d'engranament imposada per l'eina (punt de tangència T); per tant, el diàmetre de base no depèn del desplaçament i és el producte del diàmetre de generació pel cosinus de l'angle de pressió de generació:

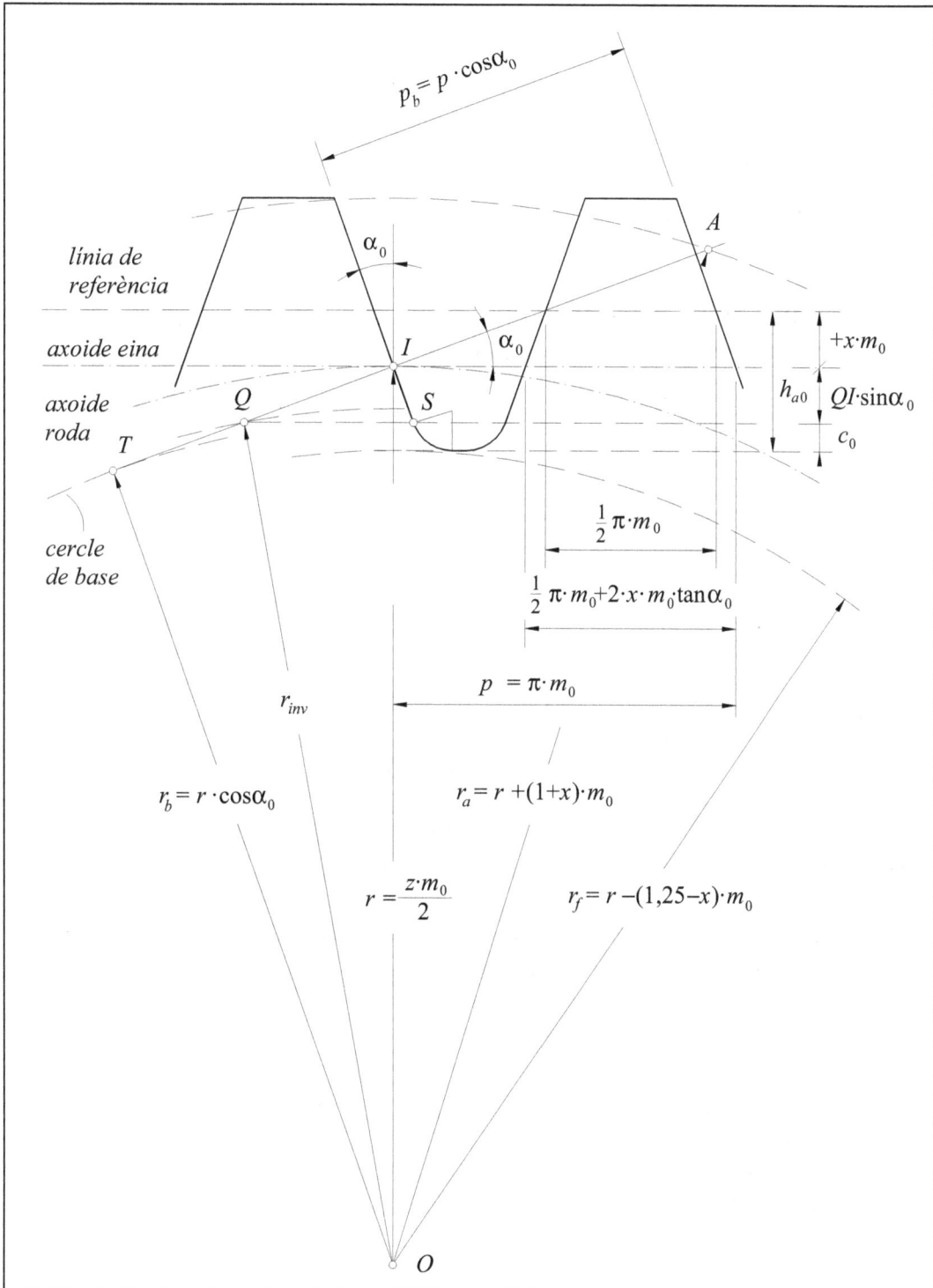

Figura 7.1 Generació d'una roda dentada a partir del perfil normalitzat

$$d_b = d \cdot \cos\alpha_0 = z \cdot m_0 \cdot \cos\alpha_0 \tag{2}$$

Pas de base, p_b
És la longitud sobre la circumferència de base que correspon a una dent i és igual al pas de base del perfil de referència (Figura 7.1):

$$p_b = \frac{\pi \cdot d_b}{z} = \pi \cdot m_0 \cdot \cos\alpha_0 \tag{3}$$

Gruix de base, s_b
A l'altura de l'axoide de generació, l'entredent de l'eina equival al gruix de la dent de la roda generada (Figura 7.1), valor que depèn del desplaçament de l'eina a causa de la inclinació dels flancs de les dents:

$$s_0 = \frac{\pi \cdot m_0}{2} + 2 \cdot x \cdot m_0 \cdot \tan\alpha_0 \tag{4}$$

Substituint aquesta expressió a l'Equació 5 del Capítol 6, es pot traduir el gruix de la dent a l'altura de l'axoide al gruix de base de la dent:

$$s_b = \left(\frac{1}{2} \cdot \pi + 2 \cdot x \cdot \tan\alpha_0 + z \cdot \mathrm{inv}\,\alpha_0 \right) \cdot m_0 \cdot \cos\alpha_0 \tag{5}$$

Diàmetre de cap, d_a
Atès que el fons de l'eina no talla, el diàmetre de cap sol ser el del bloc del cilindre de material d'on es talla la roda. Però alhora no pot sobrepassar la mesura permesa pel perfil de referència, tenint en compte el desplaçament $x \cdot m_0$:

$$d_a \le d + 2 \cdot h_{a0} + 2 \cdot x \cdot m_0 = (z + 2 \cdot (1 + x)) \cdot m_0 \tag{6}$$

En el punt on es tallen els dos flancs, el gruix de la dent esdevé nul. A la pràctica es recomana que el gruix de cap sigui superior a un determinat valor (per exemple, $s_a \le 0,3 \cdot m_0$), condició *que* dóna un límit superior per al diàmetre de cap (o del desplaçament associat del perfil, $x \cdot m_0$) que es calcula per mitjà de: $d_a = d_b / \cos\alpha_a$ essent l'angle α_a el que resulta de resoldre la inequació implícita següent:

$$s_a = \frac{s_b - d_b \cdot \mathrm{inv}\,\alpha_a}{\cos\alpha_a} \ge s_{a\,\mathrm{mín}} \qquad d_a = \frac{d_b}{\cos\alpha_a} \tag{7}$$

Diàmetre de peu, d_f
El cap de l'eina talla el peu de la dent i, per tant, el diàmetre de peu de la roda ve determinat per l'alçada de cap de l'eina:

$$d_f = d - 2 \cdot h_{f0} + 2 \cdot x \cdot m_0 = (z - 2 \cdot (1,25 - x)) \cdot m_0 \tag{8}$$

Diàmetre límit d'evolvent, d_{inv}

El punt més alt del perfil d'evolvent de l'eina (que és una recte) genera evolvent en la zona del peu de la dent fins al punt S (Figura 7.1) on comença l'arc de transició vers la circumferència de peu de la dent. Per tant, generarà perfil d'evolvent en la dent de la roda fins el punt on talla amb la línia d'engranament (punt Q) i el diàmetre límit d'evolvent en la roda generada serà el doble de la distància del centre de la roda a aquest punt: $d_{inv}=2 \cdot OQ$. La distància OQ es pot obtenir per Pitàgoras a partir de OT (radi de base) i TQ que, al seu torn, es pot calcular per la diferència entre $TI=(d/2) \cdot \sin\alpha_0$ i la distància $QI=(h_{f0}-c_0-x \cdot m_0)/\sin\alpha_0=(1-x) \cdot m_0/\sin\alpha_0$ (Figura 7.1). Integrant totes les expressions anteriors, s'obté:

$$d_{inv} = \sqrt{1+\left(\tan\alpha_0 - \frac{4 \cdot (1-x)}{z \cdot \sin 2\alpha_0}\right)^2} \cdot d_b \tag{9}$$

Quan el punt Q arriba a coincidir amb (o passa a l'altre costat de) el punt de tangència T, aleshores es produeix una interferència del cap de l'eina amb el peu de la dent que dóna lloc a un soscavament del peu de la dent que debilita la seva resistència. Per evitar-ho cal que el nombre de dents sigui major que un determinat nombre de dents límit:

$$z \geq z_{lím} = \frac{2 \cdot ((h_{f0}-c_0)-x \cdot m_0)}{m_0 \cdot \sin^2\alpha_0} = \frac{2 \cdot (1-x)}{\sin^2\alpha_0} \tag{10}$$

Com es pot comprovar, aquest límit disminueix amb el desplaçament del perfil, $x \cdot m_0$.

Limitacions de l'engranament en funció dels paràmetres de generació

De forma anàloga a com s'han obtingut els paràmetres intrínsecs que defineixen una roda dentada en funció dels paràmetres de generació, es poden establir també les limitacions de l'engranament a partir d'aquests mateixos paràmetres.

Distància i angle mínims de funcionament (Figura 7.2)

L'Equació 9 del Capítol 6, relaciona l'angle de pressió mínim de funcionament amb els paràmetres de base (diàmetres de base, d_{b1} i d_{b2}, pas de base, p_b, i gruixos de base, s_{b1} i s_{b2}). Les Equacions 2, 3 i 5 del present capítol donen les expressions dels paràmetres de base citats en funció dels paràmetres de generació (nombre de dents, z, mòdul de generació, m_0, angle de pressió de generació, α_0, i desplaçaments de perfil, x_1 i x_2). Integrant les anteriors equacions, s'obté l'expressió de l'angle de pressió de funcionament, α' (mínim), en funció dels paràmetres de generació:

$$\text{inv}\,\alpha' = \text{inv}\,\alpha_0 + \frac{2 \cdot (x_1+x_2) \cdot \tan\alpha_0}{z_1+z_2} \tag{11}$$

A partir de l'angle de pressió de funcionament (mínim), α', es poden expressar la distància entre eixos (mínima), a', i els diàmetres de funcionament (mínims), d_1' i d_2':

$$a' = \frac{z_1 + z_2}{2} \cdot m_0 \cdot \frac{\cos\alpha_0}{\cos\alpha'} \qquad d_1' = z_1 \cdot m_0 \cdot \frac{\cos\alpha_0}{\cos\alpha'} \qquad d_2' = z_2 \cdot m_0 \cdot \frac{\cos\alpha_0}{\cos\alpha'} \tag{12}$$

Aquestes darreres expressions permeten veure que si la suma de desplaçaments de les dues rodes és nul·la ($\Sigma x = x_1 + x_2 = 0$; poden tenir desplaçaments iguals però de signe contrari), l'angle de funcionament coincideix amb l'angle de generació ($\alpha' = \alpha_0$), i els diàmetres de funcionament coincideixen amb els de generació. Si la suma de desplaçaments és superior a zero, $\Sigma x > 0$, l'angle i els diàmetres de funcionament són superiors als de generació, mentre que si és inferior a zero, $\Sigma x < 0$, l'angle i els diàmetres de funcionament són inferiors als de generació.

Altres limitacions de funcionament

L'expressió d'altres limitacions de funcionament en funció dels paràmetres de generació de les rodes, com ara, l'existència d'un coeficient de recobriment mínim, les interferències de funcionament o els jocs de fons mínims, no es comenten tot i que es poden trobar en el formulari de la pàgina 76.

Exemple 7.1 Disseny geomètric d'un engranatge cilíndric recte

Enunciat

Es vol dissenyar un engranatge cilíndric recte, destinat a ser fabricat amb eines normalitzades ($\alpha_0 = 20°$), de relació de transmissió aproximada, $i = 2,38$. El càlcul de prevenció de la ruptura per fatiga del peu de la dent exigeix un mòdul igual o superior a $m \geq 2,16$ mm, mentre que el càlcul de prevenció de la fatiga superficial exigeix una distància entre centres igual o superior a $a' \geq 48,3$ mm. Es demana de realitzar el disseny geomètric d'aquest engranatge.

Resposta

La dimensió més limitadora en un engranatge cilíndric és la distància entre centres, ja que és la que dóna les dimensions generals de l'engranatge, mentre que el mòdul determina fonamentalment el nombre de dents. En base a la distància entre centres mínima establerta pel càlcul i el mòdul normalitzat immediatament superior al de càlcul, $m_0 = 2,25$, es calculen uns primers nombres de dents aproximats:

$$d_1 = z_1 \cdot m_0 = \frac{2 \cdot a}{1+i} \qquad z_1 = \frac{2}{1+i} \cdot \frac{a'}{m_0} = 12,69$$

$$d_2 = z_2 \cdot m_0 = \frac{2 \cdot a' \cdot i}{1+i} \qquad z_2 = \frac{2}{1+i} \cdot \frac{a' \cdot i}{m_0} = 30,23$$

Per tant, es pren $z_1 = 13$ i $z_2 = 31$ ($i = 31/13 = 2,385$).

Per a engranatges de mecànica general i una suma de dents de $\Sigma z = 44$, la Figura 7.3 recomana una suma de desplaçaments entre $\Sigma x = 0,3 \div 0,75$. En el present cas s'adopta un valor intermedi de $\Sigma x = 0,5$. La Figura 7.4 proporciona un criteri de repartiment de la suma de desplaçaments entre les dues rodes. Prenent la semisuma de dents $\frac{1}{2}\Sigma z = 22$, la semisuma de desplaçaments de $\frac{1}{2}\Sigma x = 0,25$ i interpolant segons els criteris dels reductors (línies L de la Figura 7.4), s'obté aproximadament $x_1 = 0,32$ i $x_2 = 0,18$.

A partir de les anteriors decisions, es calculen els paràmetres de les rodes dentades i de l'engranatge, seguint els següents passos:

1. L'equació 1 permet calcular els diàmetres de generació, i les equacions 2, 3, 5, 8 i 9 permeten calcular els paràmetres intrínsecs excepte el diàmetre de cap pel qual l'Equació 6 determina un valor màxim (es determinarà més endavant en funció dels jocs de fons de les dents).

2. Un cop obtinguts els diàmetres de base i els diàmetres límit d'evolvent, es constata que els segons són més grans que els primers. En cas contrari, hauria significat que hi ha interferència del cap de l'eina en la generació i soscavament en la base de la dent.

3. Abans de determinar els diàmetres de cap, cal establir l'angle de funcionament, la distància entre eixos de funcionament i els diàmetres de funcionament a través de les Equacions 11 i 12. El càlcul de l'evolvent de l'angle de funcionament dóna $\mathrm{inv}\,\alpha' = 0,02317$. Calculant la inversa (per tempteig o per mitjà d'un petit programa de càlcul numèric, com ara el mètode de Newton-Raphson) s'obté $\alpha' = 23,038°$.

4. Un cop coneguda la distància entre eixos, i havent determinat prèviament els jocs de fons de les dents (cap del pinyó contra fons de la roda i viceversa), que es xifra en $c = 0,25 \cdot m_0 = 0,562$, amb l'ajut de les Equacions 13 del Capítol 6 es determinen els diàmetres de cap. Cal comprovar que són inferiors als valors admesos per l'eina de generació segons l'Equació 6 del present Capítol: $d_{a1} \le 35,190$; $d_{a2} \le 75,060$ (generalment, sempre es compleix en engranatges formats per rodes tallades amb desplaçament).

5. Un cop determinats els diàmetres de cap, es poden obtenir una altra sèrie de parà-
    metres d'interès, com ara, el coeficient de recobriment (Equació 10 del Capítol 6),
    els diàmetres actius de peu (Equació 11 del Capítol 6) i els gruixos de cap (a partir
    de les Equacions 4 i 5 del Capítol 6, aplicant els paràmetres de cap). Es constata
    que es compleixen les Equacions 12 del Capítol 6.

			pinyó	roda
Paràmetres de generació				
Nombre de dents	z	–	13	31
Desplaçament	x	–	0,32	0,18
Diàmetre de generació	d	mm	29,250	69,750
Paràmetres intrínsecs				
Diàmetre de base	d_b	mm	27,486	65,544
Pas de base	p_b	mm	6,642	6,642
Gruix de base	s_b	mm	4,223	4,575
Diàmetre de cap	d_a	mm	35,034	74,904
Diàmetre de peu	d_f	mm	25,065	64,935
Diametre límit d'evolvent	d_{inv}	mm	27,506	66,833
Angles de cap	α_a	°	38,321°	28,951
Gruixos de cap	s_a	mm	1,126	1,640
Paràmetres de funcionament				
Angle de funcionament	α'	°	23,040°	
Distància entre centres	a'	mm	50,547	
Coeficient de recobriment	—	-	1,386	
Diàmetres de funcionament	d'	mm	29,869	71,225
Jocs de fons	c	mm	0,562	0,562
Diàmetres actius de peu	d_A	mm	27,684	67,929

Exemple 7.2 Engranatges amb una dent de diferència

Enunciat

En alguns trens panetaris es dóna el cas d'un mateix pinyó que engrana amb dues o més
rodes a una mateixa distància entre centres, a', de manera que cada una de les rodes
difereix de l'anterior en una dent. Es vol fer engranar un mateix pinyó de dentat recte de
$z_1 = 23$ dents amb tres rodes de $z_2 = 74$, $z_3 = 75$ i $z_4 = 76$ dents, sabent que el pinyó i la roda
de 75 dents han estat tallats sense desplaçaments ($m_0 = 1,5$). Es demanen els paràmetres
de generació de les rodes dentades i els paràmetres de funcionament dels engranatges.

Resposta

Sabent que han estat tallats sense desplaçament el pinyó $z_1=23$ dents i la roda $z_3=75$ dents, el seu engranatge determina la distància entre centres:

$$a' = (z_1+z_2)\cdot m_0/2 = (23+75)\cdot 1{,}5/2 = 73{,}5 \text{ mm}$$

A partir d'aquí, els passos que es proposen són:

1. En funció de la distància entre centres comuna, a', i dels diàmetres de base de les rodes, d_b, es calcula l'angle de funcionament dels engranatges, α' (Equació 6 del Capítol 6), i la suma de desplaçaments, Σx (Equació 11). Atès que el pinyó comú ha estat tallat sense desplaçament, les sumes de desplaçaments són directament els desplaçaments de les rodes: $\Sigma x_{12}=x_2=0.518790$ i $\Sigma x_{14}=x_4=-0.480216..$

2. Amb aquestes dades es poden calcular la resta de paràmetres que es mostren a les taules que venen a continuació.

		pinyó $z_1=23$	roda $z_2=74$	roda $z_3=75$	roda $z_4=76$
z	-	23	74	75	76
x	-	0,000	+0,519	0,000	−0,480
d	mm	34,500	111,000	112,500	114,000
d_b	mm	32,419	104,306	105,715	107,125
d_a	mm	37,444	115,500	115,500	115,500
d_f	mm	30,750	108,806	108,750	108,809

		Engranatge 1–2	Engranatge 1–3	Engranatge 1–4
a'	mm	73,500	73,500	73,500
α'	°	21,550°	20,000°	18,326°
ε_α	-	1,620	1,691	1,771

		pinyó $z_1=23$	roda $z_2=74$	roda $z_3=75$	roda $z_4=76$
d'	mm	34,856	112,144		
d'	mm	34,500		112,500	
d'	mm	34,152			112,848

Cal ressenyar que el pinyó engrana amb diferents diàmetres de funcionament amb cada una de les tres rodes dentades.

Formulari d'engranatges cilíndrics rectes

Paràmetres	Pinyó	Roda
De generació		
Relació de transmissió	$i = z_2/z_1 = d_2/d_1 = d_{b2}/d_{b1} = d_2'/d_1'$	
Mòdul normalitzat	m_0	
Angle de pressió	α_0 (perfil de referència)	
Nombre de dents	z_1 (nombre enter en rodes completes)	z_2 (enter en rodes completes)
Diàmetre de generació	$d_1 = z_1 \cdot m_0$	$d_2 = z_2 \cdot m_0$
Desplaçament	$x_1 \cdot m_0$ (limitacions segons Figura 7.4)	$x_2 \cdot m_0$ (limitacions segons Figura 7.4)
De definició		
Diàmetre de base	$d_{b1} = z_1 \cdot m_0 \cdot \cos\alpha_0$	$d_{b2} = z_2 \cdot m_0 \cdot \cos\alpha_0$
Pas de base	$p_b = \pi \cdot m_0 \cdot \cos\alpha_0$	$p_b = \pi \cdot m_0 \cdot \cos\alpha_0$
Gruix de base	$s_{b1} = (\tfrac{1}{2}\pi + 2 \cdot x_1 \cdot \tan\alpha_0 + z_1 \cdot \mathrm{inv}\,\alpha_0) \cdot m_0 \cdot \cos\alpha_0$	$s_{b2} = (\tfrac{1}{2}\pi + 2 \cdot x_2 \cdot \tan\alpha_0 + z_2 \cdot \mathrm{inv}\,\alpha_0) \cdot m_0 \cdot \cos\alpha_0$
Diàmetre de cap	$d_{a1} \le d_1 + 2 \cdot h_{a0} + 2 \cdot x_1 \cdot m_0 = (z_1 + 2 \cdot (1 + x_1)) \cdot m_0$	$d_{a2} \le d_2 + 2 \cdot h_{a0} + 2 \cdot x_2 \cdot m_0 = (z_2 + 2 \cdot (1 + x_2)) \cdot m_0$
Diàmetre de peu	$d_{f1} = d_1 - 2 \cdot h_{f0} + 2 \cdot x_1 \cdot m_0 = (z_1 - 2 \cdot (1,25 - x_1)) \cdot m_0$	$d_{f2} = d_2 - 2 \cdot h_{f0} + 2 \cdot x_2 \cdot m_0 = (z_2 - 2 \cdot (1,25 - x_2)) \cdot m_0$
Diàmetre límit d'evolvent	$d_{inv1} = (1 + (\tan\alpha_0 - 4 \cdot (1 - x_1)/(z_1 \cdot \sin 2\alpha_0))^2)^{\frac{1}{2}} \cdot d_{b1}$	$d_{inv2} = (1 + (\tan\alpha_0 - 4 \cdot (1 - x_2)/(z_2 \cdot \sin 2\alpha_0))^2)^{\frac{1}{2}} \cdot d_{b2}$
De funcionament		
Angle de funcionament	$\mathrm{inv}\,\alpha' = \mathrm{inv}\,\alpha_0 + 2 \cdot (x_1 + x_2) \cdot \tan\alpha_0/(z_1 + z_2)$	
Distància funcionament	$a' = \tfrac{1}{2} \cdot (z_1 + z_2) \cdot m_0 \cdot \cos\alpha_0/\cos\alpha' = (d_{b1} + d_{b2})/(2 \cdot \cos\alpha')$	
Recobriment frontal	$\varepsilon_\alpha = (z_1 \cdot (((d_{a1}/d_{b1})^2 - 1)^{\frac{1}{2}} - \tan\alpha') + z_2 \cdot (((d_{a2}/d_{b2})^2 - 1)^{\frac{1}{2}} - \tan\alpha'))/(2 \cdot \pi)$	
Diàmetre funcionament	$d_1' = a'/(1 + i) = z_1 \cdot m_0 \cdot \cos\alpha_0/\cos\alpha' = d_{b1}/\cos\alpha'$	$d_2' = a' \cdot i/(1 + i) = z_2 \cdot m_0 \cdot \cos\alpha_0/\cos\alpha' = d_{b2}/\cos\alpha'$
Diàmetre actiu de peu	$d_{A1} = (1 + ((1 + i) \cdot \tan\alpha' - i \cdot ((d_{a2}/d_{b2})^2 - 1)^{\frac{1}{2}})^2)^{\frac{1}{2}} \cdot d_{b1}$	$d_{A2} = (1 + ((1 + 1/i) \cdot \tan\alpha' - (1/i) \cdot ((d_{a1}/d_{b1})^2 - 1)^{\frac{1}{2}})^2)^{\frac{1}{2}} \cdot d_{b2}$
Joc de peu	$c_1 = a' - (d_{a1} - d_{f2})/2 \ge 0,25 \cdot m_0$	$c_2 = a' - (d_{a2} - d_{f1})/2 \ge 0,25 \cdot m_0$

7.2 Selecció dels desplaçaments

Com s'ha vist anteriorment, els desplaçaments de perfil tenen una gran incidència en la geometria i l'engranament de les rodes dentades. Sorgeix, per tant, la qüestió de quins són els desplaçaments més adequats en cada aplicació. A continuació s'analitzen diferents aspectes relacionats amb els desplaçaments per acabar donant unes recomanacions extretes de les normes.

Paràmetres geomètrics que depenen dels desplaçaments
En primer lloc, alguns dels paràmetres geomètrics de les rodes dentades varien amb el desplaçament de perfil (el gruix de base, s_b, el diàmetre de cap màxim, d_a, i el diàmetre de peu, d_f, augmenten amb el desplaçament), mentre que d'altres resten invariables (el diàmetre primitiu de generació, d, i el diàmetre de base, d_b).

Limitacions dels desplaçaments
En segon lloc, els desplaçaments no poden prendre valors qualssevol. En efecte, un desplaçament positiu massa gran pot donar lloc a un gruix de cap de la dent excessivament petit (Figura 6.13c), fet que en limita el seu valor superior i, un desplaçament positiu massa petit en un pinyó de poques dents, o negatiu en una roda, pot donar lloc a interferència al peu durant la generació (Figura 6.11), fet que en limita el seu valor inferior. La Figura 7.2 conté un gràfic amb aquests límits per als desplaçaments de rodes dentades interiors i exteriors.

Influència dels desplaçaments
A més dels anteriors límits, els desplaçaments (a través de la seva suma, i del seu repartiment entre pinyó i roda) influeixen en múltiples aspectes de la geometria dels engranatges: Per un costat, una suma de desplaçaments positiva, $\Sigma x > 0$, dóna lloc a un augment de l'angle de pressió i de la distància entre eixos, a una resistència a la fatiga superficial i a la ruptura als peus de les dents més elevada, però disminueix el recobriment, mentre que una suma de desplaçaments negativa, $\Sigma x < 0$, té efectes contraris; I, per altre costat, un repartiment dels desplaçaments més favorable al pinyó en millora significativament les característiques resistents sense que en surti excessivament empitjorada la roda (excepte si el nombre de dents de la roda és molt baix). També hi ha altres criteris a tenir en compte, com ara l'equilibrament dels *lliscaments específics* (o relació entre la velocitat de lliscament i la velocitat de rodolament) en els extrems del segment d'engranament ($A_1 A_2$; vegeu Figura 6.10), que aquí no es detallen.

Recomanacions per als desplaçaments
Tot això porta a determinades recomanacions per a la tria de la suma de desplaçaments específics, Σx (Figura 7.10), i per al seu repartiment entre el desplaçament de la pinyó, x_1, i el de la roda, x_2 (Figura 7.11); per a aquest darrer cas, cal tenir en compte, a més, si l'engranatge és reductor o multiplicador, ja que la recomanació sobre el repartiment canvia sensiblement.

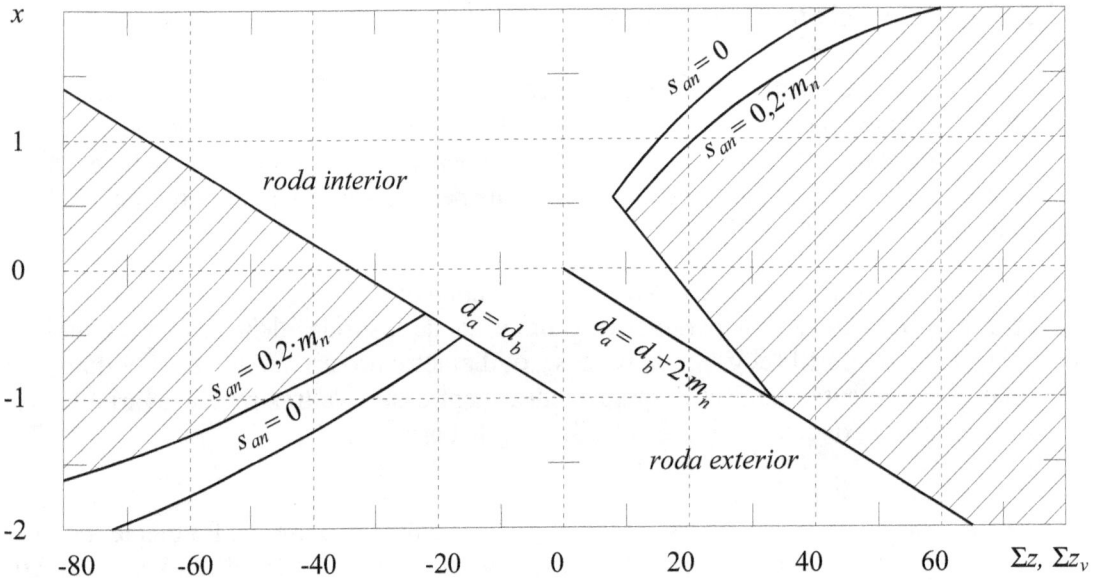

Figura 7.2 Limitacions dels desplaçaments en rodes interiors i exteriors

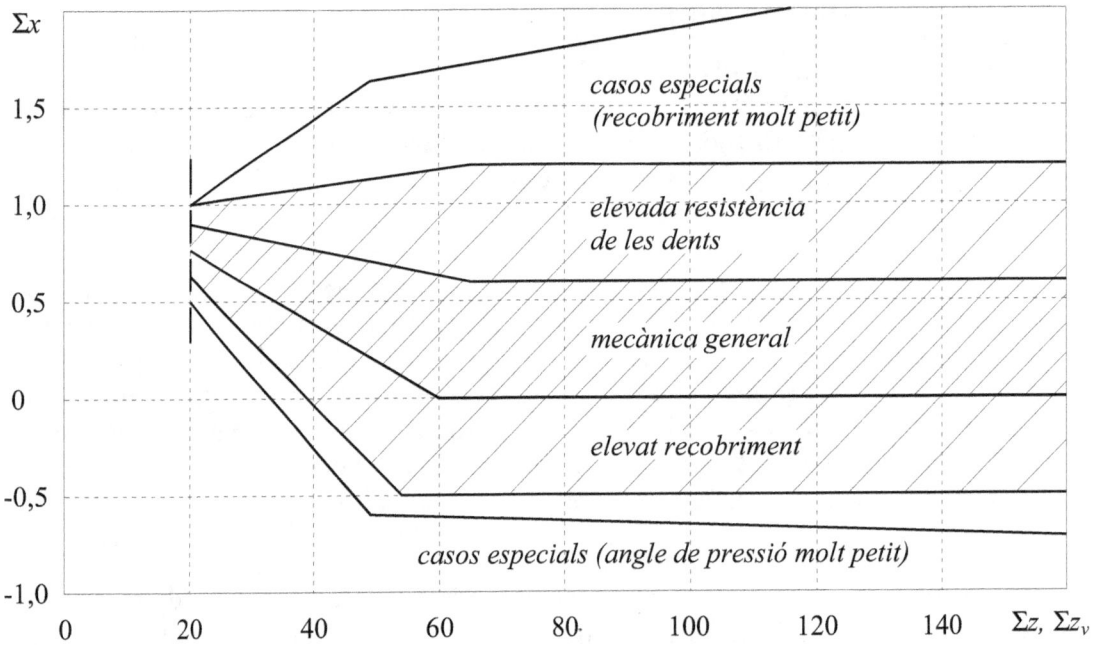

Figura 7.3 Recomanacions per a la suma de desplaçaments

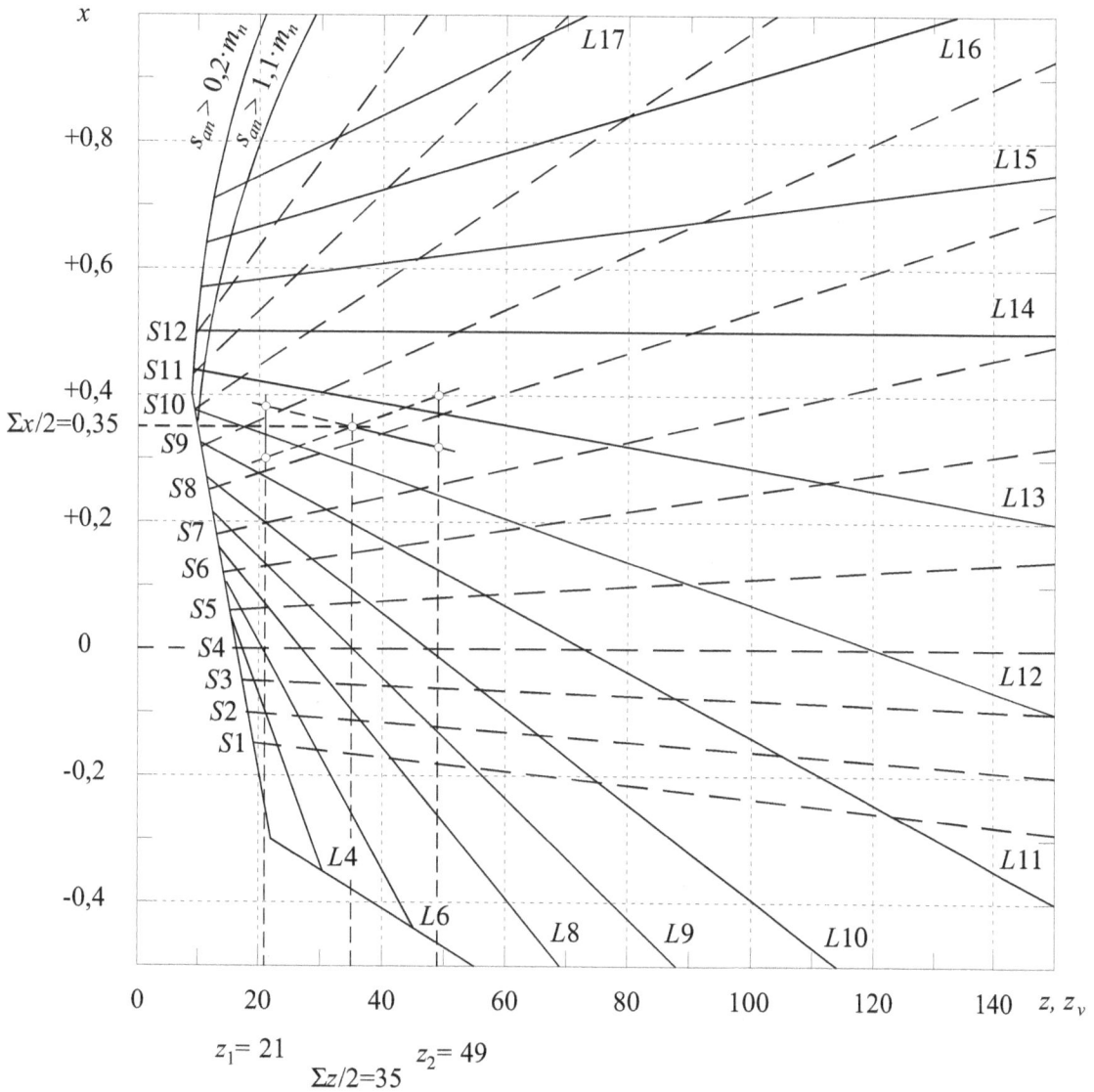

Figura 7.4 Recomanacions per al repartiment de la suma de desplaçaments (línies contínues, $L4-L17$, reductors; línies discontínues, $S1-S12$, multiplicadors). Es parteix de $\Sigma z/2$ i $\Sigma x/2$ que determinen el punt A. Segons que l'engranatge sigui reductor o multiplicador, es creen les línies d'interpolació BC o B'C'; els nombres de dents (z, per a engranatges rectes; $z_v = z/\cos^3\beta$, per a engranatges helicoïdals) determinen el corresponent valor de x.

7.3 Model d'engranatge cilíndric helicoïdal

Introducció

Les generatrius de les dents de les rodes dentades dels engranatges cilíndrics helicoïdals es disposen en forma d'hèlice sobre els axoides, i es generen amb les mateies eines i màquines que les rodes cilíndrics rectes amb l'única diferència que l'eina s'inclina un determinat angle (*angle d'hèlice de generació, β*) respecte a les generatrius del cilindre axoide (Figura 7.5).

Per a comprendre més fàcilment l'engranatge cilíndric helicoïdal es pot considerar la següent transformació a partir d'un engranatge cilíndric recte:

a)   Es parteix de dues rodes cilíndriques rectes que engranen, formada cada una d'elles per dos apilaments de làmines molt fines amb el perfil dels dentats.

b)   Cada una de les dues piles de làmines s'entregiren de forma contínua (l'angle proporcional al desplaçament axial) al voltant dels seus eixos i en sentits contraris, de manera que el dentat resultant final és molt aproximadament el de dues rodes cilíndriques helicoïdals que engranen (Figura 7.6).

c)   Els perfils de dues làmines d'un determinat nivell continuen engranant perfectament com en un engranatge cilíndric recte, però el contacte dels perfils en cada nou nivell s'avança (o retarda, segons el sentit de les hèlices) una mica respecte l'anterior, fet que facilita la continuïtat de l'engranament (recobriment helicoïdal).

d)   La *secció transversal* (coincident amb el de les làmines) no varia, però la *secció normal* a la dent s'aprima (a la pràctica, les seccions normals dels engranatges rectes i helicoïdals són les mateixes ja que són generades per una mateixa eina mentre que la secció transversal de l'engranatge helicoïdal s'engruixudeix).

e)   Les forces normals en els contactes, perpendiculars a les dents reals, es troben sobre plans inclinats respecte a les làmines i, per tant, tenen components axials.

Limitació de l'àmbit d'estudi

El tractament en profunditat dels engranatges cilíndrics helicoïdals (optimització de la geometria, càlcul de la resistència dels dentats, fabricació i verificació) requereix un estudi molt més complex (amb la introducció de nombrosos paràmetres addicionals) que el que es pot abordar en el present curs.

En les planes que segueixen es proporcionen les eines per al disseny geomètric bàsic dels engranatges cilíndrics helicoïdals (distància entre eixos, dimensions i limitacions dels dentats), així com l'avaluació de les forces i parells transmesos.

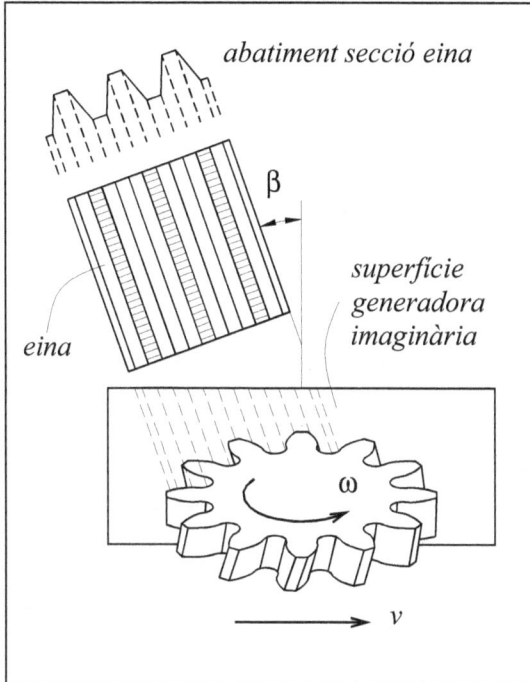

Figura 7.5 Orientació de l'eina respecte a la roda helicoïdal generada

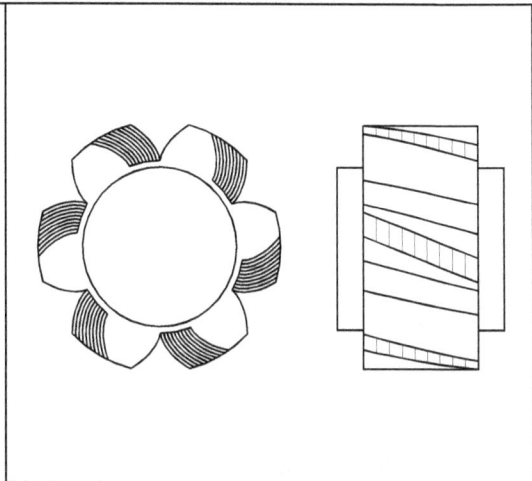

Figura 7.6 Entregirament de làmines amb dentat recte

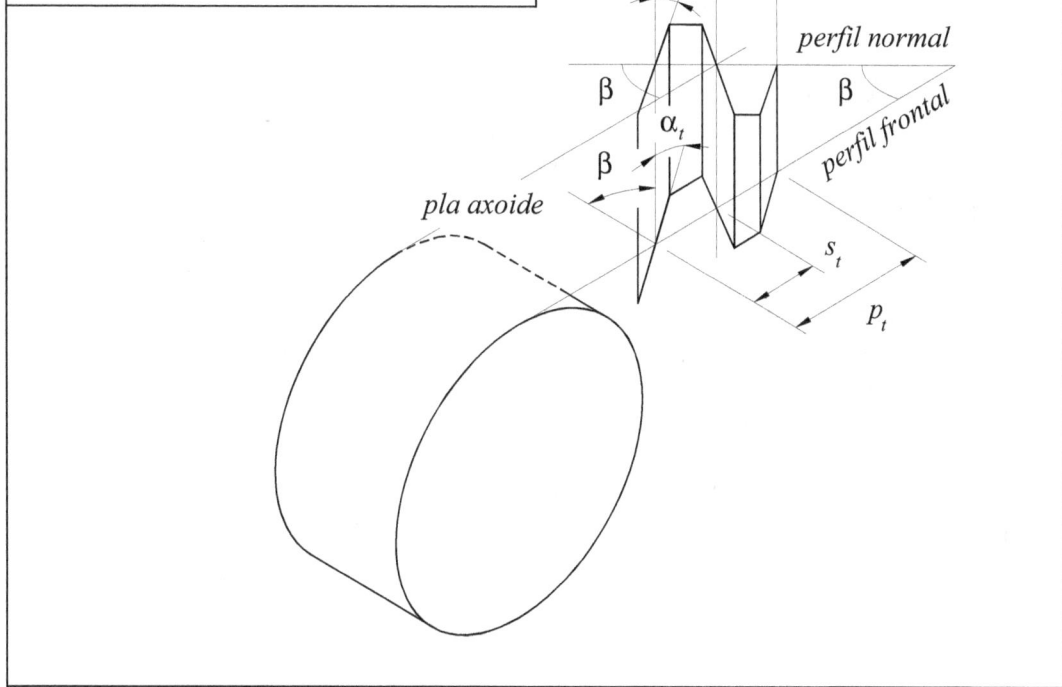

Figura 7.7 Perfil normal i perfil transversal de l'eina

Secció normal i secció transversal

Com ja s'ha dit, la mateixa eina de tipus cremallera que genera una roda cilíndrica recta permet també generar una roda cilíndrica helicoïdal; en el primer cas es fa coincidir la direcció de la dent de l'eina amb la generatriu del cilindre axoide de la roda, mentre que, en el segon cas, aquestes dues direccions formen l'*angle d'inclinació de generació*, β.

Contràriament als engranatges rectes, la secció transversal dels engranatges cilíndrics helicoïdals ja no es correspon amb el perfil de referència (o *perfil normal* a les dents de l'eina), sinó que es correspon amb el *perfil transversal* de l'eina (inclinat un angle β respecte a les generatrius de les dents).

A partir de les relacions geomètriques establertes a la Figura 7.7, és fàcil de deduir les característiques del perfil transversal a partir de les característiques del perfil de referència de l'eina (és interessant de constatar que els paràmetres que tenen (o depenen de) dimensions segons el gruix de la dent, queden augmentats pel factor $1/\cos\beta$, mentre que els que tenen (o depenen de) dimensions segons l'alçada de la dent, resten immodificats):

	Perfil normal	Perfil transversal
Angle de pressió de l'eina	α_0	$\tan\alpha_t=\tan\alpha_0/\cos\beta$
Pas de l'eina	$p_0=\pi\cdot m_0$	$p_t=\pi\cdot m_0/\cos\beta$
Gruix de l'eina	$s_0=\frac{1}{2}\pi\cdot m_0$	$s_t=\frac{1}{2}\pi\cdot m_0/\cos\beta$
Altura de cap de l'eina	$h_{a0}=m_0$	$h_{a0}=m_0$
Altura de peu de l'eina	$h_{f0}=1.25\cdot m_0$	$h_{f0}=1.25\cdot m_0$
Joc de cap de l'eina	$c_0=0,25\cdot m_0$	$c_0=0,25\cdot m_0$

Així, doncs, els paràmetre de les seccions transversals (perpendiculars als eixos) de les rodes d'un engranatge cilíndric helicoïdal es corresponen amb el perfil transversal de l'eina, mentre que els paràmetres de les seccions normals (perpendiculars a les dents) de les rodes, es corresponen amb el perfil normal de l'eina (o perfil de referència).

El concepte de desplaçament descrit per als engranatges cilíndrics rectes (Secció 7.2) té plena vigència en els engranatges cilíndrics helicoïdals. Tanmateix, la utilització que hom en fa és més restringida ja que el problema de la interferència de generació és menys greu (l'angle de pressió transversal α_t augmenta respecte de l'angle de pressió del perfil de referència, α_0) i, a més, les adaptacions a la distància entre centres poden obtenir-se molt més fàcilment variant l'angle d'inclinació β.

Les recomanacions per als engranatges cilíndrics rectes de desplaçaments de pinyó i roda (Figures 7.3 i 7.4) també són vàlides per als engranatges cilíndrics helicoïdals, amb la salvetat que cal prendre el nombre virtual de dents:

$$z_v = \frac{z}{\cos^2 \beta \cdot \cos \beta_b} \approx \frac{z}{\cos^3 \beta} \tag{14}$$

Les limitacions de l'engranament dels engranatges cilíndrics rectes (recobriment mínim, evitar les interferències de funcionament, jocs de fons mínims), són també aplicables als engranatges cilíndrics helicoïdals sempre i quan es prenguin els paràmetres del perfil transversal. En tot cas cal dir que el recobriment dels engranatges cilíndrics helicoïdals s'incrementa amb el recobriment helicoïdal.

Recobriment helicoïdal

Una de les característiques que diferencien més clarament els engranatges cilíndrics helicoïdals dels engranatges cilíndrics rectes és l'existència en els primers d'un recobriment addicional proporcionat per la disposició inclinada de les dents.

La continuïtat de l'engranament no tan sols s'assegura gràcies a un recobriment transversal anàleg al dels engranatges cilíndrics rectes, ε_α (funció de la longitud d'engranament, A_1A_2), sinó també gràcies al recobriment helicoïdal, ε_β (funció de la inclinació de la dent), ja que sobre un mateix radi del contacte, les rodes poden girar un determinat angle des que una parella de dents engranen en un extrem de l'amplada del dentat fins que deixen d'engranar per l'altre extrem (Figura 7.8). Els efectes d'aquests dos recobriments se sumen per donar el recobriment total:

$$\varepsilon_\gamma = \varepsilon_\alpha + \varepsilon_\beta \tag{14}$$

El recobriment transversal dels engranatges cilíndrics helicoïdals es calcula amb la mateixa fórmula que els engranatges cilíndrics rectes (α' és l'angle de funcionament):

$$\varepsilon_\alpha = \frac{1}{2 \cdot \pi} \cdot \left(z_1 \left(\sqrt{\left(\frac{d_{a1}}{d_{b1}}\right)^2 - 1} - \tan \alpha' \right) + z_2 \left(\sqrt{\left(\frac{d_{a2}}{d_{b2}}\right)^2 - 1} - \tan \alpha' \right) \right) \tag{15}$$

Mentre que el recobriment helicoïdal creix amb l'amplada de contacte, b, entre les dues dents i amb l'angle d'inclinació β, i s'expressa per:

$$\varepsilon_\beta = \frac{b \cdot \sin\beta}{\pi \cdot m_0} \tag{16}$$

$$\tan\alpha_n = \tan\alpha_t \cdot \cos\beta$$
$$\tan\beta_b = \tan\beta \cdot \cos\alpha_t$$
$$\cos\alpha_t \cdot \cos\beta_b = \cos\alpha_n \cdot \cos\beta$$

$$\varepsilon_\beta = \frac{AA'}{p_t} = \frac{b \cdot \tan\beta}{\pi \cdot m_0 / \cos\beta} = \frac{b \cdot \sin\beta}{\pi \cdot m_0}$$

Figura 7.8 Relacions entre els angles i recobriment helicoïdal, ε_β

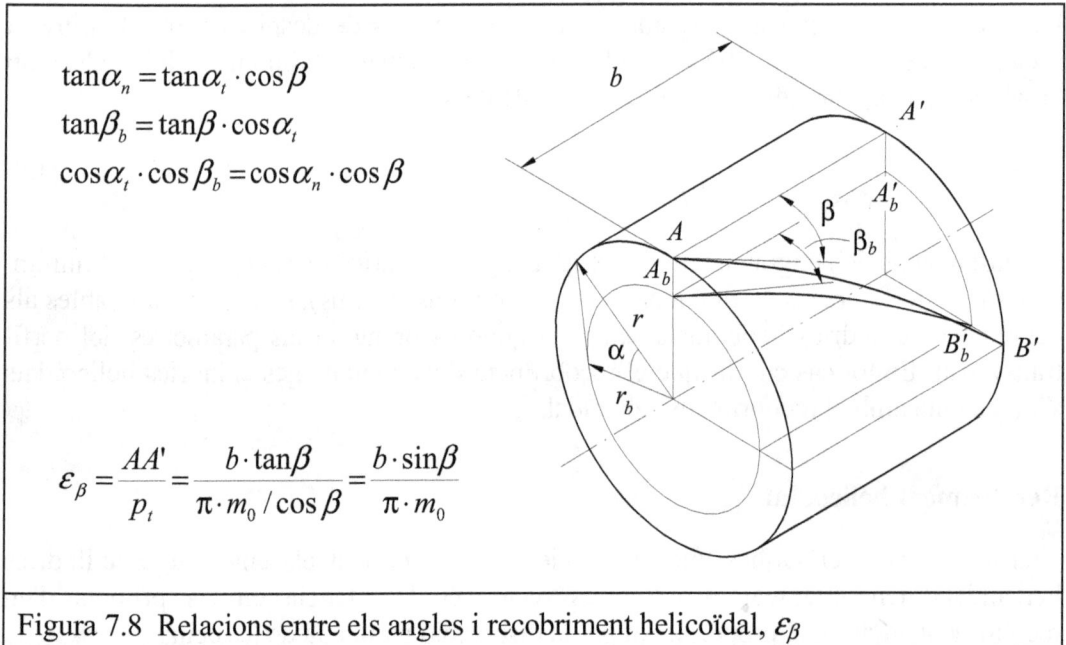

7.4 Geometria dels engranatges cilíndrics helicoïdals

A continuació s'analitzen els paràmetres que defineixen la secció transversal dels engranatges cilíndrics helicoïdals, tot comentant les diferències amb els corresponents paràmetres dels engranatges cilíndrics rectes.

Paràmetres de generació

Els principals paràmetres de generació de les rodes cilíndriques helicoïdals són el nombre de dents, z, el mòdul normalitzat, m_0, el perfil de referència, l'angle de pressió de l'eina, α_0, i el desplaçament, x, (tots ells comuns als dels engranatges rectes), als quals s'hi afegeix l'angle d'inclinació, β, que incideix sobre el diàmetre de generació.

Angle d'inclinació, β
En principi no hi ha cap limitació per al valor de l'angle d'inclinació, β. Tanmateix, un valor excessivament petit no proporciona els efectes de continuïtat i suavitat desitjats mentre que, un valor excessivament gran origina forces axials sobre els dentats massa elevades. El ventall de valors preferents dels angles d'inclinació és de $\beta_0 = 15 \div 35°$.

Diàmetres de generació, d

Atès que el pas de la secció transversal augmenta segons el factor $1/\cos\beta$, el diàmetre de generació (que s'hi correspon) també sofreix el mateix augment. Així doncs, per mitjà de la variació de l'angle d'inclinació, β, es pot obtenir valors contínuament creixents del diàmetre de generació, d, que adapten l'engranatge helicoïdal a una distància entre centres qualsevol, a', sense haver de fer intervenir els desplaçaments.

$$d_1 = \frac{z_1 \cdot m_0}{\cos\beta} \qquad d_2 = \frac{z_2 \cdot m_0}{\cos\beta} \qquad a = \frac{(z_1 + z_2) \cdot m_0}{\cos\beta} \tag{17}$$

Paràmetres de definició

Els paràmetres de la secció frontal (perpendiculars a l'eix) s'obtenen de forma anàloga als dels engranatges rectes prenent com a base el diàmetre de generació definit anteriorment i l'angle de pressió transversal:

$$\tan\alpha_t = \frac{\tan\alpha_0}{\cos\beta} \tag{18}$$

Diàmetre de base, d_b, pas de base transversal, p_{bt}

S'aplica l'angle de pressió transversal, enlloc del normal, i s'afecta el mòdul per l'invers del cosinus de l'angle d'hèlice:

$$d_b = \frac{z \cdot m_0}{\cos\beta} \cdot \cos\alpha_t \qquad p_{bt} = \frac{\pi \cdot d_b}{z} = \frac{\pi \cdot m_0}{\cos\beta} \cdot \cos\alpha_t \tag{19}$$

Gruix de base transversal, s_{bt}

Es projecta el gruix de l'eina en la secció normal $(\pi/2 + 2x \cdot \tan\alpha_0) \cdot m_0$ sobre la secció transversal (factor $1/\cos\beta$) i després es transforma el gruix de funcionament a gruix de base prenent l'angle de pressió transversal (Equació 5 del Capítol 6):

$$s_{bt} = \frac{(\pi/2 + z \cdot \mathrm{inv}\alpha_t) \cdot m_0}{\cos\beta} \cdot \cos\alpha_t + 2 \cdot x \cdot \sin\alpha_0 \tag{20}$$

Diàmetre de cap, d_a

Tant el diàmetre de cap màxim (com més endavant el diàmetre de peu) es calculen sobre la base del diàmetre de generació on les altures de les dents i els despaçaments apareixen en els seus valors reals:

$$d_a \leq d + 2 \cdot (h_{a0} + x \cdot m_0) = \left(\frac{z}{\cos\beta} + 2 \cdot (1+x) \right) \cdot m_0 \tag{21}$$

Semblantment als engranatges cilíndrics rectes, el gruix normal de cap (que és el gruix real de la dent) ha de ser més gran que un determinat límit (per exemple, $s_{an} \geq 0{,}2 \cdot m_0$). Atès que l'angle de pressió frontal és més gran que en els engranatges cilíndrics rectes, a fi que no es produeixi un gruix excessivament petit de la dent (o, en el límit, l'apuntament) el diàmetre de cap resulta més petit. El càlcul és anàleg.

Diàmetre de peu, d_f
S'obté de forma anàloga al diàmetre de cap:

$$d_f = d - 2 \cdot (h_{f0} - x \cdot m_0) = \left(\frac{z}{\cos \beta} - 2 \cdot (1{,}25 - x) \right) \cdot m_0 \tag{22}$$

Diàmetre límit d'evolvent, d_{inv}
Es calcula anàlogament al cas dels engranatges cilíndrics rectes a partir dels paràmetres frontals:

$$d_{inv} = \sqrt{1 + \left(\tan \alpha_t - \frac{4 \cdot (1-x) \cdot \cos \beta}{z \cdot \sin 2\alpha_t} \right)^2} \cdot d_b \tag{23}$$

Limitacions de l'engranament

Entre les diverses limitacions de l'engranament entre rodes cilíndriques helicoïdals, s'explicitaran les següents:

Nombre límit de dents
Quan el punt Q (Figura 7.1; també és vàlida per als engranatges cilíndrics helicoïdals) passa per sota del punt de tangència T, es produeix una teòrica interferència del cap de l'eina amb el peu de la dent. Per evitar-ho cal que el nombre de dents sigui major que un determinat valor límit que faci positiu el segon sumand de l'Equació 23:

$$z \geq z_{\text{lím}} = \frac{2 \cdot (1-x) \cdot \cos \beta}{\sin^2 \alpha_t} \tag{24}$$

Com es pot comprovar, aquest nombre de dents límit disminueix (és menys crític) com més gran és el desplaçament de perfil x.

Altres
Els diàmetres actius de peu, d_A, i els jocs de fons, c, tenen les mateixes expressions que les dels engranatges cilíndrics rectes. Quant al recobriment, ja s'ha tractat amplament en un apartat anterior, ja que és una de les especifitats d'aquests engranatges.

Formulari d'engranatges cilíndrics helicoïdals

Paràmetres	Pinyó	Roda
De generació		
Relació de transmissió	$i = z_2/z_1 = d_2/d_1 = d_2'/d_1' = d_{b2}/d_{b1}$	
Angle de pressió	$\alpha_n = \alpha_0$ (normal); $\tan\alpha_t = \tan\alpha_0/\cos\beta$ (transversal)	
Angle d'inclinació	β (signe pinyó contrari al de la roda); $\tan\beta_b = \tan\beta \cdot \cos\alpha_t$ $\cos\alpha_t \cdot \cos\beta_b = \cos\alpha_n \cdot \cos\beta$	
Nombre de dents	z_1 (enter en rodes completes) $z_{v1}=z_1/\cos^3\beta$	z_2 (enter en rodes completes) $z_{v1}=z_1/\cos^3\beta$ (negatiu en rodes interiors)
Diàmetre de generació	$d_1 = z_1 \cdot m_0/\cos\beta$	$d_2 = z_2 \cdot m_0/\cos\beta$
Desplaçament	$x_1 \cdot m_0$ (limitacions segons Figura 7.9)	$x_2 \cdot m_0$ (limitacions segons Figura 7.9)
De definició		
Diàmetre de base	$d_{b1} = z_1 \cdot m_0 \cdot \cos\alpha_t/\cos\beta$	$d_{b2} = z_2 \cdot m_0 \cdot \cos\alpha_t/\cos\beta$
Pas de base (transversal)	$p_{bt} = \pi \cdot m_0 \cdot \cos\alpha_t/\cos\beta$	$p_{bt} = \pi \cdot m_0 \cdot \cos\alpha_t/\cos\beta$
Gruix de base (transversal)	$s_{b1} = (\tfrac{1}{2}\pi + z_1 \cdot \mathrm{inv}\,\alpha_t) \cdot m_0 \cdot \cos\alpha_t/\cos\beta + 2 \cdot x_1 \cdot \sin\alpha_t$	$s_{b2} = (\tfrac{1}{2}\pi + z_2 \cdot \mathrm{inv}\,\alpha_t) \cdot m_0 \cdot \cos\alpha_t/\cos\beta + 2 \cdot x_2 \cdot \sin\alpha_t$
Diàmetre de cap	$d_{a1} \leq d_1 + 2 \cdot (h_{a0} + x_1 \cdot m_0) = (z_1/\cos\beta + 2 \cdot (1 + x_1)) \cdot m_0$	$d_{a2} \leq d_2 + 2 \cdot (h_{a0} + x_2 \cdot m_0) = (z_2/\cos\beta + 2 \cdot (1 + x_2)) \cdot m_0$
Diàmetre de peu	$d_{f1} = d_1 - 2 \cdot (h_{f0} - x_1 \cdot m_0) = (z_1/\cos\beta - 2 \cdot (1,25 - x_1)) \cdot m_0$	$d_{f2} = d_2 - 2 \cdot (h_{f0} - x_2 \cdot m_0) = (z_2/\cos\beta - 2 \cdot (1,25 - x_2)) \cdot m_0$
Diàmetre límit d'evolvent	$d_{inv1} = (1 + (\tan\alpha_t - 4 \cdot (1 - x_1) \cdot \cos\beta/(z_1 \cdot \sin 2\alpha_t))^2)^{1/2} \cdot d_{b1}$	$d_{inv2} = (1 + (\tan\alpha_t - 4 \cdot (1 - x_1) \cdot \cos\beta/(z_1 \cdot \sin 2\alpha_t))^2)^{1/2} \cdot d_{b2}$
De funcionament		
Angle de funcionament	$\mathrm{inv}\,\alpha' = \mathrm{inv}\,\alpha_t + 2 \cdot (x_1 + x_2) \cdot \tan\alpha_0/(z_1 + z_2)$	
Distància funcionament	$a' = \tfrac{1}{2} \cdot (z_1 + z_2) \cdot m_0 \cdot \cos\alpha_t/\cos\alpha'$	
Recobriment frontal	$\varepsilon_\alpha = (z_1 \cdot (((d_{a1}/d_{b1})^2 - 1)^{1/2} - \tan\alpha') + z_2 \cdot (((d_{a2}/d_{b2})^2 - 1)^{1/2} - \tan\alpha'))/(2 \cdot \pi)$	
Recobriment helicoïdal	$\varepsilon_\beta = b \cdot \sin\beta/(\pi \cdot m_0)$ $\varepsilon_\gamma = \varepsilon_\alpha + \varepsilon_\beta$	
Diàmetre funcionament	$d_1' = 2 \cdot a'/(1+i) = z_1 \cdot m_0 \cdot \cos\alpha_t/(\cos\beta \cdot \cos\alpha') = d_{b1}/\cos\alpha'$	$d_2' = 2 \cdot a' \cdot i/(1+i) = z_2 \cdot m_0 \cdot \cos\alpha_t/(\cos\beta \cdot \cos\alpha') = d_{b2}/\cos\alpha'$
Diàmetre actiu de peu	$d_{A1} = (1 + (i \cdot ((d_{a1}/d_{b1})^2 - 1)^{1/2} - (1+i) \cdot \tan\alpha')^2)^{1/2} \cdot d_{b1}$	$d_{A2} = (i^2 + (i \cdot ((d_{a2}/d_{b2})^2 - 1)^{1/2} - (1+i) \cdot \tan\alpha')^2)^{1/2} \cdot d_{b2}$
Joc de peu	$c_1 = a' - (d_{a1} + d_{f2})/2 \geq c_0$	$c_2 = a' - (d_{a2} + d_{f1})/2 \geq c_0$

Exemple 7.3 Engranatges helicoïdals amb una dent de diferència

Enunciat

Es tracta d'ajustar un engranatge helicoïdal amb dues rodes dentades de z_1=23 i z_2=75 a una distància entre centres de a'=73,5 mm i amb un mòdul de l'eina de m_0=1,25. L'engranatge té una amplada de b=20 mm. Es demana, com a mínim, els angles d'inclinació, els angles de pressió frontal i els recobriments.

Resposta

Les rodes que s'han de dissenyar tenen un nombre de dents elevat, per la qual cosa no és necessari tallar-les amb desplaçament. L'angle d'inclinació i l'angle de pressió frontal es poden pot calcular per mitjà de:

$$\cos\beta = \frac{(z_1 + z_2)\cdot m_0}{2\cdot a'} \qquad \beta = 33,557° \qquad \tan\alpha_t = \frac{\tan\alpha_0}{\cos\beta} \qquad \alpha_t = 23,594°$$

A partir d'aquestes dades és fàcil obtenir els paràmetres intrínsecs (d_b, Equacion 19; d_a, Equació 21; d_f, Equació 22) i, en funció d'ells, els paràmetres de funcionament que es demanen (Equacions 14, 15 i 16 per als recobriments):

		pinyó z_1=23	roda z_3=75
z	-	23	75
d	mm	34,500	112,500
d_b	mm	31,616	103,096
d_a	mm	37,000	115,000
d_f	mm	31,375	109,375

		Engranatge 1-2
β	°	33,557°
α_t	°	23,594°
ε_α	-	1,313
ε_β	-	2,815
ω_γ	-	4,128

S'observa el gran coeficient de recobriment que s'obté, bàsicament en el sumand helicoïdal. Aquest és un dels motius de la suavitat del funcionament dels engranatges helicoïdals.

7.5 Forces en les rodes dentades cilíndriques

Tot i que en el contacte entre les dents dels engranatges es produeixen forces de fricció, aquestes són relativament petites i, més enllà de l'anàlisi del rendiment, generalment no es tenen en compte en l'estudi de les forces transmeses pels dentats. Per tant, es considera que les dents dels engranatges sols transmeten forces en la direcció normal al punt de contacte.

Per referenciar els components de la força a què estan sotmeses les dents d'una roda cilíndrica, s'estableix un sistema de coordenades amb origen en el punt mitjà de l'amplada de contacte entre les dents i amb eixos en les següents direccions i sentits:

a) L'eix x es defineix en la direcció de l'eix de rotació de la roda dentada i en el sentit del parell exterior, M_1 o M_2, segons sigui la roda. El component en aquesta direcció es denomina *força axial*, F_X, i tendeix a separar, per lliscament axial, les dues rodes si no estan correctament suportades.

b) L'eix y es defineix en la direcció que va des del punt de contacte, perpendicularment a l'eix de rotació, amb sentit positiu des de l'eix vers enfora. El component en aquesta direcció es denominen *força radial*, F_R, i tendeix a separar les dents a causa de la deformació dels eixos, si són poc rígids.

c) L'eix z és perpendicular als altres dos amb el seu sentit definit per la regla de la mà dreta. El component en aquesta direcció es denomina *força tangencial*, F_T, i és el responsable de transmetre el parell d'una roda a l'altra. El component tangencial sempre s'oposa al parell exterior aplicat sobre la roda.

Rodes rectes i rodes helicoïdals
Les rodes cilíndriques rectes tenen les generatrius de les dents paral·leles a l'eix de rotació i, per tant, la força de contacte sols té components en un pla perpendicular aquest eix, mentre que les rodes cilíndriques helicoïdals, en tenir les dents disposades segons helicoïdes, donen lloc a components axials de força. Per determinar el sentit positiu o negatiu de l'angle d'inclinació s'observen directament les dents (tant si el dentat és exterior com interior): si la dent avança i es desplaça a la dreta, l'angle d'inclinació β és positiu, mentre que si avança i es desplaça a l'esquerra, l'angle d'inclinació β és negatiu.

Rodes exteriors i rodes interior
La diferència essencial entre les rodes exteriors i les rodes interiors és que canvia el sentit del component radial, tal com posen de manifest les fórmules de la Taula 7.3 (si es deriven com a cas límit de les fórmules per a les rodes dentades cònics de la Taula

8.2, les rodes cilíndriques exteriors corresponen al cas en què el semiangle del con és $\delta=0°$, mentre que les rodes cilíndriques interiors corresponen al cas en què el semiangle del con és $\delta=180°$. En tots els casos, les forces radials tendeixen a separar els eixos de les rodes i a disminuir el recobriment.

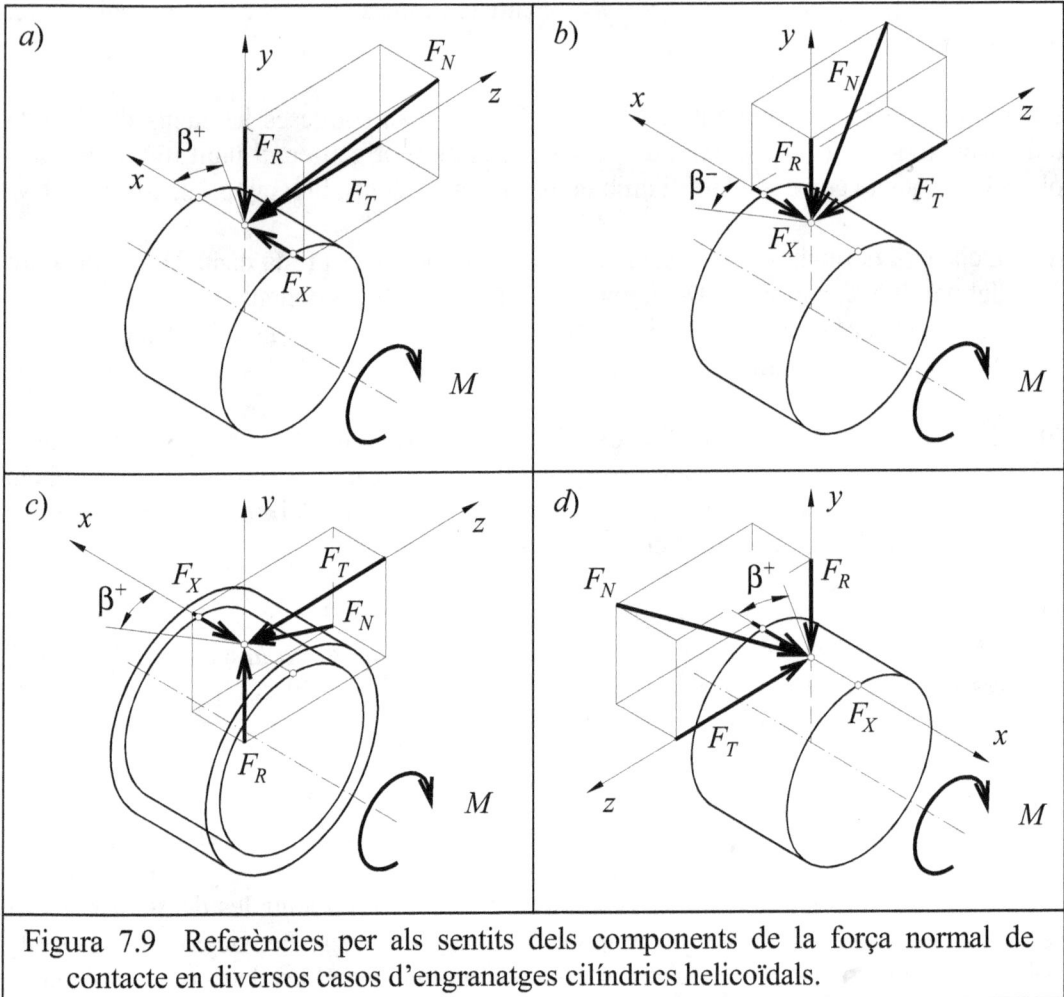

Figura 7.9   Referències per als sentits dels components de la força normal de contacte en diversos casos d'engranatges cilíndrics helicoïdals.

Components de la força normal de contacte

La Taula 7.3 proporciona les relacions entre els diferents components de la força normal de contacte, i els signes estan d'acord amb el sistema de referència mostrat a la Figura 7.9. La força tangencial es dóna en funció del parell aplicat sobre el pinyó i el corresponent diàmetre de funcionament, però també es podria calcular a partir del parell aplicat sobre la roda i del seu diàmetre de funcionament.

Taula 7.3

Forces en les rodes dentades cilíndriques			
rectes		helicoïdals	
Angle de funcionament α Diàmetre func. pinyó d_1' Parell exterior M_1		Angle de funcionament α Diàmetre funcionament pinyó d_1' Angle d'inclinació de funcionament β' Parell exterior M_1	
$F_T = \dfrac{-2 \cdot M_1}{d_1'} = \dfrac{-2 \cdot M_2}{d_2'}$ (la força tangencial és per definició negativa)			
Exterior	Interior	Exterior	Interior
$F_N = -F_T/\cos\alpha$ $F_R = +F_T\tan\alpha$ $F_X = 0$	$F_N = -F_T/\cos\alpha$ $F_R = -F_T\tan\alpha$ $F_X = 0$	$F_N = -F_T/(\cos\alpha_n' \cdot \cos\beta')$ $F_R = +F_T\tan\alpha_n'/\cos\beta'$ $F_X = -F_T\tan\beta'$	$F_N = -F_T/(\cos\alpha_n' \cdot \cos\beta')$ $F_R = -F_T\tan\alpha_n'/\cos\beta'$ $F_X = +F_T\tan\beta'$

Components de la força normal de contacte

Per calcular els components de la força de contacte, es proposen els següents passos:

1. Es determina el valor i sentit de l'angle d'inclinació de funcionament, β'.
2. Es funció del sentit del parell, es dibuixa els sistema de referència sobre la dent i es calcula el component tangencial (sempre té sentit negatiu).
3. Per mitjà de les fórmules de la Taula (7.3), es calculen la resta de components (els signes estan d'acord amb el sistema de coordenades; la força normal es considera sempre positiva).

Exemple 7.4 Comparació entre forces en una roda dentada recte i helicoïdal

Enunciat

Es vol comparar les forces en els dentats que resulten de l'engranatge cilíndric recte de l'exemple 7.2 (z_1=23 i z_3=75) i de l'engranatge cilíndric helicoïdal de l'exemple 7.3 (també z_1=23 i z_2=75; el pinyó té l'hèlice a esquerres). En els dos casos s'aplica un parell sobre el pinyó de M_1=50 N·m (en el cas del pinyó helicoïdal té sentit contrari al de l'hèlice). Es demanen els valors i sentits dels components de les forces sobre el dentat del pinyó.

Resposta

Els paràmetres necessaris d'aquests dos engranatges són:

Engranatge recte:
Diàmetre de funcionament del pinyó: $d_1' = 34{,}500$ mm
Angle de funcionament $\alpha' = \alpha_o = 20°$

Engranatge helicoïdal:
Diàmetre de funcionament del pinyó: $d_1' = 34{,}500$ mm
Angle de funcionament normal $\alpha_n' = \alpha_0 = 20°$
Angle d'inclinació de funcionament $\beta' = \beta_0 = -33{,}557°$

Aplicant aquests valors al present cas, dóna:

Component		Recte	Helicoïdal
F_T	N	$-2898{,}6$	$-2898{,}6$
F_R	N	$-1055{,}0$	$-1266{,}0$
F_X	N	0	$-1922{,}7$
F_N	N	$3084{,}6$	$3701{,}5$

Generalment, aquestes forces són suportades per rodaments o coixinets que estan situats en plans diferents dels de l'engranatge. La suma vectorial del components tangencial i radial (es composen per Pitàgoras: $F_{T+R} = 3084{,}6$ N, en la roda recta; $F_{T+R} = 3263{,}0$ N, en la roda helicoïdal) dóna la càrrega radial que suporten els rodaments, mentre que el component axial en l'engranatge helicoïdal dóna la càrrega axial que addicionalment suporta un d'ells.

En conseqüència, pel que fa a les forces sobre els dentats (i, per tant, sobre els elements de suport), on es dóna la diferència important entre els engranatges rectes i els helicoïdals és en les forces axials.

Tots els components de la força normal de contacte tenen sentits negatius (contraris) als determinats pel sistema de referència (Figura 7.9).

8 Engranatges cònics i hiperbòlics

8.1 Model d'engranatge cònic

Els engranatges cònics transmeten el moviment angular entre dos eixos concurrents i el moviment relatiu entre les rodes és governat pel rodolament mutu de dos *cons primitius* (o *axoides*) tangents entre si i amb els vèrtexs coincidents (Figura 8.1).

Es pot definir una roda cònica plana de referència (angle del con de 90°), amb el mateix vèrtex i la tangent comuna, que gira sense lliscar amb els cons primitius de les dues rodes. La roda plana de referència fa funcions anàlogues a la cremallera de referència per als engranatges cilíndrics ja que permet definir la forma i disposició de les dents: en els engranatges cònics rectes, les dents segueixen generatrius de la roda plana (Figura 8.1) mentre que, en els engranatges cònics espirals, les dents són inclinades respecte a aquestes generatrius (Figura 8.8). Els dentats de les dues rodes s'obtenen per generació.

Les seccions normals de les dents (en els cònics rectes) o les transversals (en els cònics espirals) engranen sobre dos segments esfèrics anulars amb centre en el vèrtex comú (geometria esfèrica, enlloc de la plana dels engranatges cilíndrics), que poden aproximar-se per dos troncs de con perpendiculars als cons primitius anomenats *cons complementaris* (Figura 8.2). L'amplada de les dents es mesura segons el radi de l'esfera.

Relació de transmissió i angles dels cons

L'angle que formen els dos eixos, determinat pel sentit de la velocitat angular d'un d'ells i sentit contrari a la velocitat angular de l'altre (Figura 8.2) s'anomena *angle de conver-*

gència, Σ*,* i atès que els cons axoides són tangents, correspon a la suma dels dos *semiangles dels cons,* δ_1 i δ_2:

$$\Sigma = \delta_1 + \delta_2 \tag{1}$$

La intersecció dels cons primitius (o axoides) per una esfera de radi R (Figura 8.1) proporciona les circumferències primitives (o axoides). Els diàmetres de les circumferències primitives poden calcular-se per dos camins diferents: *a*) Com a projecció del diàmetre de l'esfera, $2 \cdot R$, sobre els plans de les circumferències primitives (angles δ_1 i δ_2); *b*) Com a producte dels nombres de dents, z_1 i z_2, pel mòdul transversal comú, al seu torn quocient entre el mòdul normal, m_n, i el cosinus de l'angle d'inclinació, β (d'igual valor però de sentits contraris en ambdues rodes):

$$d_1 = 2 \cdot R \cdot \sin \delta_1 = \frac{z_1 \cdot m_n}{\cos \beta} \qquad d_2 = 2 \cdot R \cdot \sin \delta_2 = \frac{z_2 \cdot m_n}{\cos \beta} \tag{2}$$

Les circumferències primitives rodolen entre elles sense lliscar, essent la velocitat tangencial comuna:

$$v_t = \omega_1 \cdot \frac{d_1}{2} = \omega_2 \cdot \frac{d_2}{2} \tag{3}$$

Per tant, la relació de transmissió és:

$$i = \frac{\omega_1}{\omega_2} = \frac{d_2}{d_1} = \frac{z_2}{z_1} = \frac{\sin \delta_2}{\sin \delta_1} \tag{4}$$

Integrant les anteriors expressions s'arriba a:

$$\tan \delta_1 = \frac{\sin \Sigma}{\cos \Sigma + i} \qquad \tan \delta_2 = \frac{\sin \Sigma}{\cos \Sigma + 1/i} \tag{5}$$

En el cas particular molt freqüent de l'engranament de dues rodes còniques sobre eixos perpendiculars ($\Sigma = 90°$), els semiangles dels cons són:

$$\tan \delta_1 = \frac{1}{i} \qquad \tan \delta_2 = i \tag{6}$$

El diàmetre i el nombre de dents (no enter) de la roda cònica plana de referència són:

$$d_0 = 2 \cdot R = z_P \cdot \frac{m_n}{\cos \beta} \qquad z_P = \frac{z_1}{\sin \delta_1} = \frac{z_2}{\sin \delta_2} \tag{7}$$

En general, el mòdul (i l'angle d'inclinació, en els engranatges cònics espirals) solen variar (normalment disminuint) des de la superfície exterior vers l'interior, per la qual cosa, les relacions anteriors es poden reescriure per als tres radis de l'esfera (o *generatrius*) significatius: exterior, mitjà i interior (R_e, R_m, R_i) i els corresponents valors de mòdul normal i angle d'inclinació (m_{ne}, m_{nm}, m_{ni} i β_e, β_m, β_i), respectivament.

Exemple 8.1: *Compatibilitat entre dentats de rodes còniques*

Enunciat

D'entre les sis rodes dentades còniques que es donen a continuació, quines d'elles poden engranar entre si, i quins angles de convergència formen els seus eixos ?

Roda dentada	Semiangle con	Nombre dents
1	19,107°	10
2	23,199°	15
3	40,893°	20
4	54,917°	25
5	60,902°	30
6	66,801°	35

Resolució

En els engranatges cònics, la relació de transmissió és el quocient entre el nombre de dents de la roda de sortida i el de la roda d'entrada, però també és el quocient entre el sinus del semiangle de la roda de sortida i el de la roda d'entrada. Reordenant els termes, es posa de manifest que entre dues (o més) rodes dentades còniques que engranen entre si, les relacions entre els nombre de dents de cada roda i els corresponents sinus dels semiangles dels cons, són iguals:

$$i = \frac{z_2}{z_1} = \frac{\sin \delta_2}{\sin \delta_1} \qquad \frac{z_1}{\sin \delta_1} = \frac{z_2}{\sin \delta_2}$$

Per tant, establint aquests quocients per a les diferents rodes dentades còniques donades en l'enunciat, s'obté:

	Rodes còniques					
	1	2	3	4	5	6
$z/\sin\delta$	30,550	38,078	30,550	30,550	34,332	38,078

Del quadre anterior es dedueix que poden engranar les següents rodes:

Engranatge 1/3 $i = z_3/z_1 = 20/10 = 2,000$ $\Sigma = \delta_1 + \delta_3 = 60,000°$
Engranatge 1/4 $i = z_4/z_1 = 25/10 = 2,500$ $\Sigma = \delta_1 + \delta_4 = 74,024°$
Engranatge 2/6 $i = z_6/z_2 = 35/15 = 2,333$ $\Sigma = \delta_2 + \delta_6 = 90,000°$
Engranatge 3/4 $i = z_4/z_3 = 25/20 = 1,250$ $\Sigma = \delta_3 + \delta_4 = 95,810°$

8.2 Geometria dels engranatges cònics rectes

Dents d'evolvent esfèrica i dents piramidals (o octoïdes)

Existeix una geometria d'evolvent esfèrica per als engranatges cònics rectes equivalent a la geometria d'evolvent de cercle dels engranatges cilíndrics, de manera que dues rodes qualssevol poden engranar entre si. Tanmateix, l'evolvent esfèrica definida sobre la roda cònica plana (Figura 8.1) té formes corbes que en dificulten una definició senzilla com la de cremllera de flancs rectes dels engranatges cilíndrics.

És per això que s'han generalitzat les dents piramidals (amb flancs plans) definides sobre la roda cònica plana amb un perfil de referència anàleg al dels engranatges cilíndrics. Malgrat que les dents piramidals introdueixen unes petites diferències respecte a les dents d'evolvent esfèrica, les rodes còniques generades per dents piramidals engranen correctament entre si sempre que els cons axoides de funcionament coincideixin amb els de generació.

El fet que normalment les dents dels engranatges cònics no tinguin secció constant, obliga a fabricar els dos flancs amb eines diferents (Figura 8.4). Això permet modificar independentment el gruix o l'alçada de les dents del perfil de referència simplement per mitjà de les dimensions o de la posició relativa d'aquestes dues eines. En el cas que s'adopti el sistema de desplaçament de perfil dels engranatges cilíndrics, la suma de desplaçaments ha de ser zero ($\Sigma x=0$), ja que els cons axoides de funcionament han de coincidir amb els de generació (sistema utilitzat en aquest text).

Rodes cilíndriques equivalents

L'engranament entre les dents de dues rodes còniques rectes es visualitza fàcilment en la intersecció dels dos segments esfèrics que contenen els dentats (Figura 8.1), els quals poden ser substituïts sense errors significatius pels dos cons complementaris de les dues rodes, perpendiculars als respectius cons axoides, i amb semiangles complementaris als dels cons axoides ($\frac{1}{2}\pi-\delta_1$ i $\frac{1}{2}\pi-\delta_2$, respectivament; Figura 8.2). El desenvolupament d'aquests cons en el pla proporciona dos sectors de rodes cilíndriques rectes que, des del punt de vista de l'engranament dels dentats, són equivalents a les rodes còniques.

La transformació dels paràmetres de les rodes còniques en els paràmetres equivalents de les rodes cilíndriques que resulten del desenvolupament dels cons complementaris en el pla, permet utilitzar la geometria dels engranatges cilíndrics en l'estudi dels engranatges cònics rectes (perfils de referència de les eines normalitzades, modificacions o desplaçament del perfil, paràmetres de definició de les rodes, limitacions de l'engranament).

Els diàmetres dels axoides equivalents queden amplificats pels factors $1/\cos\delta$, així com també els nombres de dents equivalents (nombres de dents que tancarien les rodes cilíndriques equivalents i que, en principi, no tenen perquè ser enters; Figura 8.2), mentre que el perfil del dentat de referència sobre la roda cònica plana, i tots els paràmetres que hi queden reflectits (passos, gruixos i alçades de les dents, angle de pressió) es reprodueixen tal qual en les rodes cilíndriques equivalents. Per a realitzar aquesta transformació es procedeix de la següent manera:

Diàmetres axoides equivalents, d_v
Coincideixen amb les generatrius dels cons complementaris i, projectats sobre els cercles axoides, proporcionen els diàmetres axoides, d_1 i d_2 (Figura 8.2). Per tant, s'expressen per mitjà de:

$$d_{v1} = \frac{d_1}{\cos\delta_1} = \frac{z_1\,m}{\cos\delta_1} \qquad d_{v2} = \frac{d_2}{\cos\delta_2} = \frac{z_2\,m}{\cos\delta_2} \tag{8}$$

Diàmetres de base equivalents, d_{vb}
Es defineixen a partir dels diàmetres axoides equivalents multiplicant per l'angle de pressió del dentat piramidal, α_o (Figures 8.1 i 8.2):

$$d_{vb1} = d_{v1}\cdot\cos\alpha_0 \qquad d_{vb2} = d_{v2}\cdot\cos\alpha_0 \tag{9}$$

Diàmetres de cap i de peu, equivalents, d_{va} i d_{vf}
S'afegeixen als diàmetres axoides equivalents les corresponents altures dels dentats piramidals i l'efecte dels eventuals desplaçaments ($\Sigma x=0$). Diàmetres de cap i peu:

$$d_{va1} = d_{v1} + 2\cdot(1+x)\cdot m = \left(\frac{z_1}{\cos\delta_1} + 2\cdot(1+x)\right)\cdot m$$

$$d_{va2} = d_{v2} + 2\cdot(1-x)\cdot m = \left(\frac{z_2}{\cos\delta_2} + 2\cdot(1-x)\right)\cdot m \tag{10}$$

$$d_{vf1} = d_{v1} - 2\cdot(1{,}25-x)\cdot m = \left(\frac{z_1}{\cos\delta_1} - 2\cdot(1{,}25-x)\right)\cdot m$$

$$d_{vf2} = d_{v2} - 2\cdot(1{,}25+x)\cdot m = \left(\frac{z_2}{\cos\delta_2} - 2\cdot(1{,}25+x)\right)\cdot m \tag{11}$$

Nombre de dents equivalents, z_v
Són el nombre de dents que completaria les rodes equivalents (el pas no es modifica amb la transformació):

$$z_{v1} = \frac{z_1}{\cos\delta_1} \qquad z_{v2} = \frac{z_2}{\cos\delta_2} \tag{12}$$

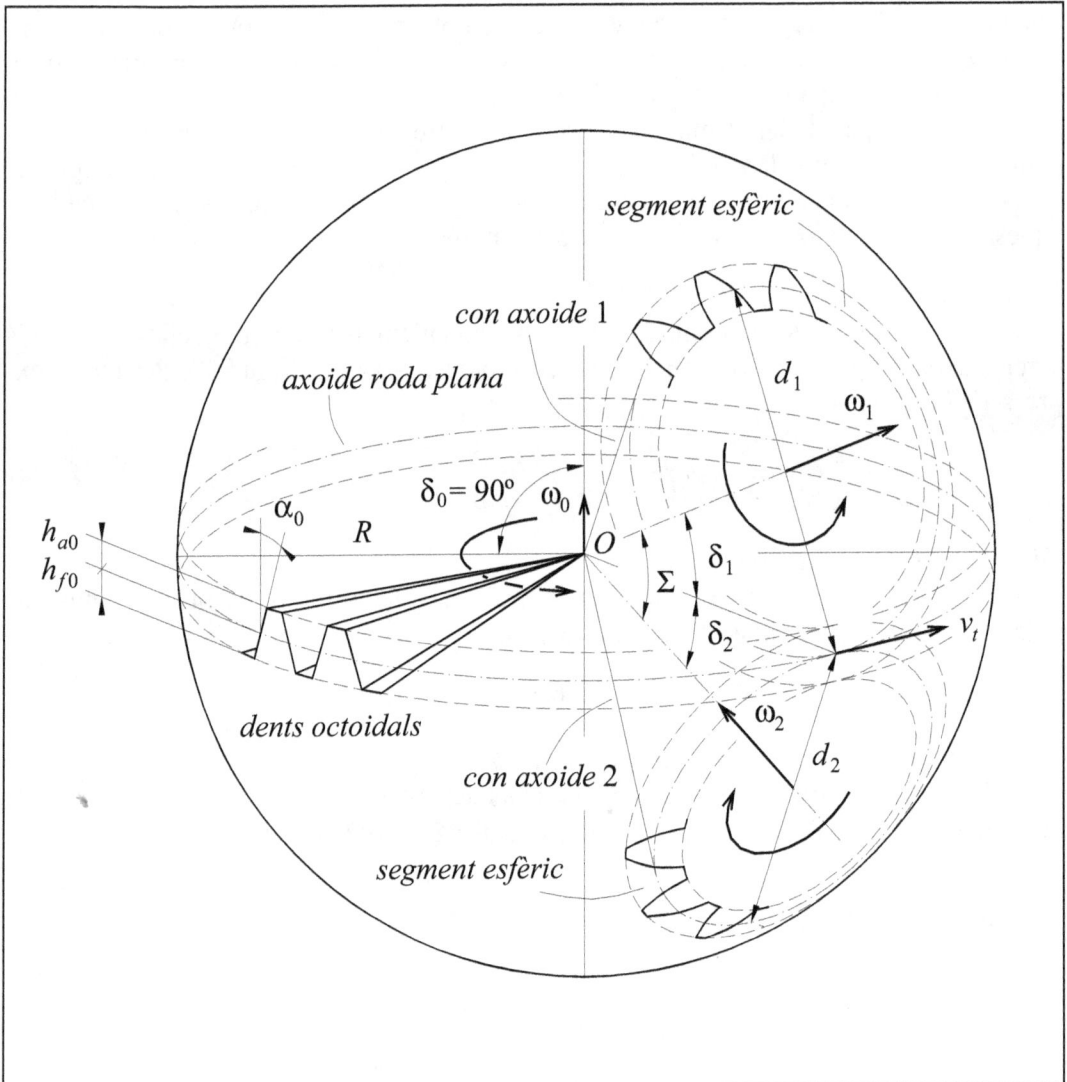

Figura 8.1 Geometria esfèrica de l'engranament cònic. Cons axoides i roda plana.
Tot i que hi ha representades dents rectes, les relacions entre els cons axoides i la
roda plana són també vàlides per als engranatges cònics espirals.

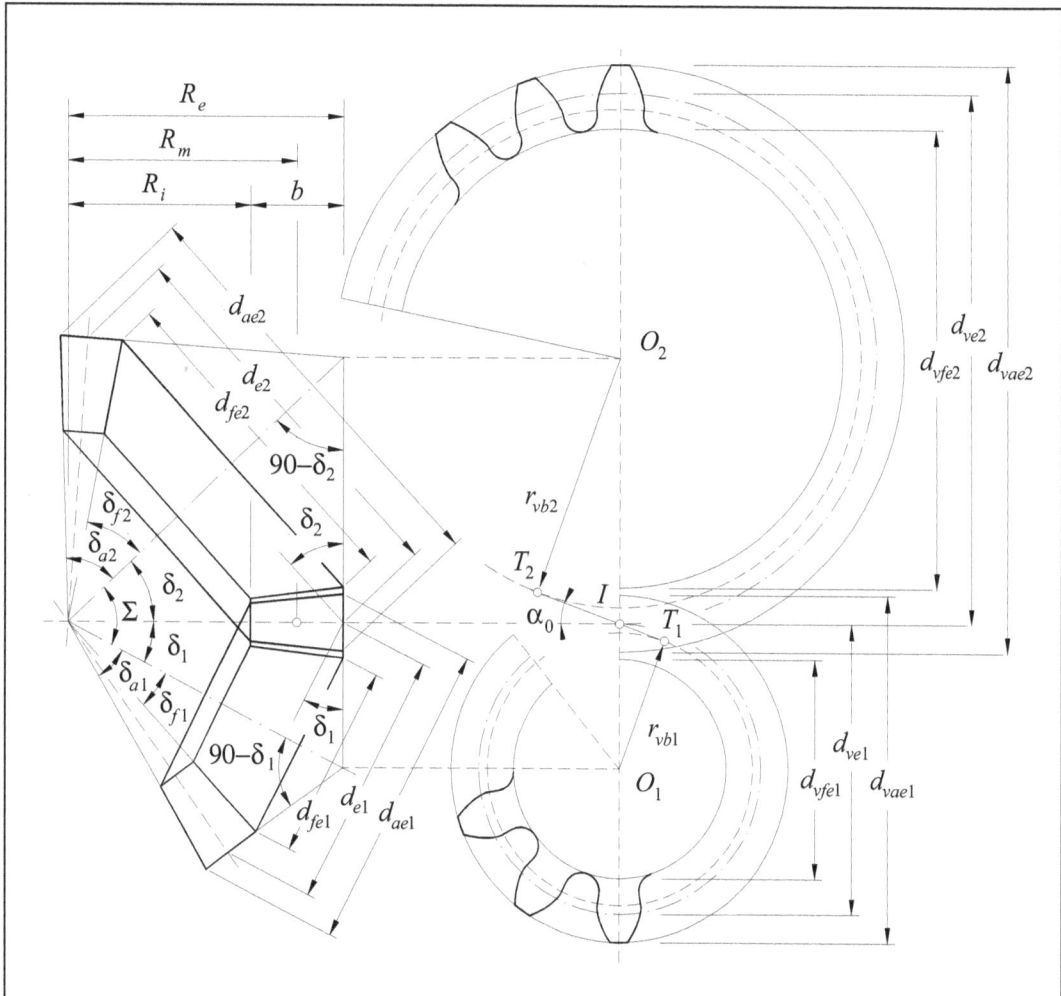

Figura 8.2 Representació de la secció d'un engranatge cònic amb la projecció de les rodes equivalents

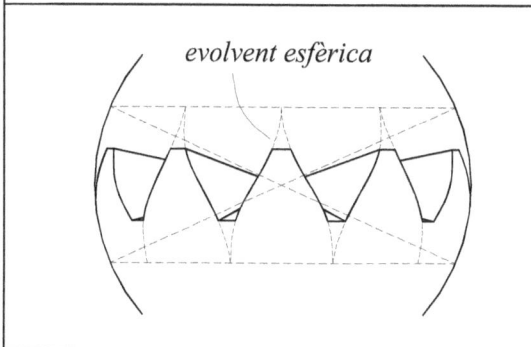

Figura 8.3 Evolvent esfèrica

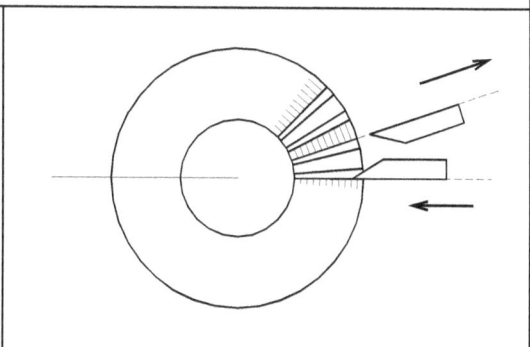

Figura 8.4 Tallat d'engranatges cònics rectes

Exemple 8.2: Engranatges cònics exterior i interior

Enunciat

Es demana de determinar les principals dimensions d'un engranatge cònic de relació de transmissió, $i=2$, entre dos eixos que formen un angle de 30°. Se n'estudien dos casos: *a*) Les velocitats angulars dels dos eixos, ω_1 i ω_2, tenen els sentits assenyalats en la Figura 8.5a; *b*) Les velocitats angulars dels dos eixos, ω_1 i ω_2, tenen els sentits assenyalats en la Figura 8.5b.

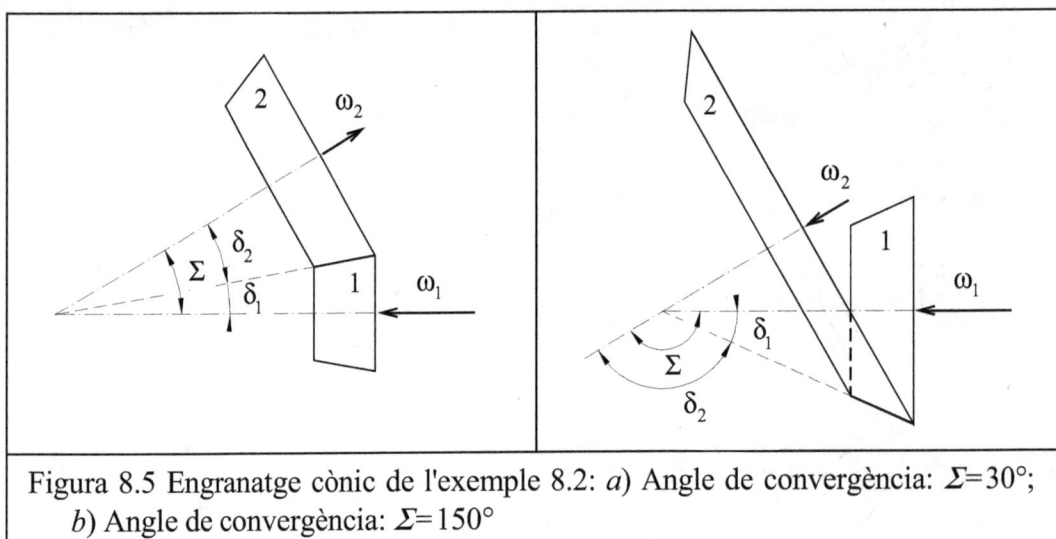

Figura 8.5 Engranatge cònic de l'exemple 8.2: *a*) Angle de convergència: $\Sigma=30°$; *b*) Angle de convergència: $\Sigma=150°$

Resposta

Atès que la relació de transmissió és exacta, es prenen els nombres de dents de $z_1=12$ i $z_2=24$. Les rodes seran fabricades en base a un perfil normal d'angle de pressió $\alpha_0=20°$ i tindran un mòdul exterior de $m=3$.

a)   *Sentits de les velocitats angulars segons Figura 8.5a*
L'angle de convergència (format pel sentit positiu d'una de les velocitats angulars i el negatiu de l'altra) és de $\Sigma=30°$; per tant, els semiangles dels cons axoides i els nombres de dents equivalents són:

$$\delta_1 = 9{,}896° \qquad\qquad \delta_2 = 20{,}104°$$
$$z_{v1} = 12{,}181 \qquad\qquad z_{v2} = 25{,}557$$

El gràfic de la Figura 7.10 mostra que per a 12,18 dents cal un desplaçament de perfil de $x=+0{,}30$ a fi d'evitar la interferència en la generació del pinyó.

A partir d'aquestes dades bàsiques es poden obtenir els prinicipals paràmetres d'aquest engranatge:

	pinyó		roda	
δ	9,896°		20,104°	
x	+0,30		−0,30	
	real	equiv.	real	equiv.
z	12	12,181	24	25,557
d	36,000	18,272	72	76,672
d_b	33,828	34,340	67,658	72,048
d_a	43,684	44,344	72,958	80,872
d_f	30,464	30,844	60,780	67,372
ε	1,472			

a)   *Sentits de les velocitats angulars segons Figura 8.5b*

L'angle de convergència (format pel sentit positiu d'una de les velocitats angulars i el negatiu de l'altra) és de $\Sigma = 150°$; per tant, els semiangles dels cons axoides són:

$$\delta_1 = 23,794° \quad \delta_2 = 126,206°$$

Els nombres de dents equivalents i els diàmetres de les circumferències axoides equivalents són:

$$z_{v1} = 13,115 \qquad z_{v2} = 40,630$$
$$d_{v1} = 39,344 \qquad d_{v2} = 121,890$$

En aquest segon cas no s'anirà més enllà ja que caldria estudiar les interferències en els engranatges interiors, tema sobre el qual no s'ha entrat en aquest text.

Taula 8.1 Formulari per a engranatges cònics rectes

Paràmetres	Pinyó		Roda	
	real	equivalent	real	equivalent
De generació				
Relació de transmissió	$i = \omega_1/\omega_2 = z_2/z_1 = d_2/d_1 = \sin\delta_2/\sin\delta_1$ $i_v = z_{v2}/z_{v1} = \tan\delta_2/\tan\delta_1$			
Angle de convergència	Σ (sentit positiu de la velocitat d'un eix i negativa de l'altre)			
Angle de pressió	α_0 (dentat piramidal)			
Radi de l'esfera	R_e (exterior), R_m (mitjà), R_i (interior)			
Semiangles dels cons	$\tan\delta_1 = \sin\Sigma/(\cos\Sigma + i)$		$\tan\delta_2 = \sin\Sigma/(\cos\Sigma + 1/i)$	
Desplaçaments	$x\cdot m$		$-x\cdot m$	
De definició				
Nombre de dents	z_1 (enter)	$z_{v1} = z_1/\cos\delta_1$ (en general, real)	$z_2 = i\cdot z_1$ (enter)	$z_{v2} = z_2/\cos\delta_2$ (en general, real)
Diàmetre primitiu	$d_1 = 2\cdot R\cdot\sin\delta_1 = z_1\cdot m$	$d_{v1} = d_1/\cos\delta_1$	$d_2 = 2\cdot R\cdot\sin\delta_2 = z_2\cdot m$	$d_{v2} = d_2/\cos\delta_2$
Diàmetre de base		$d_{vb1} = d_{v1}\cdot\cos\alpha_0$		$d_{vb2} = d_{v2}\cdot\cos\alpha_0$
Pas de base		$p_{vb1} = \pi\cdot m\cdot\cos\alpha_0 = \pi\cdot d_{vb1}/z_{v1}$		$p_{vb2} = \pi\cdot m\cdot\cos\alpha_0 = \pi\cdot d_{vb2}/z_{v2}$
Gruix de base		$s_{vb1} = (\tfrac{1}{2}\pi + z_{v1}\cdot\operatorname{inv}\alpha_0)\cdot m\cdot\cos\alpha_0 + 2\cdot x\cdot m\cdot\sin\alpha_0$		$s_{vb2} = (\tfrac{1}{2}\pi + z_{v2}\cdot\operatorname{inv}\alpha_0)\cdot m\cdot\cos\alpha_0 - 2\cdot x\cdot m\cdot\sin\alpha_0$
Diàmetre de cap	$d_{a1} = d_{va1}\cdot\cos\delta_1$	$d_{va1} \le d_{v1} + 2\cdot(1+x)\cdot m$	$d_{a2} = d_{va2}\cdot\cos\delta_2$	$d_{va2} = d_{v2} + 2\cdot(1-x)\cdot m$
Diàmetre de peu	$d_{f1} = d_{vf1}\cdot\cos\delta_1$	$d_{vf1} = d_{v1} - 2\cdot(1{,}25+x)\cdot m$	$d_{f2} = d_{vf2}\cdot\cos\delta_2$	$d_{vf2} = d_{v2} - 2\cdot(1{,}25-x)\cdot m$
Diàmetre útil de peu		$d_{imv1} = d_{vb1}\cdot(1 + (\tan\alpha_0 - 2\cdot(1-x)\cdot m)/(d_{vb1}\cdot\sin\alpha_0))^2)^{1/2}$		$d_{imv2} = d_{vb2}\cdot(1 + (\tan\alpha_0 - 2\cdot(1+x)\cdot m)/(d_{vb2}\cdot\sin\alpha_0))^2)^{1/2}$
De funcionament				
Recobriment transversal		$\varepsilon_\alpha = (z_{v1}\cdot(((d_{va1}/d_{vb1})^2-1)^{1/2}-\tan\alpha_0) + z_{v2}\cdot(((d_{va2}/d_{vb2})^2-1)^{1/2}-\tan\alpha_0))/(2\cdot\pi)$		
Diàmetre actiu de peu	$d_{va1} = (1+((1+i_v)\cdot\tan\alpha_0 - i_v\cdot((d_{va2}/d_{vb2})^2-1)^{1/2})^2)^{1/2}\cdot d_{vb1}$		$d_{va2} = (1+((1+1/i_v)\cdot\tan\alpha_0 - (1/i_v)\cdot((d_{va1}/d_{vb1})^2-1)^{1/2})^2)^{1/2}\cdot d_{vb2}$	
Jocs de fons	$c_1 = (d_{v1}+d_{v2}-d_{va1}-d_{vf2})/2 \ge 0{,}25\cdot m$		$c_2 = (d_{v1}+d_{v2}-d_{va2}-d_{vf1})/2 \ge 0{,}25\cdot m$	

8.3   Geometria dels engranatges cònics espirals

De manera anàloga als engranatges cilíndrics helicoïdals, els engranatges cònics espirals tenen les dents inclinades respecte a les generatrius dels axoides, disposició que presenta l'interès d'un engranament progressiu de les dents i d'un recobriment molt més elevat, que es transformen en un funcionament més suau i silenciós de la transmissió.

Aquests avantatges fan que, avui dia, la major part dels engranatges cònics de potència (reducció de diferencial en vehicles, reductors cònico-helicoïdals) usen dentats espirals, mentre que els dentats rectes es limiten a aplicacions de poc compromís o a transmissions cinemàtiques o de força (diferencials d'automòbil).

Tanmateix, la gran complexitat de la geometria dels engranatges cònics espirals i la forta especialització dels constructors de maquinària (avui dia pràcticament limitats a Gleason i Klingelnberg), fa que siguin poques les empreses preparades per a fabricar-los i que el seu cost resulti sensiblement més elevat que el dels engranatges cilíndrics helicoïdals.

Roda plana de referència

La definició dels dentats cònics espirals es realitza sobre la roda plana de referència. Les eines per als diferents procediments de fabricació materialitzen els diferents dentats de la roda plana de referència, mentre que la roda generada es mou com si engranés amb la roda plana simulada per l'eina. Els diferents tipus de dentats són:

Dentat cònic helicoïdal (Figura 8.6a)
Damunt de la roda plana de referència, les dents segueixen línies rectes tangents a un cercle. La fabricació (de baixa productivitat i d'ús poc freqüent) es basa en les mateixes màquines i eines dels engranatges cònics rectes (eines que es mouen alternativament o dos plats de freses sobre eixos desalineats per a generar els dos flancs que són convergents). Cal un sistema de divisió per a tallar cada nova dent.

Dentat gleason (Figura 8.6c)
Damunt de la roda plana de referència, les dents segueixen generatrius d'arc de cercle de centre excèntric respecte a l'eix de la roda plana. La fabricació es basa en freses de plat amb dents de tall perimetral que, o bé generen alternativament els flancs còncaus i convexos, o bé generen tan sols els flancs còncaus o els flancs convexos. Cal un sistema de divisió per a tallar cada nova dent i un moviment relatiu d'engranament entre el tambor que materialitza la roda plana i la roda per generar (algunes corones de geometria pròxima a la de la roda plana es tallen sense generació, procediment que n'abarateix el cost). El sistema Gleason permet tallar dentats amb diferents inclinacions (fins i tot amb angle zero en el punt mitjà de la dent) i aproximacions a l'espiral de diferents radis.

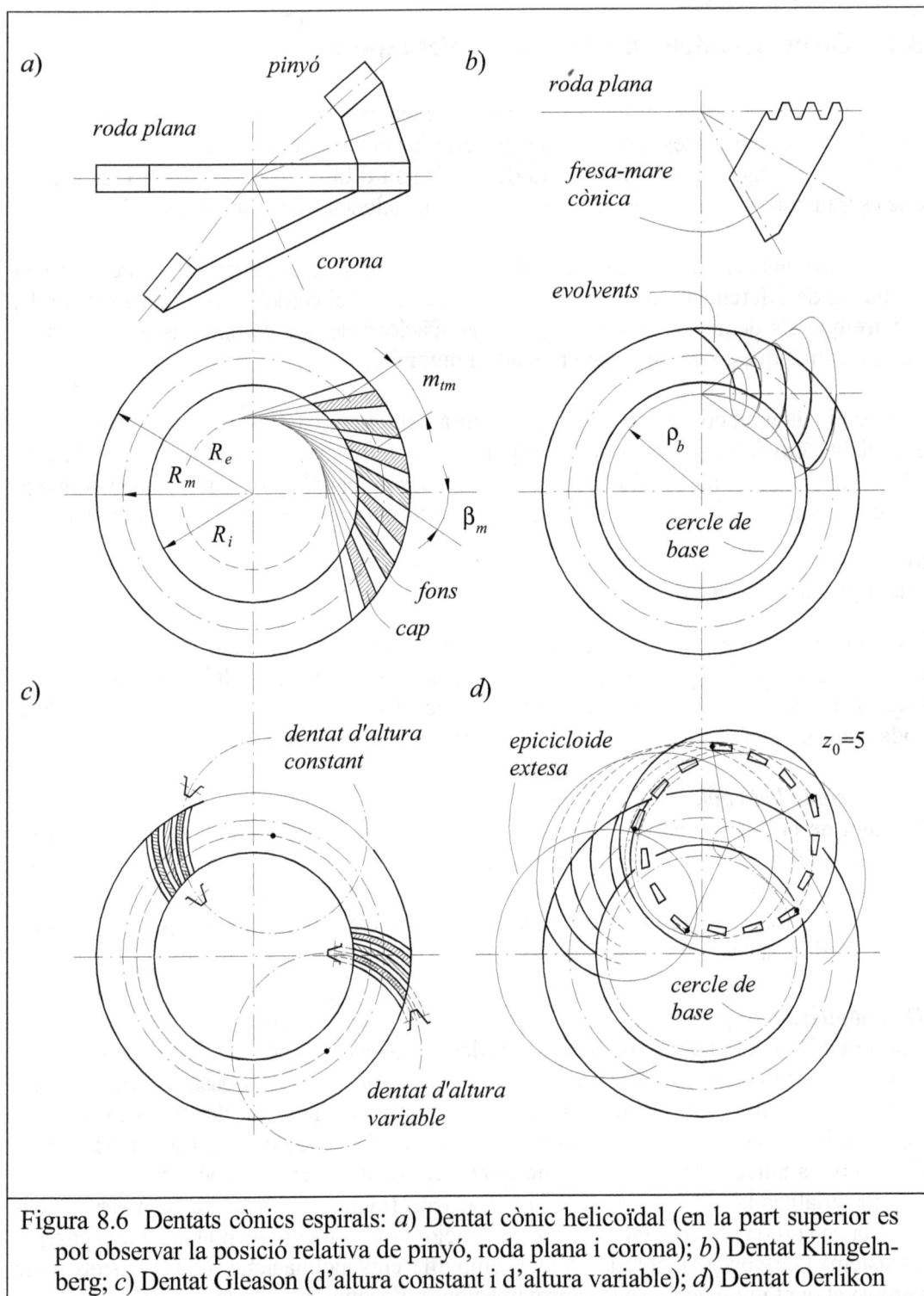

Figura 8.6 Dentats cònics espirals: *a*) Dentat cònic helicoïdal (en la part superior es pot observar la posició relativa de pinyó, roda plana i corona); *b*) Dentat Klingeln-berg; *c*) Dentat Gleason (d'altura constant i d'altura variable); *d*) Dentat Oerlikon

Els dentats Gleason solen ser d'altura variable (Figura 8.7*a*), la qual cosa requereix que la fresa penetri més profundament en la zona exterior de la dent generada (generatriu R_e) que la zona interior (generatriu R_i). Per a obtenir aquest efecte, cal que la fresa i la roda adoptin una de les dues disposicions següents: *a*) *Fresa de plat tangent al con de peu* (la més habitual; Figura 8.8*a*). Les dents de tall es mouen en un pla paral·lel a la roda plana materialitzada pel tambor però la roda plana no és tangent l'axoide de la roda generada, sinó al seu con de peu; *b*) *Fresa de plat inclinada* (Figura 8.8*b*). El axoides de la roda plana i de la roda generada són tangents però les dents de tall es mouen en un pla lleugerament inclinat respecte a la roda plana (angle v_f).

Tant una disposició com l'altra generen rodes dentades que no són rigorosament conjugades entre sí, fet que té com a conseqüència que el contacte entre les dents entre si presenta un biaix (Figura 8.8*c*). Per compensar aquest defecte, la casa Gleason indica diversos mètodes de correcció que, si bé són efectius, no deixen de ser enutjosos i subjectes a possibles errors.

Amb dentats d'altura constant (la generatriu de peu és paral·lela a l'axoide; Figura 8.7*b*), s'aconsegueix alhora que els axoides de la roda plana i la roda generada siguin tangents i que les dents de tall es moguin en un pla paral·lel a la roda plana, procediment que permet tallar rodes conjugades entre sí amb contactes sense biaix.

Tanmateix, el sistema Gleason adopta habitualment el dentat d'altura variable per raons de fabricació. En efecte, si la corona es talla amb una fresa de plat única per als dos flancs (procediment més econòmic, ja que té un nombre de dents superior) i l'atura i l'amplada de la dent són constants, l'aprimament de la dent en la zona interior s'acumula en el cap de la corona (vegeu Figura 8.6*c*); per tant, l'entredent del pinyó (tallat amb dues freses diferents) resulta molt estret en la cara interior (generatriu R_i) i les eines esdevenen excessivament dèbils. Gleason ha desenvolupat un dentat d'altura constant (sistema *Equidep*) amb eines independents per els flancs convexos i còncaus tot fent una divisió de ½ pas entre el tall d'uns i altres flancs, a fi d'equilibrar gruixos i entredents (com es veurà més endavant, aquest procediment s'aproxima al sistema Oerlikon).

Dentat Oerlikon (Figura 8.6*d*)

Damunt de la roda plana de referència, les dents segueixen generatrius d'epicicloide extesa (punt exterior al cercle que general una cicloide rodolant sobre el cercle de base). Aquest sistema no requereix un dispositiu divisor ja que totes les dents es van generant simultàniament.

El plat de freses conté diversos conjunts de dents (z_0=5, en la Figura 8.6*d*) formats per una primera eina de desbast seguides de dues més que acaben els flancs còncau i convex, disposades de forma lleugerament espiral sobre el plat. El nombre de conjunts de dents i el nombre de passos entre dues branques de l'epicicloide estesa han de correspondre's.

A diferència del sistema Gleason, en què la roda generada està aturada durant el desbast, en el sistema Oerlikon la roda generada gira lentament en sentit contrari a la fresa de plat de forma sincronitzada a fi de crear el moviment relatiu d'epicicloide estesa. Per tant, és un sistema continu que fabrica totes les dents simultàniament.

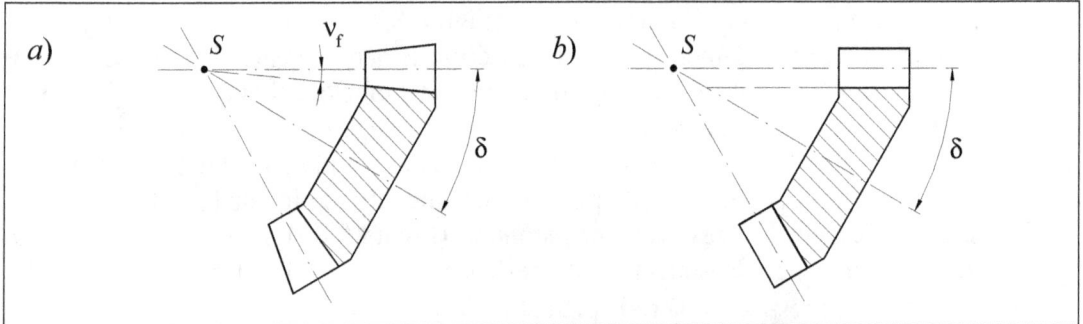

Figura 8.7   *a*) Dentat d'altura variable; *b*) Dentat d'altura constant

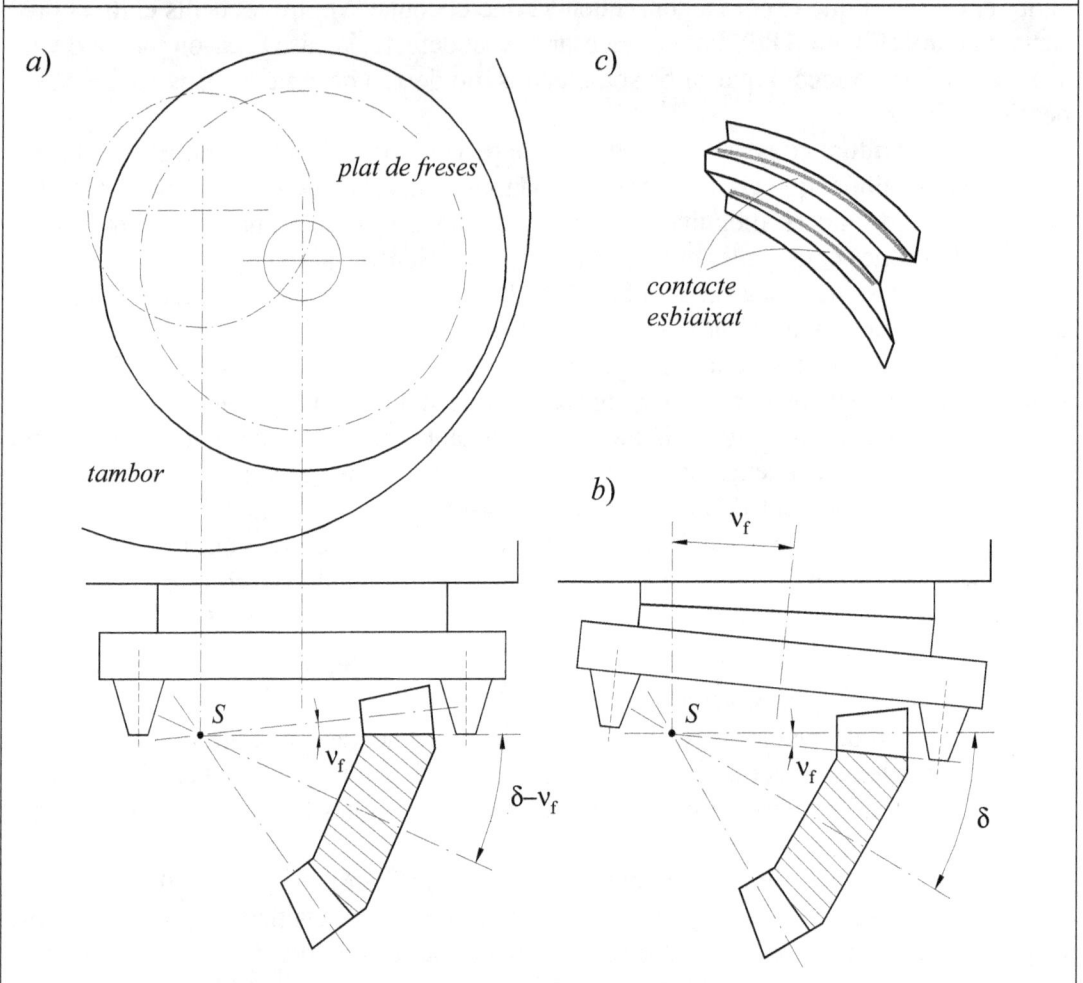

Figura 8.8   Disposició del tambor, la fresa de plat i la roda a tallar en el sistema de Gleason amb dentat d'altura variable: *a*) Fresa de plat tangent al con de peu de la roda a tallar; *b*) Fresa de plat inclinat respecte als axoides; *c*) Contacte esbiaixat de les dents en l'engranament de les dues rodes dentades

Superposat al moviment anterior, cal un petit moviment de generació com si engranessin la roda plana (materialitzada pel tambor) i la roda generada, el qual es pot realitzar de dues formes: *a*) Amb el plat de freses a la profunditat total i amb un gir del tambor molt gran des del moment en què entraria en contacte la fresa de plat i la roda generada fins que es perdés aquest contacte (procediment més lent); *b*) Iniciant una penetració frontal del plat de freses fins a l'altura corresponent i efectuant després un petit gir del tambor i la roda generada (procediment molt més eficaç, i usat habitualment).

El sistema Oerlikon, en avançar cada nou tall respecte a l'anterior i repartir gruixos i entredents, admet dentat d'altura constant que genera rodes correctament conjugades.

Es un procediment molt flexible que permet assegurar un contacte centrat dels flancs de les dents per mitjà de d'augmentar lleugerament la curvatura del flanc còncau i disminuir lleugerament la del flanc convex.

Dentat Klingelnberg (Figura 8.6*b*)

Damunt de la roda plana de referència, les generatrius de les dents segueixen evolvents de cercle i el dentat es fabrica amb una fresa-mare cònica. La secció normal del dentat Klingelnberg (distància entre dues evolvents del mateix cercle de base) és sempre constant (l'augment de la generatriu es compensa amb l'augmenta de l'angle).

Aquest sistema permet el dentat d'altura constant (rodes correctament conjugades) i la fabricació per fresa-mare és de gran eficàcia. Tanmateix, requereix freses especials de cost molt elevat que tan sols es justifiquen en fabricacions de sèries molt elevades.

Dentat hipoide

Els engranatges hipoïdals són engranatges hiperbòlics (eixos encreuats) la fabricació dels quals es deriva de la dels engranatges cònics espirals. En aquest cas, els dos angles d'inclinació de les dents de pinyó i roda ja no són iguals, sinó que la roda té un angle d'inclinació relativament reduït mentre que el pinyó el té més acusat.

Com tots els engranatges hiperbòlics, tenen un lliscament important al llarg de les dents que dóna lloc a una important disminució dels rendiment i a una dissipació tèrmica elevada i al perill d'excoriació. A tal fi de limitar aquests aspectes perjudicials, es recomana que el desplaçament dels eixos no sobrepassi 0,30 del radi de la corona.

Acabament. Rodatge i rectificació

Després del procés tèrmic de cementació per aconseguir una elevada duresa dels flancs (que acostuma a causar distorsions), l'acabament tradicional dels engranatges cònics espirals es basa en el rodatge mutu entre pinyó i roda en presència d'un líquid abrasiu. Un cop rodades, les rodes dels engranatges cònics-espirals no són intercanviables.

Les màquines de rodatge tenen dispositius per a posicionar correctament entre si les dues rodes dentades cònico-espirals, per exercir una força controlada entre els dentats i per a procedir a petites fluctuacions de vaivé en el sentit d'avanç-retrocés i de desalineació dels eixos. Jugant convenientment amb els paràmetres es pot situar adequadament la zona de contacte durant el funcionament.

Les darreres tendències s'orienten vers la rectificació de les rodes cònico-espirals.

8.4 Forces en les rodes dentades còniques

Introducció

Anàlogament al cas de les rodes cilíndríques, les forces de fricció són relativament petites i, més enllà de l'anàlisi del rendiment, generalment no es tenen en compte en l'estudi de la transmissió de forces pels dentats. Per tant, es considera que les dents sols transmeten forces en la direcció normal al contacte.

Per referenciar els components de la força de contacte sobre les dents d'una roda cònica, s'estableix un sistema de coordenades amb origen en el punt mitjà del contacte de les dents i amb eixos en les següents direccions i sentits:

a)   L'eix x es defineix en la direcció de l'eix de rotació de la roda dentada i en el sentit del parell exterior, M_1 o M_2, segons sigui la roda. El component en aquesta direcció es denomina *força axial*, F_X, i tendeix a separar, per lliscament axial, les dues rodes si no estan correctament suportades.

b)   L'eix y es defineix en la direcció que va des del punt de contacte, perpendicularment a l'eix de rotació, amb sentit positiu des de l'eix vers enfora. El component en aquesta direcció es denominen *força radial*, F_R, i tendeix a separar les dents a causa de la deformació dels eixos, si són poc rígids.

c)   L'eix z és perpendicular als altres dos amb el seu sentit definit per la regla de la mà dreta. El component en aquesta direcció es denomina *força tangencial*, F_T, i és el responsable de transmetre el parell d'una roda a l'altra. El component tangencial sempre s'oposa al parell exterior aplicat sobre la roda.

Rodes còniques rectes i rodes còniques espirals
En les rodes còniques rectes, les direccions de les dents segueixen generatrius dels cons axoides mentre que, en les rodes còniques espirals, les direccions de les dents formen un angle d'inclinació, β, amb les generatrius dels cons axoides. Per determinar el sentit positiu o negatiu de l'angle d'inclinació s'observen directament les dents (tant si el dentat és exterior com interior): si la dent avança i es desplaça a la dreta, l'angle d'inclinació β és positiu, mentre que si avança i es desplaça a l'esquerra, l'angle d'inclinació β és negatiu.

Rodes exteriors i rodes interior
En els engranatges cònics no és tan clara la frontera entre engranatges exteriors i interiors com en els engranatges cilíndrics. Tanmateix, aquest aspecte es pot mesurar a partir del semiangle del con. Per a semiangles del con inferiors a $\delta < 90°$, les rodes són exteriors, per a $\delta = 90°$, la roda cònica és plana i, per a $\delta > 90°$, les rodes còniques són interiors.

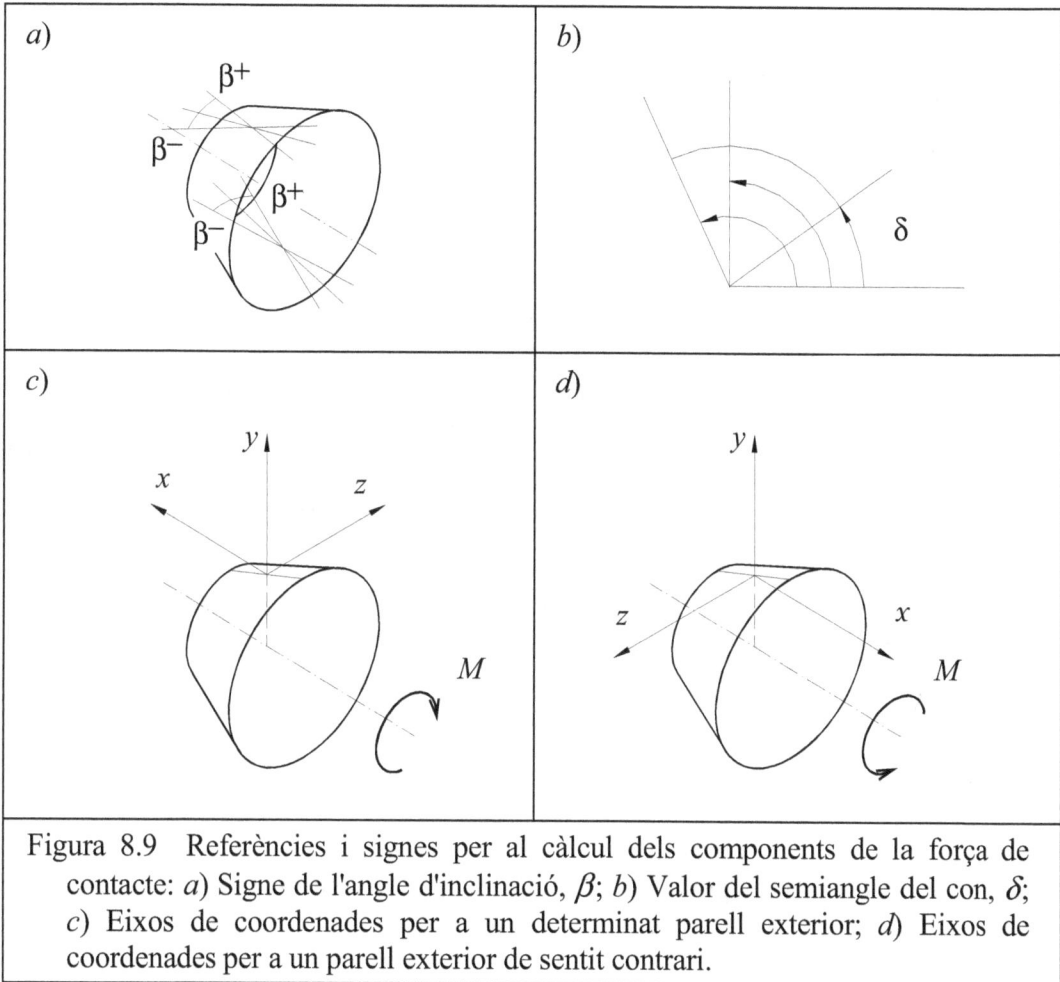

Figura 8.9 Referències i signes per al càlcul dels components de la força de contacte: *a*) Signe de l'angle d'inclinació, β; *b*) Valor del semiangle del con, δ; *c*) Eixos de coordenades per a un determinat parell exterior; *d*) Eixos de coordenades per a un parell exterior de sentit contrari.

Components de la força normal de contacte

Per calcular els components de la força de contacte, es proposen els següents passos:

1. Es determinen el valor del semiangle del con, δ (es pot fer l'error de prendre el suplementari) i el valor i sentit de l'angle d'inclinació, β.

2. Es funció del sentit del parell, es dibuixa els sistema de referència sobre la dent i es calcula el component tangencial (sempre té sentit negatiu).

3. Per mitjà de les fórmules de la Taula (8.2), es calculen la resta de components (els signes estan d'acord amb el sistema de coordenades; la força normal es considera sempre positiva).

Taula 8.2

Forces en les rodes dentades còniques	
rectes	espirals
Angle de funcionament α Semiangle con primitiu δ Diàmetre mitjà func. pinyó d_m Parell exterior M_1	Angle de funcionament α_n Semiangle con primitiu δ Diàmetre mitjà func. pinyó d_m Angle d'espiral (diam. mitjà) β Parell exterior M_1
$$F_T = \frac{-2 \cdot M_1}{d_{m1}{}'} = \frac{-2 \cdot M_2}{d_{m2}{}'} \qquad\qquad\qquad (13)$$	
$F_N = -F_T/\cos\alpha$ $F_R = F_T \cdot (\tan\alpha \cdot \cos\delta)$ (14) $F_X = F_T \cdot (\tan\alpha \cdot \sin\delta)$	$F_N = -F_T/(\cos\alpha_n \cdot \cos\beta)$ $F_R = F_T \cdot (\tan\alpha_n \cdot \cos\delta/\cos\beta + \tan\beta \cdot \sin\delta)$ (15) $F_X = F_T \cdot (\tan\alpha_n \cdot \sin\delta/\cos\beta - \tan\beta \cdot \cos\delta)$

Reducció a d'altres casos

Des del punt de vista de la transmissió de forces, les rodes dentades còniques espirals tenen una complexitat més gran ja que, a més de l'angle de pressió (normal) de la dent, $\alpha = \alpha_n$, també hi intervenen el semiangle del con, δ, i l'angle d'inclinació de la dent, β.

És interessant de constatar, doncs, que les fórmules per a la resta de rodes dentades es poden derivar d'aquestes amb determinades limitacions: *a*) Les rodes dentades còniques rectes, fent $\beta = 0°$; *b*) Les rodes dentades cilíndriques helicoïdals exteriors, fent $\delta = 0°$; *c*) Les rodes dentades cilíndriques helicoïdals interiors, fent $\delta = 180°$; *d*) Les rodes dentades cilíndriques rectes exteriors, fent $\delta = 0°$ i $\beta = 0°$; *e*) I, les rodes dentades cilíndriques rectes interiors, fent $\delta = 180°$ i $\beta = 0°$.

Les rodes dentades que intervenen en els engranatges hiperbòlics solen tenir o bé l'estructura d'una roda cilíndrica (engranatges helicoïdals encreuats, engranatges de vis sense fi) o una estructura de roda cònica (engranatges hipoïdals, engranatges espiroïdals), i poden remetre's a les fórmules corresponents.

Exemple 8.3 Transmissió de forces entre un pinyó cònic i roda plana

Enunciat

Es volen estudiar els components de la força de contacte entre una pinyó de $z_1=17$ dents i una roda plana de $z_2=63$ dents ($\alpha_n=20°$), essent el radi mitjà de la roda plana de $R_m=65$ mm i la inclinació de la dent en la roda plana, $\beta=-30°$, tal com mostra la Figura 8.7a. El parell exterior aplicat sobre el pinyó és de $M_1=65$ N·m. Es demana de calcular els components i dibuixar-los en una figura sobre cada una de les rodes.

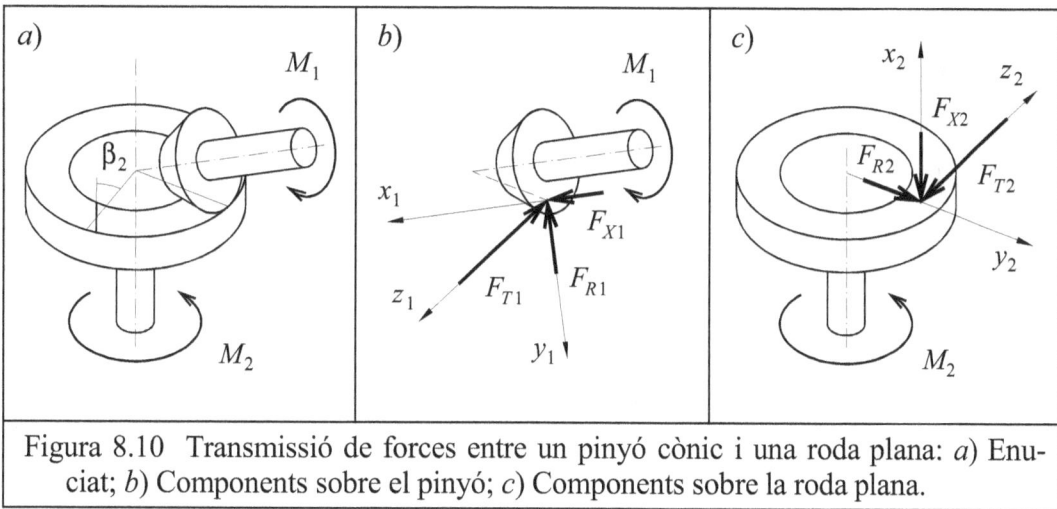

Figura 8.10 Transmissió de forces entre un pinyó cònic i una roda plana: *a*) Enunciat; *b*) Components sobre el pinyó; *c*) Components sobre la roda plana.

Resolució

L'Equació 7 permet calcular $\delta_1=15,655°$ ($\delta_2=90°$, roda plana). En un engranatge cònic, els angles d'inclinació són de sentits contraris: $\beta_1=30°$ i $\beta_2=-30°$ (dada). Juntament amb les dades de l'angle de pressió $\alpha_n=20°$ i del radi mitjà de la roda plana, R_m, que permet calcular el valor de la força tangencial ($F_T=M_2/R_m=(z_2/z_1)\cdot M_1/R_m=3823,5$ N), es pot elaborar el següent quadre de valors:

pinyó cònic	roda plana
$F_T=-3823,5$ N	$F_T=-3823,5$ N
$F_R=-2142,9$ N	$F_R=+2207,5$ N
$F_X=+1692,0$ N	$F_X=-1606,9$ N
$F_N=\ \ 4698,3$ N	$F_N=\ \ 4698,3$ N

S'observa que les forces normals de contacte, F_N, són iguals sobre les dues rodes dentades còniques (acció i reacció), així com també els components tangencials, F_T, que transmeten el parell.

8.5 Engranatges helicoïdals encreuats

Introducció als engranatges hiperbòlics

Els engranatges que transmeten el moviment sobre eixos encreuats tenen els axoides amb forma d'hiperboloides de revolució que són tangents per una de les seves rectes generatrius. El moviment relatiu entre els hiperboloides axoides es compon d'una rotació mútua i d'un lliscament al llarg d'aquest eix (de fet és un eix instantani de rotació i lliscament).

Donada la distància mínima entre els eixos, a, l'angle de convergència, Σ, i la relació de transmissió, i, queden definits els hiperboloides de revolució. Damunt d'ells hi ha la possibilitat d'elegir la inclinació del dentat. Per tant, els engranatges hiperbòlics representen la forma més general d'engranatges, amb unes grans llibertat de relacions entre eixos a l'espai que, per degeneració, donen els engranatges cilíndrics quan l'angle de convergència, Σ, esdevé nul, o els engranatges cònics quan la distància entre eixos, a, esdevé nul·la.

Tanmateix, ja s'ha comentat que sempre tenen lliscament al llarg de la dent, molt més important que el lliscament en el pla perpendicular a les dents dels engranatges cilíndrics i cònics, per la qual cosa el rendiment és sempre molt més baix que en els engranatges cilíndrics i cònics on aquest lliscament no existeix.

La zona d'engranament dels engranatges hiperbòlics es pot situar sobre la recta de distància mínima entre els eixos (engranatges helicoïdals encreuats, engranatges de vis sense fi), o separada d'aquesta recta (engranatges hipoïdals, engranatges frontals o de roda catalina, engranatges espiroïdals).

En les planes que segueixen s'expliquen tan sols dos d'aquests tipus d'engranatges (helicoïdals encreuats y de vis sense fi) ja que són els que ofereixen una rendibilitat més gran entre l'aparell matemàtic necessari per a una primera aproximació i les possibilitats d'aplicació.

Model d'engranatge helicoïdal encreuat

Dues rodes cilíndriques helicoïdals dels mateix pas de base normal, p_{bn}, engranen correctament sobre eixos encreuats sempre que la suma dels dos angles d'inclinació, $\beta_1 + \beta_2$, no sigui zero (en els engranatges cilíndrics helicoïdals, aquesta suma és nul·la, en els engranatges exteriors, o de 180°, en els engranatges interiors).

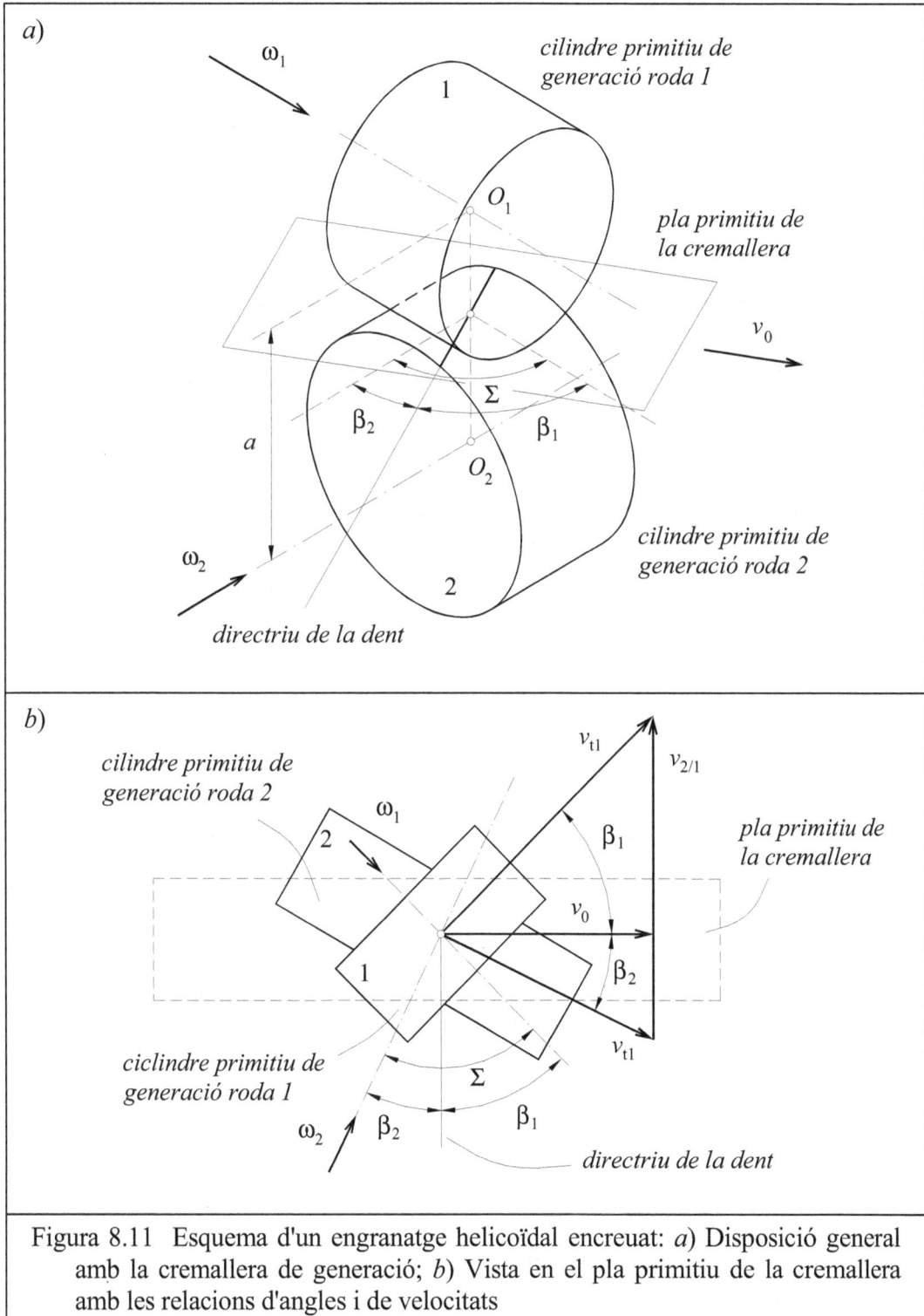

Figura 8.11 Esquema d'un engranatge helicoïdal encreuat: *a*) Disposició general amb la cremallera de generació; *b*) Vista en el pla primitiu de la cremallera amb les relacions d'angles i de velocitats

La dimensió i disposició general dels engranatges cilíndrics helicoïdals queda determinada per la *distància entre eixos*, *a* (distància mínima entre els eixos que s'encreuen), i per l'angle que formen els eixos, o *angle de convergència*, Σ, definit de la mateixa manera que el dels engranatges cònics (prèvia projecció d'un eix sobre el pla de l'altra). Figures 8.11*a* i 8.11*b*.

La distància entre eixos és la semisuma dels diàmetres primitius (ara no coincideixen necessàriament amb els axoides) de les dues rodes calculats de la mateixa manera que els diàmetres primitius de les rodes cilíndriques helicoïdals, mentre que l'angle de convergència és la suma algebraica dels dos angles d'inclinació (per exemple, positiu el de sentit a dretes i negatiu el de sentit a esquerres):

$$a = \frac{1}{2} \cdot (d_1 + d_2) = \frac{z_1 \cdot m_0}{2 \cdot \cos \beta_1} + \frac{z_2 \cdot m_0}{2 \cdot \cos \beta_2} \qquad \Sigma = \beta_1 + \beta_2 \qquad (16)$$

La relació de transmissió en els engranatges helicoïdals encreuats és, com en la resta d'engranatges, la relació de dents de la roda conduïda i la roda conductora però, ara, ja no es corresponen amb la relació de diàmetres primitius sinó que depèn també dels angles d'inclinació:

$$i = \frac{z_2}{z_1} \qquad z_1 = \frac{d_1 \cdot \cos \beta_1}{m_0} \qquad z_2 = \frac{d_2 \cdot \cos \beta_2}{m_0} \quad \Rightarrow \quad i = \frac{d_2 \cdot \cos \beta_2}{d_1 \cdot \cos \beta_1} \qquad (17)$$

L'anàlisi de les anteriors relacions permeten subratllar les següents característiques:

Angles
Es pot escollir lliurement dos dels tres angles següents l'angle de convergència, Σ, i els dos angles d'inclinació, β_1 i β_2. Generalment es parteix de l'angle de convergència i un dels angles d'inclinació (per exemple, β_1) i l'altre, β_2, s'obté per càlcul.

Relació de transmissió
És determinada, o bé per la relació de nombre de dents, o bé per la relació del producte del diàmetre pel cosinus de l'angle d'inclinació (ja no és simplement el quocient de diàmetres d'axoides com en els engranatges vistos fins ara).

Distància entre eixos
Com en les rodes cilíndriques helicoïdals, no queda fixada tan sols pels nombres de dents de les rodes i el mòdul, sinó també pels angles d'inclinació (en aquest cas són diferents).

Aquest conjunt d'equacions proporciona una gran versatilitat en el moment de dissenyar la geometria de l'engranatge.

Desplaçaments

Com en d'altres tipus d'engranatges, si la suma de desplaçaments és zero, $\Sigma x = x_1 + x_2 = 0$ (criteri adoptat en aquest text), els engranatges helicoïdals encreuats funcionen a una distància entre eixos igual a la suma de diàmetres primitius de generació. També es poden dissenyar engranatges helicoïdals encreuats amb la suma de desplaçaments diferent de zero, però l'interès pràctic (adaptar la distància entre centres, evitar interferències) és molt més escàs.

Recobriment

En el cas dels engranatges helicoïdals encreuats, els plans d'engranament de les dues rodes es tallen donant lloc a una línia d'engranament recorreguda simultàniament per un o més punts de contacte. Aquest aspecte fa que els contactes entre flancs siguin teòricament puntuals (o, amb les deformacions, petites zones el·líptiques) enlloc de lineals com en els altres engranatges, i això en limita la capacitat de transmissió de forces; per tant, s'utilitzen en aplicacions cinemàtiques.

Com en la resta d'engranatges, cal assegurar la continuïtat de l'engranament que s'avalua a partir dels segments de la línia d'engranament, IA' (Figura 8.12a), situats en el pla d'engranament de cada roda, normals a les dents, i delimitats pel cilindre primitiu de generació i el cilindre de cap. Aquesta segment IA' projectat sobre el pla transversal per mitjà del cosinus de l'angle d'inclinació de base, $\cos\beta_b$, dóna el segment IA que es calcula com en els engranatges cilíndrics:

$$IA = \frac{d_b}{2}\left(\sqrt{\left(\frac{d_a}{d_b}\right)^2 - 1} - \tan\alpha_t\right) \qquad I'A = \frac{IA}{\cos\beta_b} \qquad (18)$$

El recobriment s'obté dividint la suma de segments $IA_1' + IA_2'$ pel pas de base normal: $p_{bn} = \pi \cdot m_0 \cdot \cos\alpha_0$. Introduint les expressions dels diàmetres de base $d_b = z \cdot m_0 \cdot \cos\alpha_{t0}/\cos\beta$, i les següents relacions entre angles en les rodes helicoïdals: $\tan\alpha_{t0} = \tan\alpha_0/\cos\beta$; $\tan\beta = \tan\beta_b/\cos\alpha_{t0}$; $\cos\alpha_{t0}\cdot\cos\beta = \cos\alpha_0\cdot\cos\beta_b$, s'obté finalment:

$$\begin{aligned}
\varepsilon = &\frac{1}{2\cdot\pi\cdot\cos\alpha_0}\cdot\left(\frac{z_1\cdot\cos\alpha_{t1}}{\cos\beta_1\cdot\cos\beta_{b1}}\cdot\left(\sqrt{\left(\frac{d_{a1}}{d_{b1}}\right)^2 - 1} - \tan\alpha_{t1}\right)\right) + \\
&+ \frac{1}{2\cdot\pi\cdot\cos\alpha_0}\cdot\left(\frac{z_2\cdot\cos\alpha_{t2}}{\cos\beta_2\cdot\cos\beta_{b2}}\cdot\left(\sqrt{\left(\frac{d_{a2}}{d_{b2}}\right)^2 - 1} - \tan\alpha_{t2}\right)\right)
\end{aligned} \qquad (19)$$

Tanmateix, aquest recobriment no és efectiu si les dues rodes no tenen l'amplada suficient perquè la línia d'engranament arribi a intersectar amb el cilindre de cap. Suposant que l'amplada de la dent és centrada respecte a la perpendicular entre els eixos, aquestes condicions s'expressen per: $b \geq 2 \cdot AA' = 2 \cdot IA \cdot \tan\beta_b$, que convenientment elaborades es transformen en:

$$b_1 \geq 2 \cdot IA_1 \cdot \tan\beta_{b1} = d_{b1} \cdot \tan\beta_{b1} \cdot \left(\sqrt{\left(\frac{d_{a1}}{d_{b1}}\right)^2 - 1} - \tan\alpha_{t1} \right)$$

$$b_2 \geq 2 \cdot IA_2 \cdot \tan\beta_{b2} = d_{b2} \cdot \tan\beta_{b2} \cdot \left(\sqrt{\left(\frac{d_{a2}}{d_{b2}}\right)^2 - 1} - \tan\alpha_{t2} \right)$$

(20)

Rendiment

Un altre dels aspectes particulars dels engranatges helicoïdals encreuats és el rendiment relativament baix respecte altres tipus d'engranatges (a excepció dels engranatges de vis sense fi i dels hipoïdals).

La particularitat d'aquests engranatges és que existeix una velocitat de lliscament de valor molt elevat en la direcció de la dent (v_{21} en la Figura 8.11b) que dóna lloc a pèrdues sensibles d'energia. La fricció fa que la força mútua que es transmeten els dentats (F_{12} o F_{21} no siguin perpendiculars a les directrius de les dents (Figura 8.12b), sinó que formen un angle ρ' amb aquesta direcció ($\mu' = \tan\rho' = \mu/\cos\alpha_0$, que té en compte l'augment de la força ja que és normal als flancs).

Per tant, les projeccions de la força transmesa sobre les respectives direccions tangencials a les rodes ho són a través d'un angle d'inclinació disminuït d'aquest valor per a la roda conductora, $F_{21} \cdot \cos(\beta_1 - \rho')$, i augmentat d'aquest valor per a la roda conduïda, $F_{12} \cdot \cos(\beta_2 + \rho')$. Les velocitats tangencials en els axoides de generació són: per a la roda conductora $v_{t1} = \omega_1 \cdot z_1 \cdot m_0/(2 \cdot \cos\beta_1)$ i, per a la roda conduïda: $v_{t2} = \omega_2 \cdot z_2 \cdot m_0/(2 \cdot \cos\beta_2)$. En definitiva, el rendiment serà el quocient entre la potència rebuda per la roda conduïda i la potència subministrada per la força conductora:

$$\eta_{12} = \frac{F_{12} \cdot \cos(\beta_2 + \rho') \cdot v_{t2}}{F_{21} \cdot \cos(\beta_1 - \rho') \cdot v_{t1}} = \frac{\cos(\beta_2 + \rho') \cdot \cos\beta_1}{\cos(\beta_1 - \rho') \cdot \cos\beta_2} = \frac{1 - \mu' \cdot \tan\beta_2}{1 + \mu' \cdot \tan\beta_1}$$

$$\eta_{21} = \frac{F_{21} \cdot \cos(\beta_1 + \rho') \cdot v_{t1}}{F_{12} \cdot \cos(\beta_2 - \rho') \cdot v_{t2}} = \frac{\cos(\beta_1 + \rho') \cdot \cos\beta_2}{\cos(\beta_2 - \rho') \cdot \cos\beta_1} = \frac{1 - \mu' \cdot \tan\beta_1}{1 + \mu' \cdot \tan\beta_2}$$

(21)

Optimització del rendiment
El rendiment dels engranatges helicoïdals encreuats (com el d'altres hiperbòlics) és, en general, baix i és funció del coeficient de fricció aparent, μ', i dels angles d'inclinació de les dues rodes, β_1 i β_2. La disminució del coeficient de fricció, que depèn dels materials en contacte i de la lubricació, influeix molt positivament en la millora del rendiment,

però és a través dels angles d'inclinació que s'optimitza la geometria. Es planteja, doncs, igualar a zero la derivada dels rendiments respecte a l'angle β_1 (cal tenir present que $\beta_2 = \Sigma - \beta_1$):

$$\frac{d\eta_{12}}{d\beta_1} = 0 \quad \beta_1 = \frac{\Sigma + \rho'}{2} \quad \beta_2 = \frac{\Sigma - \rho'}{2} \quad \eta_{12opt} = \frac{\cos\left(\dfrac{\Sigma + 3\cdot\rho'}{2}\right)\cdot\cos\left(\dfrac{\Sigma - \rho'}{2}\right)}{\cos\left(\dfrac{\Sigma - 3\cdot\rho'}{2}\right)\cdot\cos\left(\dfrac{\Sigma + \rho'}{2}\right)}$$

$$\frac{d\eta_{12}}{d\beta_1} = 0 \quad \beta_1 = \frac{\Sigma - \rho'}{2} \quad \beta_2 = \frac{\Sigma + \rho}{2} \quad \eta_{12opt} = \frac{\cos\left(\dfrac{\Sigma + 3\cdot\rho'}{2}\right)\cdot\cos\left(\dfrac{\Sigma - \rho'}{2}\right)}{\cos\left(\dfrac{\Sigma - 3\cdot\rho'}{2}\right)\cdot\cos\left(\dfrac{\Sigma + \rho'}{2}\right)} \tag{22}$$

S'observa que, per optmitzar el rendiment, cal quasi igualar els dos angles d'inclinació (difereixen tan sols en ρ'), independentment del nombre de dents de les rodes.

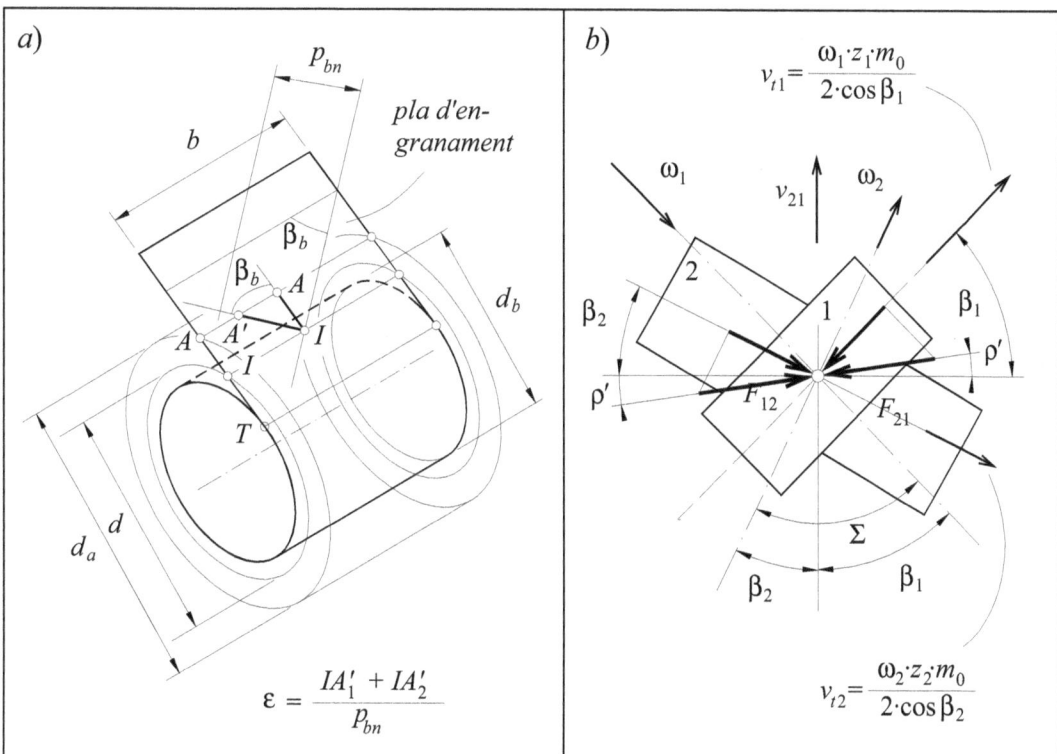

Figura 8.12 Figures per a l'estudi dels engranatges helicoïdals encreuats: *a*) Avaluació del recobriment; *b*) Avaluació del rendiment η_{12} (Equació 21).

Exemple 8.4 Disseny d'un engranatge helicoïdal encreuat

Enunciat

Es vol dissenyar un engranatge helicoïdal encreuat amb les rodes dentades tallades amb una eina normal de mòdul, $m_0=1{,}5$, i angle de pressió, α_0. Els eixos de les dues rodes formen un angle de 75°, i la relació de transmissió ha de ser de $i=1/0{,}35$ exacta (coeficient de fricció, $\mu=0{,}08$). S'estudien dos casos segons els sentits de gir dels eixos: *a*) Sentits de gir indicats a la Figura 8.10*a*; *b*) Sentits de gir indicats a la Figura 8.10*b*.

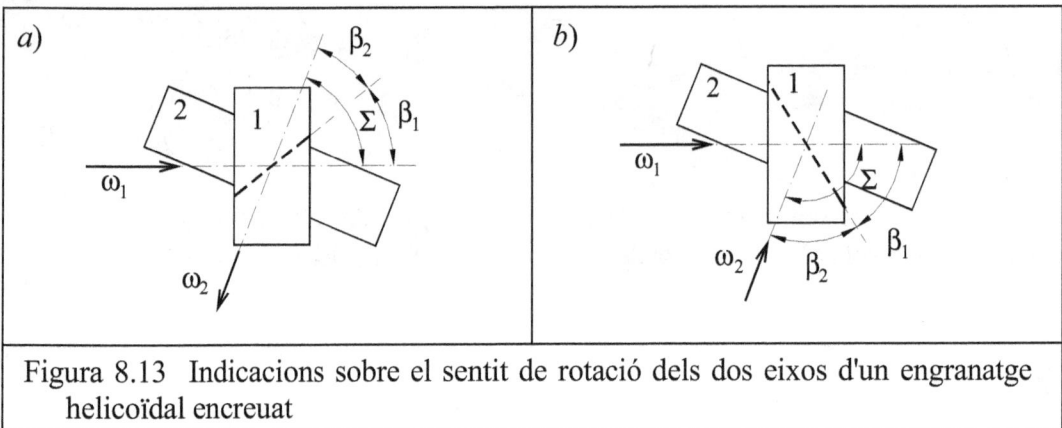

Figura 8.13 Indicacions sobre el sentit de rotació dels dos eixos d'un engranatge helicoïdal encreuat

Resolució

Cas A)
En aquest primer cas, els sentits de gir dels eixos (Figura 8.13*a*) determinen un angle de convergència de $\Sigma=75°$, i la distància entre eixos és lliure. Es trien els angles d'inclinació de les dues rodes, β_1 i β_2, de manera que el rendiment sigui òptim i les rodes es tallen sense desplaçament:

$$\mu' = \tan\rho' = \frac{\mu}{\cos 20} = 0{,}085 \qquad \rho' = 4{,}851°$$

$$\beta_1 = \frac{\Sigma + \rho'}{2} = 39{,}927° \ \text{(dretes)} \qquad \beta_2 = \frac{\Sigma - \rho'}{2} = 35{,}078° \ \text{(dretes)}$$

Per evitar la penetració en el tallatge, cal un nombre de dents mínim en el pinyó:

$$\tan\alpha_{t1} = \frac{\tan\alpha_0}{\cos\beta_1} \qquad \alpha_{t1} = 25{,}390° \qquad z_{1\,\text{mín}} = \frac{2\cdot(1-x)\cdot\cos\beta_1}{\sin^2\alpha_{t1}} = 8{,}342$$

A la vista dels valors anteriors, es pren: $z_1=14$, $z_2=40$ essent $i=z_2/z_1=1/0{,}35$. Els diàmetres de generació de les dues rodes i la distància entre eixos, són:

$$d_1 = 27{,}384 \quad d_2 = 73{,}312 \quad a = \frac{d_1 + d_2}{2} = 50{,}348 \ \text{mm}$$

Finalment, el rendiment directe i invers d'aquesta transmissió és:

$$\eta_{12} = \frac{1 - \mu' \cdot \tan \beta_2}{1 + \mu' \cdot \tan \beta_1} = \frac{1 - 0{,}085 \cdot \tan 35{,}067}{1 + 0{,}085 \cdot \tan 39{,}933} = 0{,}878 \qquad \eta_{21} = 0{,}876$$

Cas B)

En aquest segon cas, els sentits de gir dels eixos (Figura 8.13 *b*) determinen un angle de convergència de $\Sigma = 105°$. Igualment es trien els angles d'inclinació, β_1 i β_2, de manera que el rendiment sigui òptim, i les rodes es tallen sense desplaçament:

$$\beta_1 = \frac{\Sigma + \rho'}{2} = 54{,}927° \ \text{(dretes)} \quad \beta_2 = \frac{\Sigma - \rho'}{2} = 50{,}073° \ \text{(dretes)}$$

L'angle de pressió transversal i el nombre mínim de dents a fi que no hi hagi penetració en el tallatge, donen:

$$\alpha_{t1} = 32{,}351° \qquad z_1 \geq \frac{2 \cdot (1 - x) \cdot \cos \beta_1}{\sin \alpha_{t1}^2} = 4{,}012$$

Es pren $z_1 = 7$, $z_2 = 20$ essent $i = z_2 / z_1 = 1/0{,}35$ ja que no hi ha enters menors que proporcionin aquesta relació de transmissió exacta. Els diàmetres de generació de les dues rodes i la distància entre eixos i el rendiment, són:

$$d_1 = 18{,}273 \quad d_2 = 46{,}743 \quad a = \frac{d_1 + d_2}{2} = 32{,}508 \ \text{mm} \quad \eta_{12} = 0{,}801 \quad \eta_{21} = 0{,}798$$

Cas A')

Se suposa que l'engranatge helicoïdal encreuat del cas *A* té una distància (mínima) entre eixos prèviament fixada de $a = 53$ mm. Es demana de resoldre aquest nou engranatge i de comparar els rendiments. Es trien els mateixos nombres de dents que en el cas *A*, $z_1 = 14$, $z_2 = 40$, i s'expressa la distància entre eixos en funció dels angles d'inclinació, tenint present que $\beta_1 + \beta_2 = \Sigma = 75°$:

$$a = \frac{z_1 \cdot m_0}{2 \cdot \cos \beta_1} + \frac{z_2 \cdot m_0}{2 \cdot \cos \beta_2} = 53 \ \text{mm}$$

La resolució de les dues equacions anteriors condueix a uns valors dels angles d'inclinació i a uns diàmetres axoides de les rodes i alhora un nou rendiment:

$$\beta_1 = 32{,}776° \qquad d_1 = 24{,}976 \ \text{mm} \qquad \eta_{12} = 0{,}875$$

$$\beta_2 = 42{,}224° \qquad d_2 = 81{,}024 \ \text{mm} \qquad \eta_{21} = 0{,}877$$

Taula 8.3 Formulari per a engranatges helicoïdals encreuats

Paràmetres	Pinyó		Roda	
	transversal	normal	transversal	normal
De generació				
Relació de transmissió	$i=z_2/z_1=(d_2\cdot\cos\beta_2)/(d_1\cdot\cos\beta_1)$			
Angle de convergència	$\Sigma=\beta_1+\beta_2$ (sentit positiu de la velocitat d'un eix i negativa de l'altre)			
Mòdul		m_0		
Angle de pressió		α_0 (perfil de referència)		
De definició				
Nombre de dents	z_1 (enter); $z_{v1}=z_1/\cos^3\beta_1$		z_2 (enter); $z_{v2}=z_2/\cos^3\beta_2$	
Angles d'inclinació	β_1 (si $\Sigma x=0$, $\beta_1'=\beta_1$)		β_2 (si $\Sigma x=0$, $\beta_2'=\beta_2$)	
Angles pres. transversal	$\tan\alpha_{t1}=\tan\alpha_0/\cos\beta_1$		$\tan\alpha_{t2}=\tan\alpha_0/\cos\beta_2$	
Desplaçaments	$x\cdot m_0$		normalment, $-x\cdot m_0$	
De definició				
Diàmetre axoide	$d_1=z_1\cdot m_0/\cos\beta_1$		$d_2=z_2\cdot m_0/\cos\beta_2$	
Diàmetre de base	$d_{b1}=d_1\cdot\cos\alpha_{t1}=z_1\cdot m_0\cdot\cos\alpha_{t1}/\cos\beta_1$		$d_{b2}=d_2\cdot\cos\alpha_{t2}=z_2\cdot m_0\cdot\cos\alpha_{t2}/\cos\beta_2$	
Pas de base	$p_{bt1}=p_{bn}/\cos\beta_1$; $p_{bn}=\pi\cdot m_0\cdot\cos\alpha_0$		$p_{bt2}=p_{bn}/\cos\beta_2$; $p_{bn}=\pi\cdot m_0\cdot\cos\alpha_0$	
Diàmetre de cap	$d_{a1}=d_1+2\cdot(h_{f0}+x\cdot m_0)=(z_1/\cos\beta_1+2\cdot(1+x))\cdot m_0$		$d_{a2}=d_2+2\cdot(h_{f0}+x\cdot m_0)=(z_2/\cos\beta_2+2\cdot(1+x))\cdot m_0$	
Diàmetre de peu	$d_{f1}=d_1-2\cdot((h_{c0}+c_0)-x\cdot m_0)=(z_1/\cos\beta_1-2\cdot(1,25-x))\cdot m_0$		$d_{f2}=d_2-2\cdot((h_{c0}+c_0)-x\cdot m_0)=(z_2/\cos\beta_2-2\cdot(1,25-x))\cdot m_0$	
De funcionament				
Distància entre eixos	$a=(d_1+d_2)/2=(z_1/\cos\beta_1+z_2/\cos\beta_2)\cdot m_0/2$ ($\Sigma x=0$)			
Recobriment	$\varepsilon_\alpha=((z_1\cdot\cos\alpha_{t1}/(\cos\beta_1\cdot\cos\beta_{b1}))\cdot((d_{a1}/d_{b1})^2-1)^{1/2}-\tan\alpha_{t1})+(z_2\cdot\cos\alpha_{t2}/(\cos\beta_2\cdot\cos\beta_{b2}))\cdot((d_{a2}/d_{b2})^2-1)^{1/2}-\tan\alpha_{t2}))/(2\cdot\pi\cdot\cos\alpha_0)$			
Rendiment	$\eta_{12}=(1-\mu'\cdot\tan\beta_2)/(1+\mu'\cdot\tan\beta_1)$; $\eta_{21}=(1-\mu'\cdot\tan\beta_1)/(1+\mu'\cdot\tan\beta_2)$; $\mu'=\mu/\cos\alpha_0$			
Rendiment òptim	$\eta_{12(opt)}=\eta_{21(opt)}=\cos((\Sigma+3\cdot\rho')/2)/\cos((\Sigma-\rho')/2))(\cos((\Sigma-3\cdot\rho')/2)/\cos((\Sigma+\rho')/2))$ si $\beta_1-\beta_2=\rho'$ o $\beta_2-\beta_1=\rho'$ resp.; $\tan\rho'=\mu/\cos\alpha_0$			
Amplada de la dent	$b_1\geq(\cos\alpha_{t1}\cdot((d_{a1}/d_{b1})^2-1)^{1/2}-\sin\alpha_{t1})\cdot z_1\cdot m_0\cdot\tan\beta_{b1}/\cos\beta_1$		$b_2\geq(\cos\alpha_{t2}\cdot((d_{a2}/d_{b2})^2-1)^{1/2}-\sin\alpha_{t2})\cdot z_2\cdot m_0\cdot\tan\beta_{b2}/\cos\beta_2$	

8.6 Engranatges de vis sense fi

Introducció

Els engranatges de vis sense fi poden ser considerats com un cas límit d'engranatges helicoïdals encreuats a 90° en què les dents del pinyó (normalment d'1 a 4) amb un angle d'inclinació molt gran (entre 50 i 85°) es disposen en forma de vis.

Aquests engranatges tenen una relació de transmissió elevada ($i=7 \div 100$) i es diferencien dels engranatges helicoïdals encreuats pel fet que, gràcies a la seva fabricació especial, poden transmetre parells elevats amb una disposició compacta i amb un funcionament suau i silenciós.

Els principals inconvenients (causa de les seves limitacions) són el baix rendiment de la transmissió (usualment $\eta=0{,}50 \div 0{,}90$; els pitjors entre tots els tipus d'engranatges), els efectes tèrmics derivats de la dissipació (no són adequats per a transmetre grans potències), i la poca flexibilitat en la fabricació ja que cada vis diferent demana una eina especial per a construcció de la roda corresponent.

Axoides i superfícies primitives

L'eix instantani de rotació i lliscament (que, en girar al voltant dels dos eixos de les rodes engendra els corresponents axoides, que són hiperboloides de revolució), determinat pel vector diferència de les velocitats de vis i roda, està situat prop de l'eix del vis vers l'eix de la roda i lleugerament entregirat (Figura 8.18b).

Però no són els axoides les referències que tenen interès tecnològic en l'engranatge de vis sense fi, sinó un cilindre lligat a la roda (*cilindre primitiu*) i un pla lligat al vis (*pla primitiu de rodolament*) que serien els axoides de l'engranament entre la roda i la cremallera que resulta d'una secció diametral del vis (Figura 8.18a).

El pas axial del vis és constant (com en una cremallera) i no depèn del diàmetre considerat i alhora coincideix amb el pas transversal de la roda. Per tant, és la roda qui fixa el diàmetre primitiu i la posició del pla primitiu de rodolament.

El dentat de la roda es referencia respecte al seu cilindre primitiu (d_2) i, si hi ha desplaçament (x), la dent és d'altures asimètriques, mentre que el dentat del vis (sempre sense desplaçament), es referencia al seu diàmetre mitjà (d_{m2}) i la dent és simètrica. La distància entre centres resulta de la semisuma dels anteriors diàmetres més el desplaçament:

$$d_{m1}=q \cdot m_x \qquad d_2 = z_2 \cdot m_x \qquad a = \frac{d_{m1}+d_2}{2}+x \cdot m_x = \left(\frac{q+z_2}{2}+x \right) \cdot m_x \qquad (23)$$

Perfils dels dentats

Hi ha diversos tipus de perfil del dentat dels engranatges de vis sense fi

Perfil trapezial en una secció diametral

El perfil generador segons la secció diametral del vis és trapezial (flancs A) i es fabrica amb un torn amb barra de roscar i una eina de tall trapezial situada en un pla diametral (Figura 8.18*a*). S'utilitza en petits tallers i els flancs no es rectifiquen. Els flancs rectes del vis en la secció diametral de les dents (en els altres perfils són corbats) fa que siguin necessàries freses-mare especials per a tallar la roda. L'estudi geomètric equival a l'engranament d'una cremallera amb una roda dentada recta.

Perfil trapezial en una secció normal

El perfil generador segons la secció normal a les dents del vis és trapezial (flancs N) i es fabrica amb un torn amb barra de roscar i una eina de tall trapezial amb el fil disposat segons una secció normal a la dent (de forma aproximada també es pot obtenir amb una fresa frontal cònica, o amb una fresa de disc bicònica de diàmetre molt petit).

Perfil d'evolvent

El perfil generador són dos plans tangents a les dents del vis (flancs I; Figura 8.14) i en resulta un dentat helicoïdal d'evolvent amb un gran angle d'inclinació (usualment entre $\beta_1 = 50 \div 85°$). Aquest tipus de perfil requereix una talladora especial (les màquines convencionals no permeten angles d'inclinació tan elevats), i admet la rectificació amb mola plana. S'utilitza en engranatges de precisió.

Perfil obtingut amb fresa de disc bicònica

El perfil generador correspon a una fresa de disc bicònica amb el pla tangent a la dent (flancs K; Figura 8.14). Amb la disminució del diàmetre de la fresa, les dents generades s'aproximen al dentat N, i amb el creixement del diàmetre de la fresa, la forma de les dents s'aproxima a l'evolvent. És un dels sistemes més utilitzats.

Disposicions de les dents

L'engranatge de vis sense fi pot ser considerat com un cas límit d'engranatges helicoïdals encreuats. Si fos així, el contacte entre les dents es produiria en un o més punts i la força (i la potència) transmeses serien molt petites. Tanmateix, amb la roda glòbica (Figura 8.15) o, el vis i la roda glòbics (Figura 8.17) s'aconsegueixen contactes més extensos que possibiliten la transmissió de grans forces i parells.

Roda glòbica

La roda glòbica es fabrica amb una fresa-mare que entra radialment o axialment quan la inclinació de les dents és molt grans (Figura 8.16). La roda envolta el vis i fa que el contacte entre les dents sigui lineal (i no puntual, com en els engranatges helicoïdals encreuats) i el parell transmès resulta ser molt més elevats.

eina plana

eina de torn

fresa de disc

fresa frontal

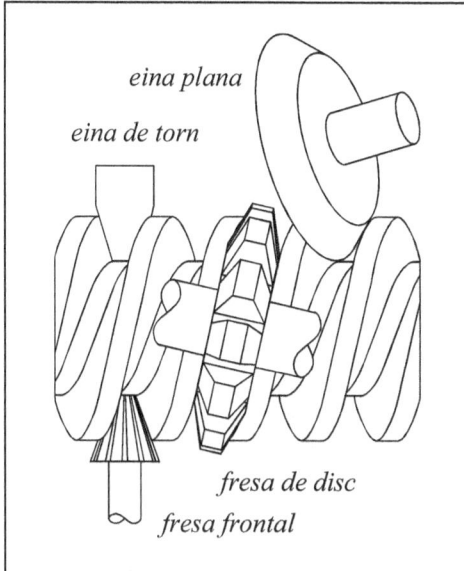

| Figura 8.14 Fabricació del vis | Figura 8.15 Engranatge de roda glòbica |

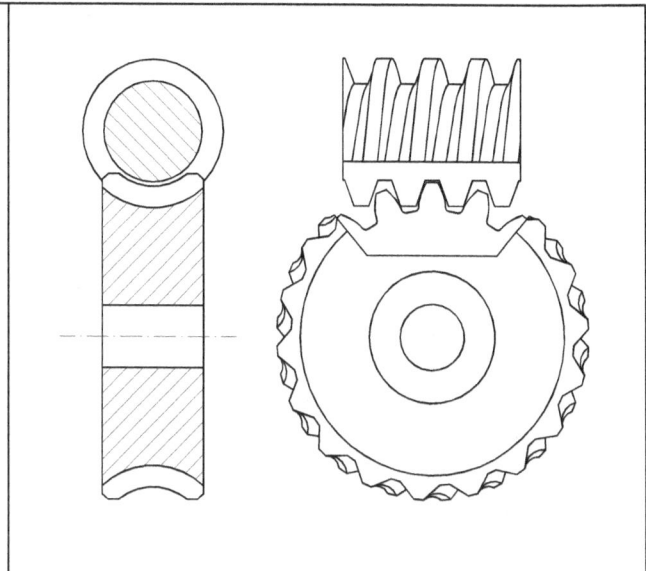

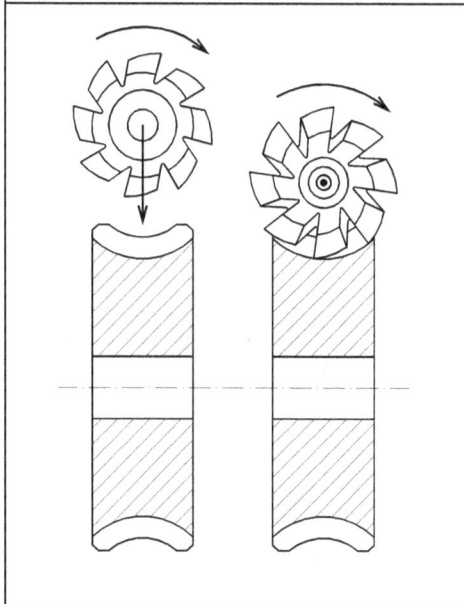

| Figura 8.16 Fabricació de la roda | Figura 8.17 Engranatge de vis i roda glòbiques |

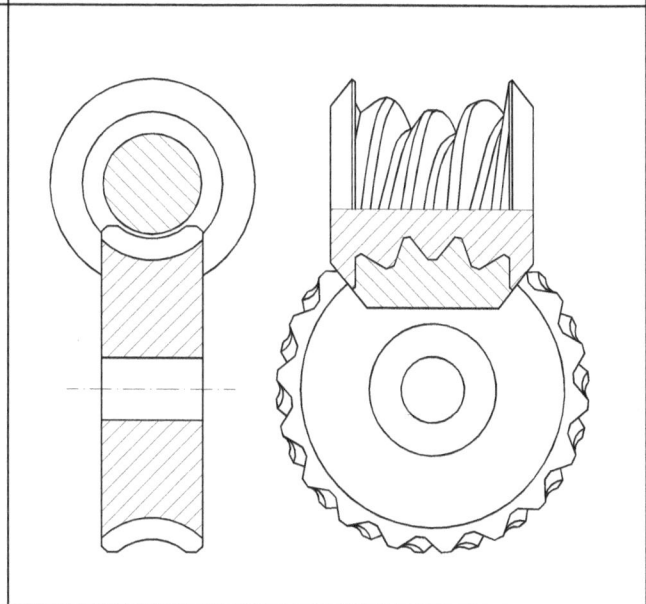

Vis i roda glòbics

En aquest cas, el vis envolta la roda (*vis glòbic*) i la roda envolta el vis (*roda glòbica*) (Figura 8.17) i el contacte entre les dents continua essent lineal, però amb una petita deformació passa a ser superficial. Pot transmetre, doncs, grans parells, però exigeix una fabricació i un muntatge molt acurats.

Relacions geomètriques

L'engranatge de vis sense fi pot ser considerat com un cas límit dels engranatges helicoïdals encreuats amb angle de convergència de $\Sigma=90°$ quan la roda conductora té un nombre de dents molt petit, l'angle d'inclinació de la roda conductora (el vis) és molt gran i el de la roda conduïda molt petit. Quan es donen aquestes característiques, el pas d'hèlice del pinyó, $p_{z1}=z_1 \cdot p_{x1}$, és tan petit que les dents s'enllacen sobre si mateixes donant lloc a una continuïtat. Per tant, s'estableix una relació entre el diàmetre del vis (que fa de pinyó), el pas axial i l'angle d'inclinació:

$$\tan\beta_1=(\pi \cdot d_{m1})/(z_1 \cdot p_{x1})=d_1/(z_1 \cdot m_x) \tag{24}$$

L'engranatge de vis sense fi de dentat trapezial pot ser estudiat, en el pla diametral de la roda, com un engranament entre una cremallera i una roda, coincidint els paràmetres axials del vis amb els paràmetres transversals de la roda: $m_{x1}=m_{t2}=m_x$.

Diàmetre del vis
El diàmetre del vis pot ser qualsevol (es pot escollir arbitràriament) tenint en compte que l'*angle d'hèlice*, γ, ha de complir la relació següent (Figura 8.18):

$$\tan\gamma=\operatorname{ctan}\beta_1=\tan\beta_2=z_1 \cdot p_{x1}/(\pi \cdot d_{m1})=z_1/q \tag{25}$$

Aquest fet permet adaptar fàcilment els engranatges de vis sense fi a una distància entre centres determinada. Tanmateix, cal fer l'elecció de l'angle d'hèlice, γ, de l'engranatge tenint en consideració dos aspectes importants:

a) Per un costat, com més petit és l'angle d'hèlice, més baix és el rendiment (directe i invers) de la transmissió i més s'apropa a la condició d'autorretenció.

b) La rigidesa i resistència del nucli del vis exigeix una determinada dimensió. Normalment s'accepten com a bons valors del diàmetre del vis de $q=6\div12$.

Rendiment
El rendiment es mesura amb les mateixes expressions matemàtiques que per els engranatges helicoïdals encreuats, essent el *rendiment directe* el de la transmissió del vis a la roda, i el *rendiment indirecte* el de la roda al vis. Quan el rendiment indirecte es fa menor o igual a zero, significa que l'engranatge és irreversible. Cal dir, també, que

normalment els eixos dels engranatges de vis sense fi s'encreuen a $\Sigma=90°$, fet que simplifica les expressions dels rendiments directe i indirecte a:

$$\eta_{12}=\frac{1-\mu'\cdot\tan\gamma}{1+\mu'/\tan\gamma} \qquad \eta_{21}=\frac{1-\mu'/\tan\gamma}{1+\mu'\cdot\tan\gamma} \tag{26}$$

La Figura 8.19 mostra els rendiments per a un angle de convergència de $\Sigma=90°$, i per a diversos coeficients de fricció aparents diferents.

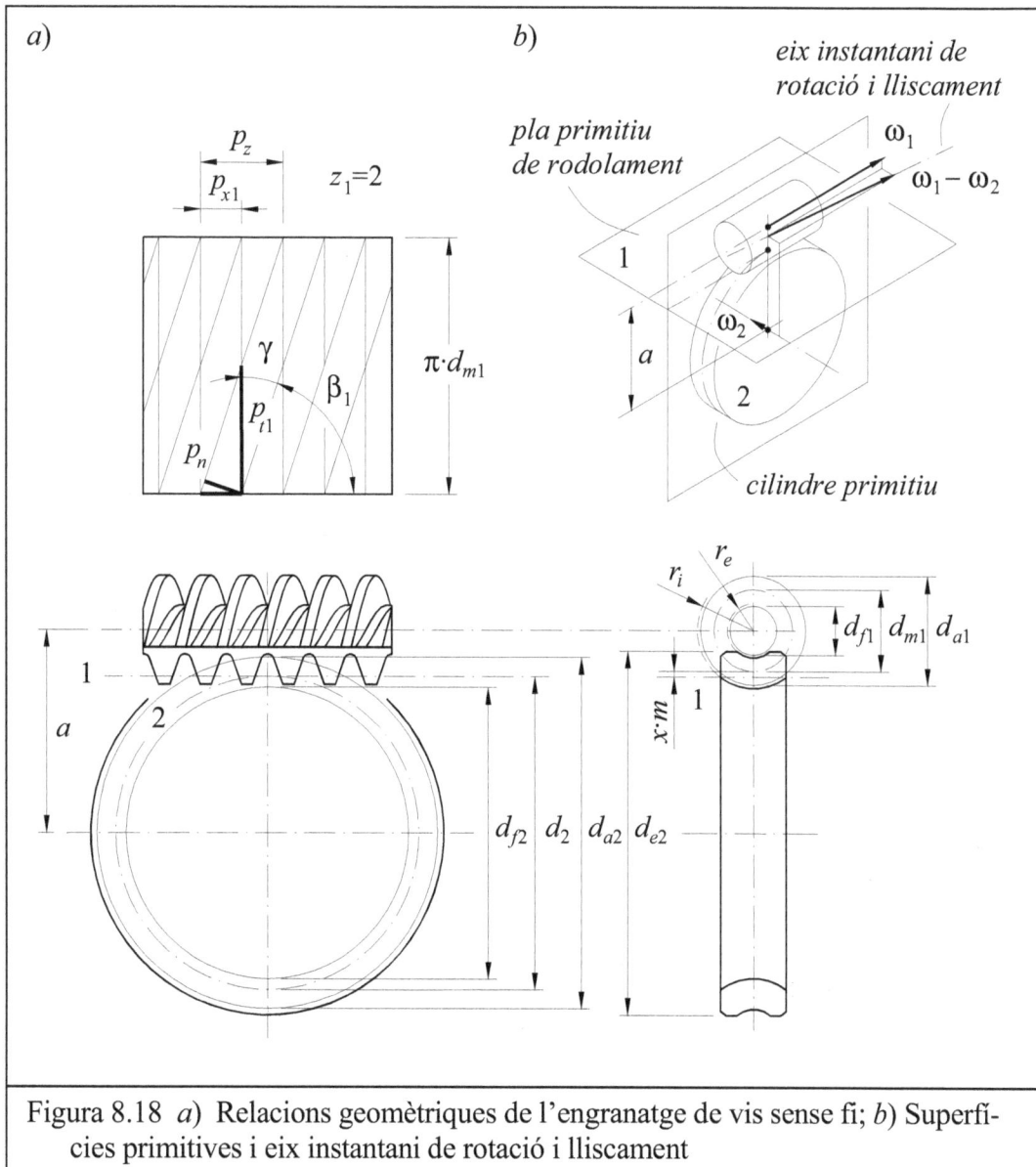

Figura 8.18 *a*) Relacions geomètriques de l'engranatge de vis sense fi; *b*) Superfícies primitives i eix instantani de rotació i lliscament

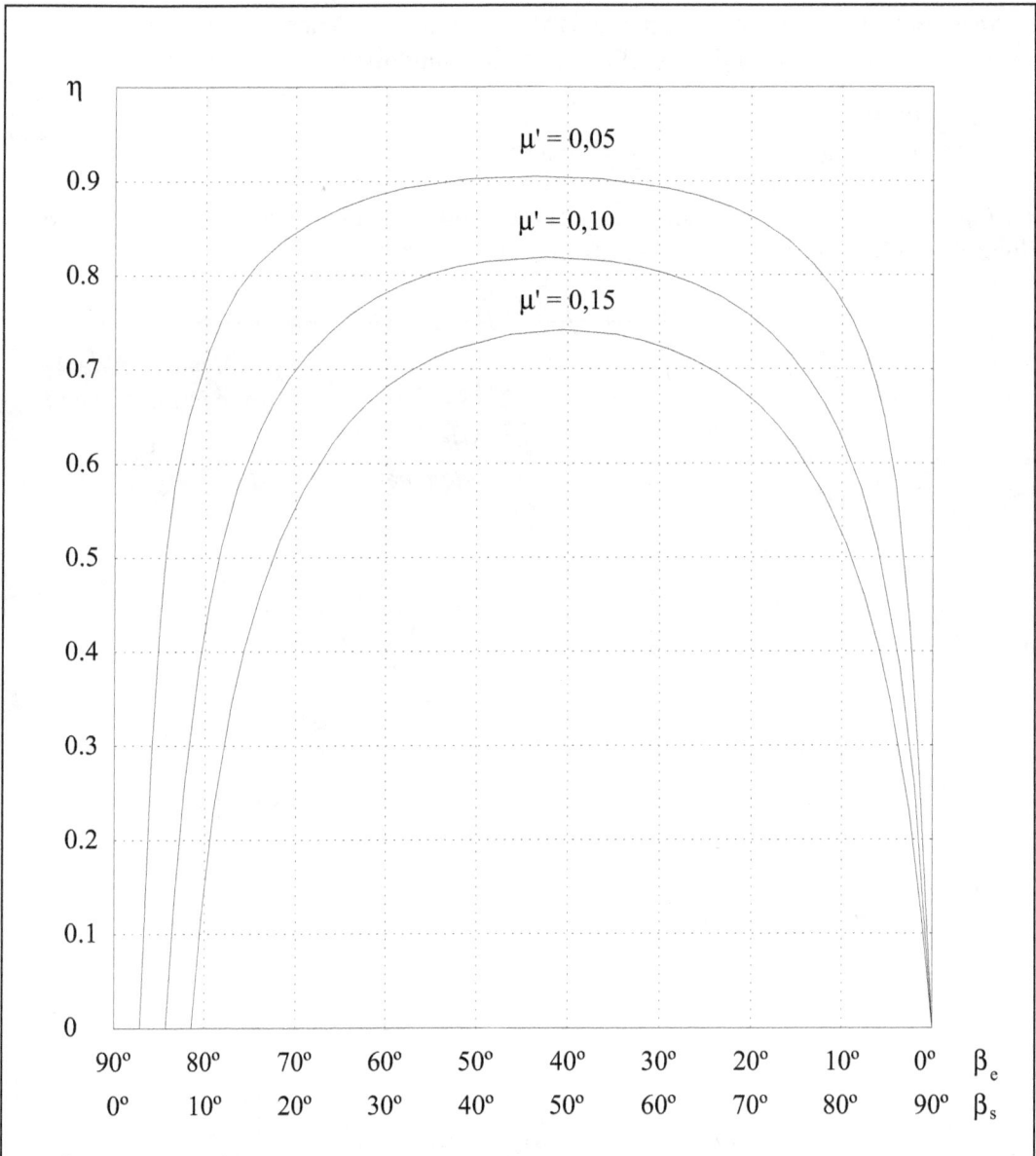

Figura 8.19 Gràfic de rendiments d'engranatges de vis sense fi.
  β_e = angle d'inclinació de la roda d'entrada (o conductora);
      Vis d'entrada (rendiment directe): $\beta_e = \beta_1 = 90 - \gamma$
      Roda d'entrada (rendiment invers): $\beta_e = \beta_2 = \gamma$
  β_s = angle d'inclinació de la roda de sortida (o conduïda) (= γ, angle d'hèlice)
      Roda de sortida (rendiment directe): $\beta_s = \beta_2 = \gamma$
      Vis de sortida (rendiment invers): $\beta_s = \beta_1 = 90 - \gamma$
  $\mu' = \mu / \cos \alpha_0$

Exemple 8.5 Disseny d'un engranatge de vis sense fi

Enunciat

Es demana de fixar les principals dimensions d'un engranatge de vis sense fi situat sobre dos eixos a una distància de $a=92$ mm que s'encreuen amb un angle de convergència de $\Sigma=90°$. Les condicions que ha de complir aquest engranatge són:

a)   La relació de transmissió és de $i=12$
b)   El mòdul axial del vis ha de ser qualssevol dels valors següents: 5 / 5,25 / 5,50 / 5,75 / 6, i l'angle de pressió en la secció axial és de 20°.
c)   Ha d'ésser reversible, i el seu rendiment ha de sobrepassar $\eta>0,65$ en els dos sentits del flux de potència.

Resolució

En dissenyar un engranatge de vis sense fi cal tenir present els següents aspectes:
En primer lloc, com més petit és el diàmetre del nucli del vis, més gran és l'angle d'inclinació i millor és el rendiment de l'engranatge, però també més dèbil és l'arbre del pinyó i més grans les deformacions. El diàmetre del vis es dóna, generalment, en funció del paràmetre $q=d_{m1}/m_x$ i els valors que es recomanen estan compresos entre $q=6\div12$ (els valors més baixos donen bons rendiments però no permeten la transmissió de grans càrregues, mentre que els valors més alts és al contrari).

En engranatges de vis sense fi de reduccions no excessives, el rendiment resulta molt millorat si s'augmenten el nombre de dents del pinyó (2 a 4, enlloc de 1). La distància entre eixos amb una roda sense desplaçament és: $a=(q+z_2)\cdot m_x/2$, d'on es dedueix que:

$$q + z_2 = 2\cdot a/m_x = \quad \begin{array}{ll} 36,800\ (m_x=5,00) & 35,078\ (m_x=5,25) \\ 33,454\ (m_x=5,50) & 32,000\ (m_x=5,75) \\ 30,666\ (m_x=6) \end{array}$$

El nombre de dents de la roda pot ser un múltiple de 12 (12, 24, 36) mentre que el paràmetre q és recomanable que estigui comprès entre 6 i 12. Una solució que sembla força adequada pot ser prendre un mòdul axial de $m_x=5,75$, un valor del paràmetre $q=8$, i un nombre de dents de la roda $z_2=24$ ($z_1=2$).

En funció de l'angle d'hèlice $\tan\gamma=z_1/q=0,25$ ($\gamma=14,036°$), i per a un valor del coeficient de fricció de $\mu'=0,08$, els rendiments directe i invers, η_{12} i η_{21}, són:

$$\eta_{12} = \frac{1-\mu'\cdot\tan\gamma}{1+\mu'/\tan\gamma} = \frac{1-0,08\cdot\tan14,036}{1+0,08/\tan14,036} = 0,742$$

$$\eta_{21} = \frac{1-\mu'/\tan\gamma}{1+\mu'\cdot\tan\gamma} = \frac{1-0,08/\tan14,036}{1+0,08\cdot\tan14,036} = 0,667$$

Taula 8.4 Formulari per a engranatges de vis sense fi

Paràmetres	Vis (trapezial)		Roda
	axial		transversal
De generació			
Relació de transmissió		$i = \omega_1/\omega_2 = z_2/z_1$	
Angle de convergència		$\Sigma = \beta_1 + \beta_2$ ($=90°$, usualment)	
Mòdul		m_{x1} (axial del vis) $= m_{t2}$ (transversal de la roda)	
Angle de pressió		α_{x1} (axial del vis) $= \alpha_{t2}$ (transversal de la roda) $= \alpha_x$; $\tan\alpha_n = \tan\alpha_x \cdot \cos\gamma$ (perfil normal)	
Nombre de dents	$z_1 = 1 \div 4$ (usualment)		$z_2 = 10 \div 100$ (usualment)
Angle d'hèlice	$\beta_1 = 90 - \gamma$		$\beta_2 = \gamma = \text{atan}(z_1 \cdot m_x/d_1) = \text{atan}(z_1/q)$
Desplaçaments	—		$x \cdot m_x$
De definició			
Diàmetre de referència	$d_{m1} = q \cdot m_x = q \cdot m_n/\cos\gamma$		$d_2 = z_2 \cdot m_x = z_2 \cdot m_x/\cos\gamma$
Diàmetre primitiu			$p_{t2} = p_{x1} = \pi \cdot m_x = \pi \cdot m_x/\cos\gamma$
Pas axial, transversal	$p_{x1} = z_1 \cdot m_x = z_1 \cdot m_n/\cos\gamma$		$d_{a2} = d_2 + 2 \cdot (h_{a2} + x \cdot m_x) = (z_2 + 2 \cdot (1+x)) \cdot m_x$
Diàmetre de cap	$d_{a1} = d_{m1} + 2 \cdot h_{a1} = (q+2) \cdot m_x$		$d_{f2} = d_2 - 2 \cdot (h_{f2} - x \cdot m_x) = (z_2 - 2{,}4 + 2 \cdot x) \cdot m_x$
Diàmetre de peu	$d_{f1} = d_{m1} - 2 \cdot h_{f1} = (q - 2{,}4) \cdot m_x$		$r_e = a - d_{a2}/2$; $r_i = a - d_{f2}/2$
Radis exterior, interior			
De funcionament			
Distància entre eixos		$a = \frac{1}{2}(d_1 + d_2) + x \cdot m_x = (\frac{1}{2}(q + z_2) + x) \cdot m_n/\cos\gamma$	
Rendiment		$\eta_{12} = (1 - \mu' \cdot \tan\gamma)/(1 + \mu'/\tan\gamma)$; $\eta_{21} = (1 - \mu'/\tan\gamma)/(1 + \mu' \cdot \tan\gamma)$; $\mu' = \mu/\cos\alpha_n$	
Amplada de la dent	$b_1 \geq 2{,}5 \cdot (z_2 + 1)^{\frac{1}{2}} \cdot m_x = 2{,}5 \cdot (z_2 + 1)^{\frac{1}{2}} \cdot m_n/\cos\gamma$		$b_2 \geq 2 \cdot (q + 1)^{\frac{1}{2}} \cdot m_x = 2 \cdot (q + 1)^{\frac{1}{2}} \cdot m_n/\cos\gamma$

En la fabricació de petites sèries se sol utilitzar freses-mare normalitzades per a tallar la roda i, en aquests casos, es pren el perfil normal com a referència; quan els angles d'inclinació són petits ($\gamma \leq 15°$), es pot adoptar el perfil transversal com a referència.

Problemes resolts

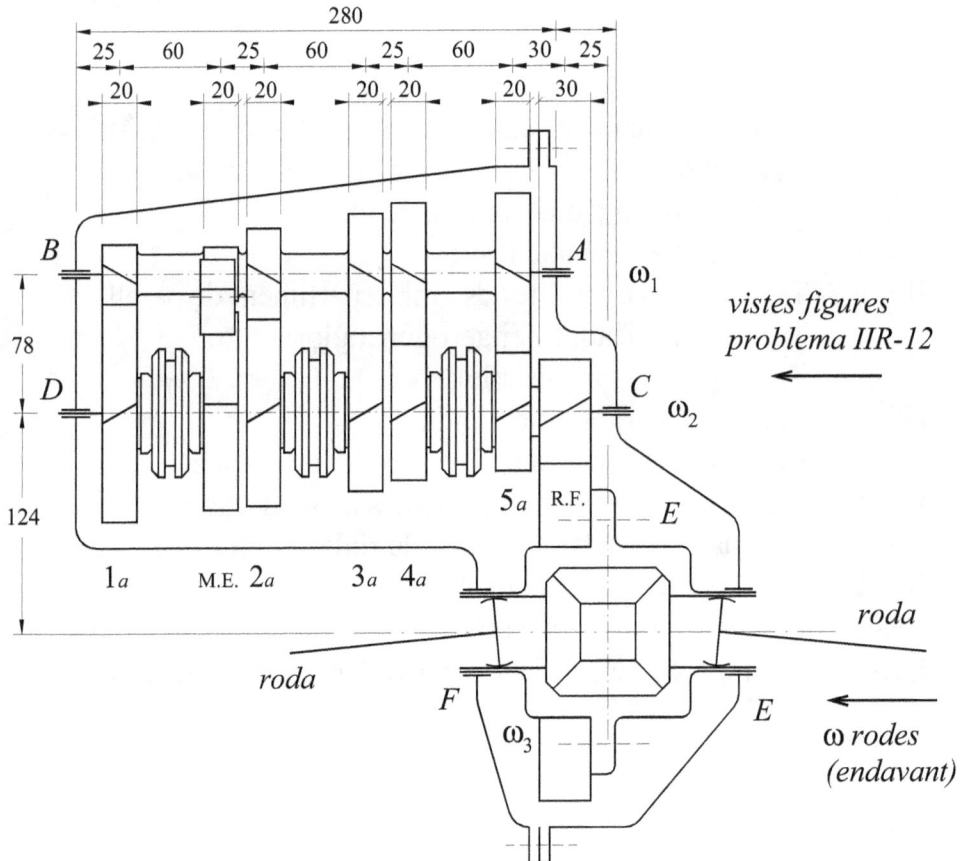

Enunciat

Un automòbil mitjà té un motor diesel que proporciona una potència màxima de 70 kW (95 CV) a 4050 min^{-1} i un parell màxim de 179 N·m a 1900 min^{-1}. El pes del vehicle és de 1300 kg i la velocitat màxima és de 174 km/h. Entre les característiques de la transmissió s'indica l'esglaonament del canvi de marxes de cinc velocitats endavant i velocitat enrera que són: 1a, 3,73; 2a, 2,05; 3a, 1,32; 4a, 0,97; 5a, 0,74; M.E., 3,69. La reducció del diferencial és també de: R.D.: 3,79.

Els trens d'aquesta transmissió han de complir les següents condicions:

a) Els engranatges de les cinc marxes endavant són helicoïdals, situats sobre dos eixos paral·lels (distància entre eixos de a'=78 mm), i el càlcul de resistència dels dentats exigeix un mòdul d'eina no inferior a $m_0=2$ amb un angle de pressió de $\alpha_0=20°$;

b) Els engranatges de la marxa enrera (3 rodes, per a la inversió) són també cilíndrics helicoïdals, tallats amb una eina de $m_0=2$, angle de pressió de $\alpha_0=20°$, i amb els eixos inicial i final que coincideixen amb els de la resta de marxes;

c) L'engranatge de reducció de diferencial és helicoïdal, la distància entre centres és de $a'=124$ mm, i el càlcul de resistència dels dentats exigeix un mòdul d'eina no inferior a $m_0=2,5$ amb un angle de pressió de $\alpha_0=20°$.

Es demana de dissenyar aquests engranatges, amb l'establiment de les principals mesures geomètriques.

Resolució

Introducció

Els motors d'explosió tenen unes característiques de parell decreixent i de potència creixent entre les velocitats de parell màxim, ω_M, i de potència màxima, ω_P, mentre que més enllà d'aquests límits disminueixen tant el parell com la potència. El quocient entre aquestes dues velocitats s'anomena elasticitat del motor ($E=\omega_M/\omega_P$) i determinen la raó màxima de l'esglaonament geomètric del canvi de marxes del vehicle.

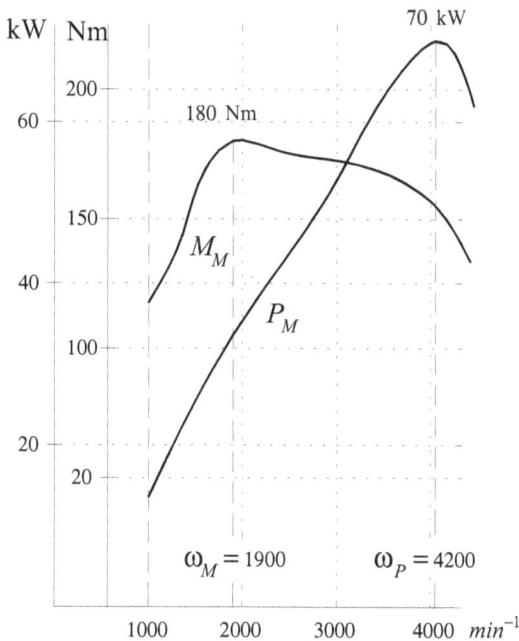

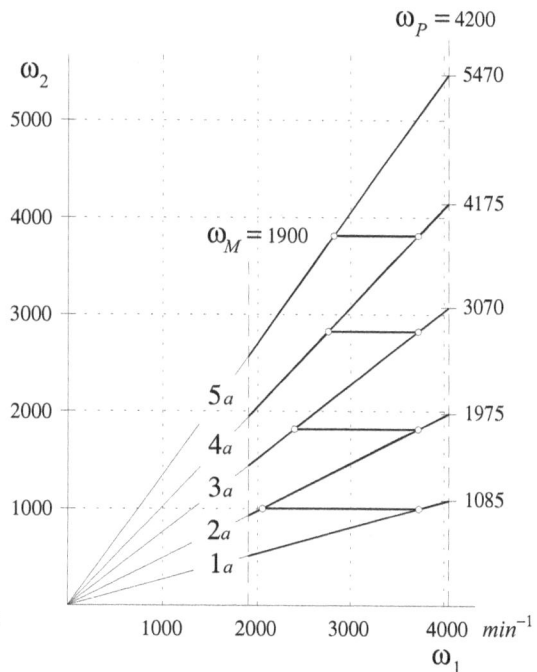

La potència màxima del motor amb la velocitat més llarga ha de vèncer les resistències de l'aire i al rodolament a la velocitat màxima del vehicle, mentre que el parell màxim amb la marxa més curta ha de permetre superar el pendent màxim.

Els primers automòbils, amb un nombre de marxes relativament reduït (3 o 4 marxes) apuraven aquestes relacions (d'una marxa a la següent, els punts A i B se situaven pràcticament sobre les línies extremes de dues marxes consecutives; vegeu Figura), mentre que avui dia, amb la generalització dels canvis de 5 o més marxes, existeixen uns marges molt més amples. Això permet esglaonaments no geomètrics (en general, amb intervals més estrets en les marxes més curtes) que permeten optimitzar aspectes com ara el consum mínim, o un temps mínim d'acceleració.

Primer tempteig de disseny geomètric

El primer que cal és establir el nombre de dents de les diferents rodes i l'angle d'hèlice dels dentats. Els canvis de marxes són transmissions que cal optimitzar (mínim pes i espai) i, per tant, s'adopta una suma de desplaçaments de $\Sigma x = 0{,}8$ (elevada resistència de les dents). Per altre costat, un angle d'hèlice de l'ordre de $\beta \approx 20°$ pot ser una bona opció (recobriment suficient i una empenta axial moderada). La suma aproximada del nombre de dents es pot obtenir resolent les equacions següents: $\Sigma z = 2 \cdot \Sigma x \cdot \tan \alpha_0 / (\mathrm{inv}\,\alpha_t' - \mathrm{inv}\,\alpha_t)$ i $\Sigma z = 2 \cdot a \cdot (\cos \alpha_t' / \cos \alpha_t) / (m_0 / \cos \beta)$, essent $\tan \alpha_t = \tan \alpha_0 / \cos \beta$ ($\alpha_t = 21{,}173°$).

Per a les cinc marxes endavant, es pren la distància entre eixos de $a' = 78$ mm, el mòdul $m_0 = 2$ i s'obté $\Sigma z = 71{,}880$, mentre que, per a la reducció final, es pren la distància entre eixos de $a' = 124$ mm i un mòdul de $m_0 = 2{,}5$ i s'obté $\Sigma z = 91{,}786$. Un primer repartiment de la suma de dents entre les dues rodes es calcula a partir de les equacions: $z_1 = \Sigma z / (1 + i)$ i $z_2 = \Sigma z \cdot i / (1 + i)$ (i = relació de transmissió). Per fixar els nombres de dents definitius, cal temptejar nombres enters al voltant dels valors obtinguts (els angles d'hèlice varien lleugerament), de manera que el quocient s'ajusti prou a la relació de transmissió. També es procura que el nombres de dents de les rodes que engranen siguin primers entre si, a fi que cada dent d'una roda toqui amb totes les dents de l'altra (es mitiguen els defectes durant el funcionament).

La marxa enrera és un tren format per tres rodes dentades (efecte inversor), essent la segona intermèdia (no intervé en la relació de transmissió), l'eix de la qual pot situar-se amb una gran llibertat. Els eixos inicial i final estan a una distància de 78 mm i el mòdul de generació és de $m_0 = 2$ (l'elecció dels desplaçaments es tractarà més endavant). En aquest cas, es pot fixar l'angle d'hèlice (s'escull 20°) i uns nombres de dents que evitin que el diàmetres de cap de les rodes primera i darrera es toquin: $54/15 = 3{,}600$ i $\Sigma z = 69$ (nombres no primers); $56/15 = 3{,}733$ i $\Sigma z = 71$ (suma massa elevada); $51/14 = 3{,}643$ i $\Sigma z = 65$ (relació de transmissió força aproximada: solució elegida); $48/13 = 3{,}692$ i $\Sigma z = 62$ (nombre de dents del pinyó molt petit).

Les equacions $\text{inv}\,\alpha_t'=\text{inv}\,\alpha_t+2\cdot\Sigma x\cdot\tan\alpha_0/\Sigma z$ i $\cos\alpha_t'=\Sigma z\cdot m_0\cdot\cos\alpha_t/(m_0/\cos\beta)$, essent $\Sigma x=0.8$, permeten calcular l'angle de pressió de funcionament, α_t', i l'angle d'hèlice de ge-neració, β. Els resultats es presenten en forma de taula:

Enunciat		Estimació ($\beta=20°$)		Valors adoptats		Resultats			
marxa	i	$\Sigma z/(1+i)$	$\Sigma z\cdot i/(1+i)$	z_1	z_2	z_2/z_1	z_1+z_2	α_t'	β
1a	3,73	15,196	56,683	15	56	3,733	71	24,080°	21,842°
2a	2,05	23,567	48,313	23	47	2,043	70	24,327°	23,771°
3a	1,32	30,983	40,897	31	41	1,322	72	23,839°	19,736°
4a	0,97	36,487	35,393	36	35	0,972	71	24,080°	21,842°
5a	0,74	41,310	30,570	42	31	0,738	73	23,605°	17,388°
RF	3,79	19,162	72,624	19	72	3,789	91	23,491°	21,304°
ME	3,69			14	51	3,643	65		20,000°

Enunciat

Es tracta de dissenyar un tren d'engranatges d'eixos fixos (determinar el nombre de dents de les rodes) que s'aproximi el màxim possible al número $e=2{,}71828182$ per mitjà de: 1. Una etapa; 2. Dues etapes; 3. Tres etapes; 4. Quatre etapes; 5. Cinc etapes, tenint en compte que el nombre de dents de les rodes ha d'estar limitat entre $15 \leq z \leq 100$.

Resolució

Entre els diversos sistemes de cerca dels nombres de dents d'aquest tren, proposem el següent: Primer: amb una calculadora es busquen els productes del número e pels successius números naturals, N; Segon: quan un d'aquests productes, $e{\cdot}N$, resulti ser proper a un número enter, N_p, es calcula el quocient N_p/N i la diferència amb el número e: $\varepsilon = N_p/N - e$; Tercer: S'organitzen aquests números en forma de taula (fins a $N=25$ es mostren tots aquests productes; més enllà, es mostren tan sols els números que ofereixen aproximacions importants a números enters)

Engranatge d'una etapa:
Les relacions e_1, e_2, e_3, e_4 i e_5 es formen amb enters inferiors a 100 i, per tant són adequades per al disseny d'un engranatge d'una etapa, entre les quals la millor és:

$$i_{(1\text{-}etapa)} = e_5 = (87/32) = 2{,}718750 \qquad\qquad \varepsilon = 0{,}000468$$

Engranatge de dues etapes:
En aquest cas es pot sobrepassar el valor de 100 tant en el numerador com en el denominador, sempre i quan aquests nombres no siguin primers (per tant queden descartades les relacions e_{10}, e_{11}, e_{14}, e_{16}, e_{17}, e_{18}, e_{19}, i e_{21}).
Una excel·lent solució hauria estat la relació e_{11}, però el numerador (193) és un nombre primer. La millor de les opcions per descomposar en dues etapes és:

$$i_{(2\text{-}etapes)} = e_{15} = (299/110) = 2{,}718182 \qquad\qquad \varepsilon = -0{,}000100$$
$$= (26/20){\cdot}(46/22)$$

Engranatge de tres etapes:
Es podria continuar investigant més relacions fins que el numerador arribés al número 100^3. En tot cas, caldria que tant el numerador com el denominador es pogués descomposar amb factors compresos entre 15 i 100.
Tanmateix, un altre procediment consisteix en cercar tres relacions tals que $e_{ijk} = e_i{\cdot}e_j/e_k$, essent l'error d'aquesta combinació algèbrica $\varepsilon_{ijk} = \varepsilon_i + \varepsilon_j - \varepsilon_k$. La descomposició ha de permetre resoldre el problema en tres fraccions de números compresos entre 15 i 100:

$$i_{(3\text{-}etapes)} = e_8 \cdot e_9 / e_6 = (144/53) \cdot (155/57) / (106/39) = 2{,}718330$$
$$= (62/53) \cdot (65/53) \cdot (36/19)$$
$$\varepsilon = \varepsilon_8 + \varepsilon_9 - \varepsilon_6 = (-0{,}001301) + 0{,}001016 - (-0{,}000333) = 0{,}000048$$

Engranatge de quatre etapes:

Es procedeix de forma semblant a l'anterior però amb una més gran llibertat ja que s'admet resoldre el problema amb 4 etapes. La millor opció sembla ser:

$$i_{(4\text{-}etapes)} = e_6 \cdot e_6 / e_{12} = (106/39) \cdot (106/39) / (85/231) = 2{,}718250$$
$$= (53/39) \cdot (53/39) \cdot (34/33) \cdot (30/21)$$
$$\varepsilon = \varepsilon_6 + \varepsilon_6 - \varepsilon_{12} = (-0{,}000333) + (-0{,}000333) - (-0{,}000635) = -0{,}000031$$

Engranatge de cinc etapes:

Es procedeix de forma semblant a l'anterior però amb una més gran llibertat ja que s'admet resoldre el problema amb 5 etapes. La millor opció sembla ser:

$$i_{(5\text{-}etapes)} = e_{15} \cdot e_{15} / e_{22} = (299/110) \cdot (299/110) / (188/511) = 2{,}718279$$
$$= (69/55) \cdot (69/55) \cdot (47/73) \cdot (39/21) \cdot (39/27)$$
$$\varepsilon = \varepsilon_{15} + \varepsilon_{15} - \varepsilon_{22} = (-0{,}000100) + (-0{,}000100) - (-0{,}000197) = -0{,}000003$$

	N	$e \cdot N$	N_p	N_p/N	$N_p/N-e$
	1	2,727			
	2	5,436			
	3	8,155			
	4	10,873			
	5	13,591			
e_1	7	19,028	19	2,714286	−0,003996
	8	21,746			
	9	24,465			
	10	27,183			
e_2	11	29,901	30	2,727273	0,008991
	12	32,619			
	13	35,338			
	14	38,056	38	(-)	(-)
	15	40,774			
	16	43,493			
	17	46,211			
e_3	18	48,929	49	2,722222	0,003940
	19	51,647			
	20	54,366			
	21	57,084	57	(-)	(-)
	22	59,802			
	23	62,520			
	24	65,239			
e_4	25	67,957	68	2,720000	0,001718
e_5	32	86,985	87	2,718750	0,000468

	N	$e \cdot N$	N_p	N_p/N	$N_p/N-e$
e_6	39	106,013	106	2,717949	−0,000333
e_7	46	125,041	125	2,717391	−0,000891
	50	135,914	136	(-)	(-)
e_8	53	144,069	144	2,716981	−0,001301
e_9	57	154,942	155	2,719298	0,001016
e_{10}	60	163,097	163*	2,716667	−0,001615
	64	173,970	174	(-)	(-)
e_{11}	71	192,998	193*	2,718310	0,000028
	78	212,026	212	(-)	(-)
e_{12}	85	231,054	231	2,717647	−0,000635
e_{13}	89	241,927	242	2,719101	0,000819
	92	250,082	250	(-)	(-)
	96	260,955	261	(-)	(-)
e_{14}	103*	279,983	280	2,718447	0,000165
e_{15}	110	299,011	299	2,718182	−0,000100
	117	318,029	318	(-)	(-)
e_{16}	124	337,067	337*	2,717742	−0,000540
e_{17}	135	366,968	367*	2,718519	0,000237
e_{18}	149*	405,024	405	2,718121	−0,000161
	156	424,052	424	(-)	(-)
e_{19}	167*	453,953	454	2,718563	0,000281
e_{20}	174	472,981	473	2,718391	0,000109
e_{21}	181*	492,009	492	2,718232	−0,000050
e_{22}	188	511,037	511	2,718085	−0,000197
	195	530,065	530	(-)	(-)

Enunciat

Es vol dissenyar els trens d'engranatges d'una sèrie de reductors d'engranatges helicoïdals de relacions de transmissió que comenci per la relació de transmissió $i=1,6$ doni lloc a 16 esglaonaments més en base a la sèrie ISO 10 (factor $k=10^{1/10}$). Concretament, es prenen les següents relacions de transmissió teòriques: 1,6 / 2 / 2,5 / 3,15 / 4 / 5 / 6,3 / 8 / 10 / 12,5 / 16 / 20 / 25 / 31,5 / 40 / 50 / 63.

Es demanen el nombre d'etapes de cada un dels reductors, el nombre de dents de les rodes dentades (mínim 12, màxim 100) i l'error relatiu respecte al valor teòric.

Resposta

La relació de dents màxima $100/12=8,333$ permet establir trens d'una sola etapa fins a la relació de transmissió $i=8$. Més enllà, els trens d'engranatges hauran de ser de dues etapes de manera que la darrera de les relacions està prop del límit admissible $(100 \cdot 100/(12 \cdot 12)=69,4)$.

Reductors d'una etapa
Atès que per a la relació de transmissió $i=8$ s'ha de prendre un pinyó de 12 dents i una roda de 97 dents, per tal de mantenir els diferents engranatges dintre d'uns mateixos mòduls, es parteix d'una suma de dents inicial de $\Sigma z=110$.
El nombre de dents del pinyó per a cada relació de transmissió es troba aproximadament a partir de $z_e=\Sigma z/(i+1)$ i el de la roda a partir de $z_s=\Sigma z \cdot i/(i+1)$.
Es temptegen nombres enters per excés i per defecte respecte dels valors obtinguts fins que s'aconsegueix una relació de transmissió suficientment aproximada en base a dos nombres de dents primers entre ells.

Reductors de dues etapes
És convenient de mantenir fixa la relació de transmissió d'una de les etapes i variar la relació de transmissió de l'altra etapa. Es poden aplicar dos criteris: *a)* Els engranatges de la segona etapa suporten parells més elevats i són més costosos; per tant, se'n manté la relació de transmissió constant; *b)* Normalment els reductors de dues etapes conviuen amb els d'una sola etapa amb el mateix parell de sortida; aleshores l'esglaonament de marxes del reductor d'una etapa es pot fer coincidir amb el de la segona etapa, mentre es manté una relació de transmissió fixa en la primera etapa.

La Taula 5.1 mostra unes possibles solucions a aquests esglaonaments. La primera part de la Taula mostra una solució per als reductors d'una sola etapa. La segona part mostra una solució per als reductors de dues etapes on es manté la relació de transmissió de la segona etapa constant. Finalment, la tercera part de la Taula mostra una altra solució per als reductors de dues etapes on es manté la relació de transmissió de la primera etapa constant.

Taula 5.1

$i_{teòric}=i_2$	z_{e2}	z_{s3}	$z_{e2}+z_{s3}$	$i_{real}=z_{s3}/z_{e2}$	$i_{real}/i_{teo}-1$
1,6	42	67	109	1,595	− 0,004
2	37	75	112	2,027	+ 0,014
2,5	31	78	109	2,516	+ 0,006
3,15	26	83	109	3,192	+ 0,014
4	22	89	111	4,045	+ 0,011
5	18	91	109	5,056	+ 0,011
6,3	15	94	109	6,267	− 0,005
8	12	97	109	8,083	+ 0,010

$i_{teòric}$	$i_{teo}=i_1\cdot i_2$	z_{s2}/z_{e1}	$z_{e1}+z_{s2}$	z_{s3}/z_{e2}	$i_{real}=(z_{s2}/z_{e1})\cdot(z_{s3}/z_{e2})$	$i_{real}/i_{teo}-1$
10	1,596 · 6,267	67/42	109	94/15	9,997	− 0,000
12,5	1,995 · 6,267	73/37	110	94/15	12,365	− 0,011
16	2,553 · 6,267	79/31	109	94/15	15,971	− 0,002
20	3,191 · 6,267	83/26	109	94/15	20,006	+ 0,000
25	3,989 · 6,267	87/22	109	94/15	24,783	− 0,009
31,5	5,026 · 6,267	91/18	109	94/15	31,683	+ 0,006
40	6,383 · 6,267	97/15	111	94/15	40,527	+ 0,013
50	7,987 · 6,267	95/12	107	94/15	49,611	− 0,008
63	7,794 · 8,083	95/12	107	97/12	63,990	+ 0,016

$i_{teòric}$	$i_{teo}=i_1\cdot i_2$	z_{s2}/z_{e1}	$z_{e1}+z_{s2}$	z_{s3}/z_{e2}	$i_{real}=(z_{s2}/z_{e1})\cdot(z_{s3}/z_{e2})$	$i_{real}/i_{teo}-1$
10	6,270 · 1,595	94/15	67/42	109	9,996	− 0,000
12,5	6,167 · 2,027	94/15	75/37	109	12,703	+ 0,016
16	6,359 · 2,516	94/15	78/31	109	15,768	− 0,015
20	6,266 · 3,192	94/15	83/26	109	20,004	+ 0,000
25	6,180 · 4,045	94/15	89/22	109	25,350	+ 0,014
31,5	6,230 · 5,056	94/15	91/18	109	31,686	+ 0,006
40	6,383 · 6,267	94/15	94/15	109	39,275	− 0,018
50	6,186 · 8,083	94/15	97/12	109	50,656	+ 0,013
63	7,794 · 8,083	95/12	97/12	107	63,990	+ 0,016

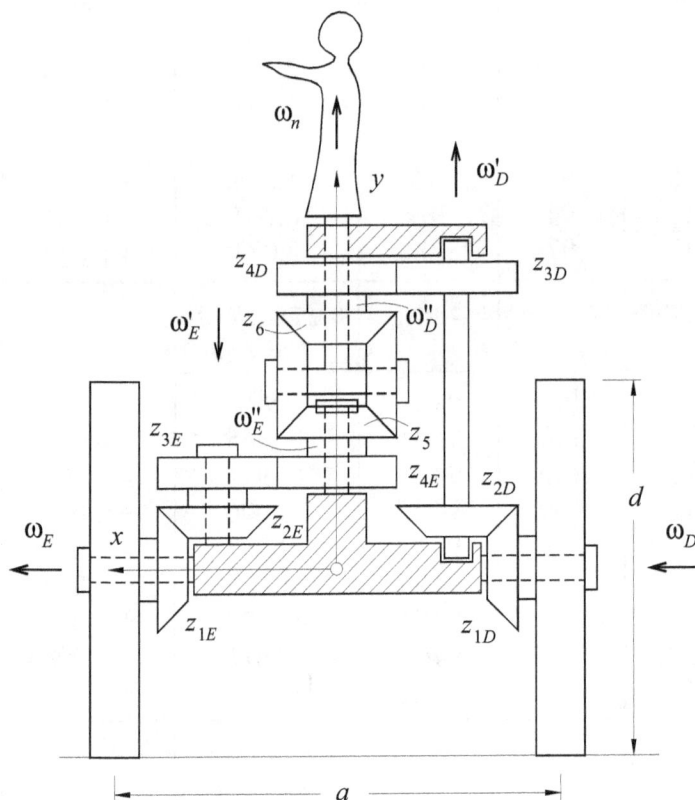

Enunciat

Un dels mecanismes més antics concebuts per l'home és el *carro que assenyada al sud*, utilitzat pels viatgers que travessaven el desert de Gobi vers els anys 250, per tal de no perdre's.

L'artifici és un enginyós sistema epicicloïdal diferencial (com el que mostra la Figura) que transforma el gir més gran d'una roda respecte l'altra) en un gir del ninot que compensi el canvi d'orientació del carro.

Es demanen les relacions les dents de les diferents rodes dentades en funció del diàmetre de les rodes del carro, d, i de la distància que les separa, a, per tal que el giny funcioni de la forma que s'acaba de descriure.

Resolució

Les 4 rodes dentades, les 2 rodes z_5 i les 2 rodes z_6, formen un tren diferencial que respon a la següent equació de Willis:

$$(\omega_D'' - \omega_n)/(\omega_E'' - \omega_n) = -1 \qquad \omega_n = (\omega_D'' + \omega_E'')/2$$

Les relacions entre les velocitats angulars de les rodes del carro i les velocitats angulars dels eixos del diferencial són (signes segons referència a la Figura):

$$\omega_D''/\omega_D \quad = \quad (\omega_D''/\omega_D')\cdot(\omega_D'/\omega_D) \quad = \quad (-z_{3D}/z_{4D})\cdot(z_{1D}/z_{2D})$$

$$\omega_E''/\omega_E = (\omega_E''/\omega_E')\cdot(\omega_E'/\omega_E) = (-z_{3E}/z_{4E})\cdot(-z_{1E}/z_{2E})$$

Un cop substituïdes aquestes expressions en l'equació inicial, s'obté:

$$\omega_n = (-(z_{3D}/z_{4D})\cdot(z_{1D}/z_{2D})\cdot\omega_D + (z_{3E}/z_{4E})\cdot(z_{1E}/z_{2E})\cdot\omega_E)/2$$

Si el carro avança en línia recta, serà $\omega_D=\omega_E$ i el ninot no s'ha de moure respecte el carro: $\omega_n=0$. Això implica que:

$$i = (z_{3D}/z_{4D})\cdot(z_{1D}/z_{2D}) = (z_{3E}/z_{4E})\cdot(z_{1E}/z_{2E}) \;\Rightarrow\; \omega_n = -\,i\cdot(\omega_D-\omega_E)/2$$

Quan el vehicle gira, les velocitats de les dues rodes no són iguals, $\omega_D \neq \omega_E$, i la velocitat de gir del carro, Ω, es pot expressar en funció del diàmetre de les rodes, d, la distància entre rodes, a, i el radi de curvatura de la trajectòria del vehicle, ρ, tenint en compte els signes de la figura de l'enunciat (quan el carro avança, les velocitats ω_D i ω_E són positives i el gir del vehicle, Ω, també ho és; vegeu el diagrama de la segona Figura):

$$\Omega = \omega_E\cdot d/(2\cdot\rho) = \omega_D\cdot d/(2\cdot(\rho+a)) = (\omega_D-\omega_E)\cdot d/(2\cdot a)$$

Interessa que $\Omega=-\omega_n$ i, per tant, cal establir la igualtat:

$$(\omega_D-\omega_E)\cdot d/(2\cdot a) = -(-\,i\cdot(\omega_D-\omega_E)/2) \qquad\Rightarrow\quad d/a = i$$

Una solució concreta podria ser:

$$d=a; \qquad i=1 \Rightarrow \quad \begin{array}{ll} z_{1D}=z_{2D}; & z_{1E}=z_{2E} \\ z_{3D}=z_{4D}; & z_{3E}=z_{4E} \end{array}$$

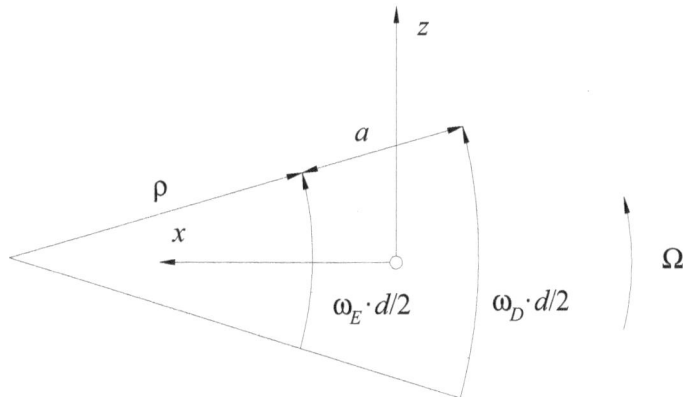

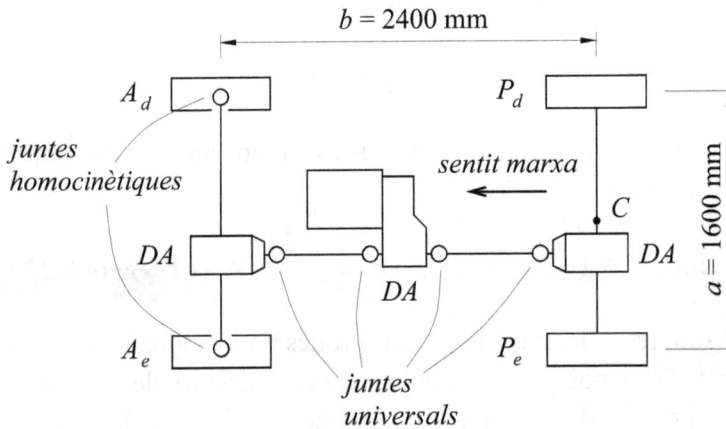

$b = 2400$ mm

$a = 1600$ mm

A_d

P_d

juntes homocinètiques

sentit marxa

C

DA

DA

DA

A_e

P_e

juntes universals

Enunciat

Un vehicle disposa d'una transmissió permanent a les 4 rodes basada en tres diferencials: el diferencial central, DC, que reparteix el parell entre l'arbre del davant i el del darrera; el diferencial anterior, DA, entre les rodes del davant; i el diferencial posterior, DP, entre les rodes del darrera. La següent figura mostra els tres diferencials amb el nombre de dents de les rodes dentades.

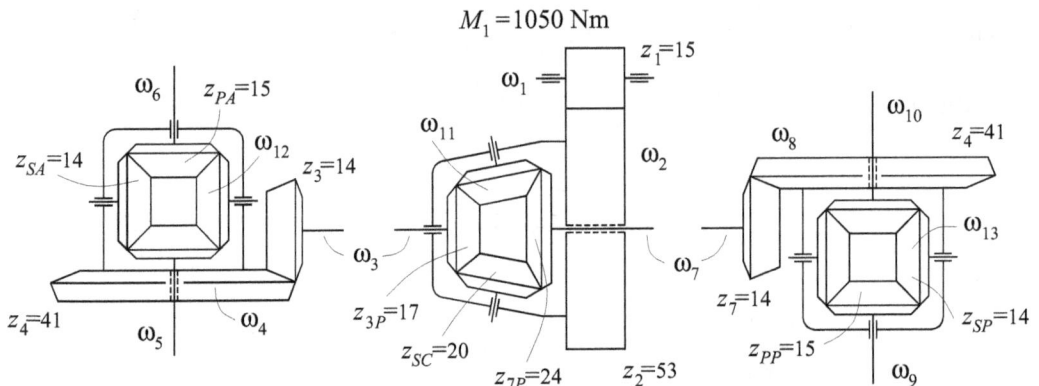

$M_1 = 1050$ Nm

$z_1 = 15$

ω_6 $z_{PA} = 15$

ω_1

ω_{10}

ω_{11}

ω_8 $z_4 = 41$

$z_{SA} = 14$ ω_{12} $z_3 = 14$

ω_2

ω_{13}

ω_3

$z_4 = 41$ ω_5 ω_4

$z_{3P} = 17$

$z_7 = 14$

$z_{SP} = 14$

ω_7

$z_{SC} = 20$

$z_{PP} = 15$ ω_9

$z_{7P} = 24$ $z_2 = 53$

Si el vehicle descriu una corba de 8 metres de radi i el centre de l'eix posterior té una velocitat de 18 km/h, es demana:

1. Quin és el repartiment de parells del diferencial central entre l'arbre de davant i el de darrera ? Quina és la força de tracció de cada roda ?

2. Quines són les velocitats dels eixos dels tres diferencials ?

Resolució

1. Per a obtenir el repartiment de parells en el diferencial central, cal plantejar l'equació de Willis del tren epicicloïdal:

$$(\omega_3 - \omega_2)/(\omega_7 - \omega_2) = -(z_{7C}/z_{SC})\cdot(z_{SC}/z_{3C}) = -(z_{7C}/z_{3C}) = -24/17$$

Presentada en forma lineal dóna: $-41\cdot\omega_2 + 17\cdot\omega_3 + 24\cdot\omega_7 = 0$

L'equació de les potències virtuals és: $M_2\cdot\omega_2 + M_3\cdot\omega_3 + M_7\cdot\omega_7 = 0$

Aquestes dues equacions es compleixen per a qualsevol conjunt de velocitats possibles en el tres epicicloïdal; per tant, en representar la mateixa condició, els coeficients han de ser proporcionals:

$$M_2/(-41) = M_3/17 = M_7/24$$

El parell sobre la caixa del diferencial (el braç) es reparteix en els dos eixos anterior i posterior de la següent manera:

Eix anterior: $M_3/M_2 = -17/41 = -0,415$ (41,5 %)
Eix posterior: $M_7/M_2 = -24/41 = -0,585$ (58,5 %)

Els diferencials anterior i posterior reparteixen el parell per igual entre les dues rodes de cada costat, i les quatre rodes tenen el mateix diàmetre; per tant, la força de tracció de cada una de les rodes és:

Rodes anteriors: $F_{TA} = \frac{1}{2}\cdot(0,415\cdot1050)/0,35 = 1245$ N
Rodes posteriors: $F_{TP} = \frac{1}{2}\cdot(0,585\cdot1050)/0,35 = 1755$ N

El repartiment de parells i de forces de tracció és independent del moviment dels eixos del diferencial i, per tant, de la corba que estigui seguint el vehicle.

2. Si el centre de l'eix posterior té una velocitat de 18 km/h (5 m/s) i el vehicle descriu una corba amb un radi de curvatura de 8 metres (mesurat a partir del centre de l'eix posterior), la velocitat de gir del vehicle és de $\Omega = 0,625$ rad/s. A partir dels radis des del centre de gir del vehicle fins a cada una de les rodes, es poden establir les següents velocitats de gir de cada una de les rodes:

$OC = 8000,0$ mm $v_C = 5,000$ m/s
$OA_e = 7589,5$ mm $v_{Ae} = 4,743$ m/s $\omega_{Ae} = \omega_5 = 13,528$ rad/s
$OA_d = 9121,4$ mm $v_{Ad} = 5,701$ m/s $\omega_{Ae} = \omega_6 = 16,289$ rad/s
$OP_e = 7200,0$ mm $v_{Pe} = 4,500$ m/s $\omega_{Pe} = \omega_9 = 12,857$ rad/s
$OP_d = 8800,0$ mm $v_{Pd} = 5,500$ m/s $\omega_{Ae} = \omega_{10} = 15,714$ rad/s

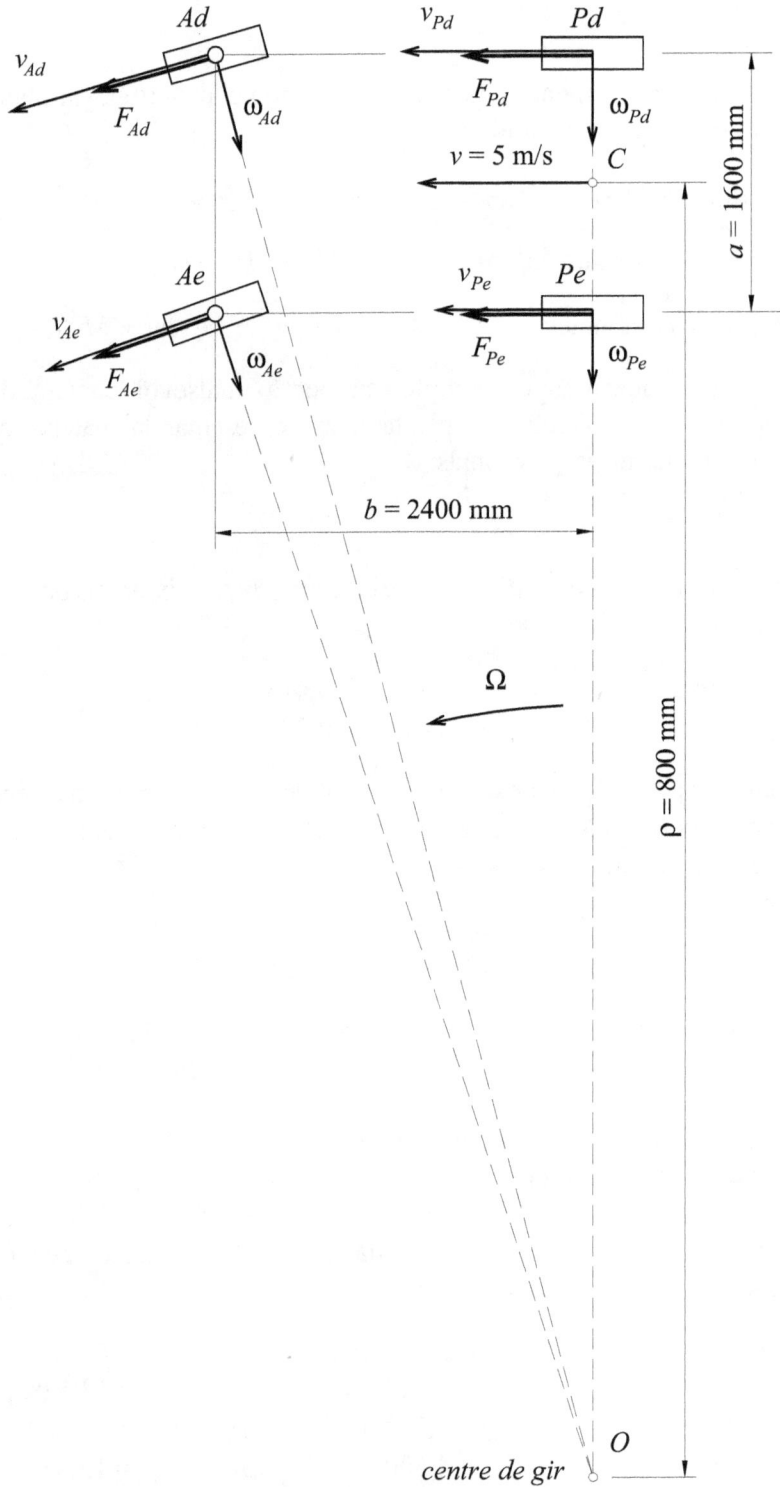

Els trens diferencials anterior i posterior tenen per equacions de Willis:

Anterior: $2 \cdot \omega_4 - \omega_5 - \omega_6 = 0$ $\omega_4 = (\omega_5 + \omega_6)/2$
Posterior: $2 \cdot \omega_8 - \omega_9 - \omega_{10} = 0$ $\omega_8 = (\omega_9 + \omega_{10})/2$

La velocitat de la caixa de satèl·lits (braç) del diferencial anterior, la de l'arbre de transmissió anterior, així com les velocitats relatives dels planetaris i satèl·lits del diferencial anterior respecte a la caixa de satèl·lits, són (en mòduls):

$\omega_4 = (\omega_5 + \omega_6)/2 = (13,528+16,289)/2 = 14,908$ rad/s
$\omega_3 = (z_4/z_3) \cdot \omega_4 = (41/14) \cdot 14,908 = 43,661$ rad/s (en mòdul)

$\omega_{5/4} = \omega_{6/4} = (\omega_6 - \omega_5)/2 = (16,289 - 13,528)/2 = 1,381$ rad/s (en mòdul)
$\omega_{12/4} = (z_{PA}/z_{SA}) \cdot \omega_{5/4} = (15/14) \cdot 1,381 = 1,480$ rad/s (en mòdul)

La velocitat de la caixa de satèl·lits (braç) del diferencial posterior, la de l'arbre de transmissió posterior, així com les velocitats relatives dels planetaris i satèl·lits del diferencial posterior respecte a la caixa de satèl·lits, són (en mòduls):

$\omega_8 = (\omega_9 + \omega_{10})/2 = (12,857+15,714)/2 = 14,285$ rad/s
$\omega_7 = (z_8/z_7) \cdot \omega_8 = (41/14) \cdot 14,285 = 41,836$ rad/s (en mòdul)

$\omega_{9/8} = \omega_{10/8} = (\omega_{10} - \omega_9)/2 = (15,714 - 12,857)/2 = 1,418$ rad/s (en mòdul)
$\omega_{13/8} = (z_{PP}/z_{SP}) \cdot \omega_{9/8} = (15/14) \cdot 1,418 = 1,519$ rad/s (en mòdul)

I, la velocitat de la caixa de satèl·lits del diferencial central (l'equació de Willis ja s'ha establert) i la de l'arbre de transmissió de sortida del canvi, així com les velocitats relatives dels planetaris i satèl·lits del diferencial central respecte a la caixa de satèl·lits, són (en mòduls):

$\omega_2 = (17 \cdot \omega_3 + 24 \cdot \omega_7)/41 = (17 \cdot 43,661 + 24 \cdot 41,836)/41 = 42,593$ rad/s
$\omega_1 = (z_2/z_1) \cdot \omega_2 = (53/15) \cdot 42,593 = 150,494$ rad/s (en mòdul)

$\omega_{3/2} = \omega_3 - \omega_2 = 43,661 - 42,593 = 1,068$ rad/s (en mòdul)
$\omega_{7/2} = \omega_2 - \omega_7 = 42,593 - 41,836 = 0,757$ rad/s (en mòdul)
$\omega_{11/2} = (z_{7C}/z_{SC}) \cdot \omega_{7/2} = (24/20) \cdot 0,757 = 0,908$ rad/s (en mòdul)

Comentari

Malgrat que el gir és molt acusat (petit radi de curvatura), es pot observar els moderats valors de les velocitats relatives de les rodes còniques dels diferencials entre sí i en relació a les seves caixes, fet que explica el perquè s'usen dentats cònics rectes (el problema de soroll és insignificant) i coixinets de fricció per suportar aquestes rodes dentades còniques (la dissipació d'energia és també insignificant).

Enunciat

Es vol construir un tren d'engranatges multiplicador de relació de transmissió $i=1/25$ per a un aerogenerador de grans dimensions. Es volen temptejar diverses solucions basades en trens planetaris simples en què un dels factors de decisió més importants és el rendiment.

El rendiment del tren recurrent de dues etapes es considera en tots els casos de $\eta=0,97$ (engranatges rectificats i potència relativament elevada). Es demana de donar la configuració del tren, el nombre de dents de les diferents rodes dentades i el rendiment

Resposta

La resposta a aquest plantejament és complexa. En primer lloc s'analitzen tots els trens epicicloïdals simples que poden proporcionar una relació de transmissió adequada. Després s'analitzen els trens possibles, tot determinant els nombres de dents i els rendiments. Finalment s'estableix un resum a forma de conclusions.

Analitzant les relacions de transmissió de les diferents configuracions de trens epicicloïdals possibles, s'observa que no totes elles permeten aconseguir la relació de transmissió desitjada: $i=1/25=0,04$.

si $i_0>1$ o $i_0<0$

1 2 3	$i_0 = 1-i = 1-0,04 = 24/25 = 0,96$		incompatible
1 2 3	$i_0 = 1-i = 1-(-0,04) = 26/25 = 1,04$		possible
2 1 3	$i_0 = 1-1/i = 1-1/0,04 = -24$		possible
2 1 3	$i_0 = 1-1/i = 1-1/(-0,04) = 26$		possible

si $i_0>1$

3 2 1	$i_0 = 1/(1-i) = 1/(1-0,04) = 25/24 = 1,0417$		possible
3 2 1	$i_0 = 1/(1-i) = 1/(1-(-0,04)) = 25/26 = 0,962$		incompatible
2 3 1	$i_0 = i/(1-i) = 0,04/(1-0,04) = 1/25 = 0,0417$		incompatible
2 3 1	$i_0 = i/(1-i) = -0,04/(1-(-0,04)) = -1/26 = -0,0385$		incompatible

si $i_0<0$

3 2 1	$i_0 = 1/(1-i) = 1/(1-0,04) = 25/24 = 1,0417$		incompatible
3 2 1	$i_0 = 1/(1-i) = 1/(1-(-0,04)) = 25/26 = 0,962$		incompatible
2 3 1	$i_0 = i/(1-i) = 0,04/(1-0,04) = 1/24 = 0,0417$		incompatible
2 3 1	$i_0 = i/(1-i) = -0,04/(1-(-0,04)) = -1/26 = -0,0385$		possible

Hi ha tan sols quatre de les configuracions de trens epicicloïdals que poden proporcionar aquesta relació de transmissió (1 2 3, 2 1 3, 3 2 1, 2 3 1), a més del tren recurrent (3 1 2). Aquests trens es poden resoldre de la següent manera:

(1 2 3)   La relació de transmissió del tren recurrent, $i_0=1,04$, es pot obtenir amb trens epicicloïdals simples de les estructures III (dos planetaris) o IV (dues corones). A continuació s'aporten dues solucions on la relació de transmissió requerida es reparteix en dues fraccions i on s'ha triat un satèl·lit comú, amb un nombre de dents que sigui primer amb els de les dues altres rodes dentades (podria haver estat 17, 19, 21, 27, 29).

a) $i_0 = 1,04 = 52/50 = (23/50)\cdot(52/23) = (z_{s2}/z_{e1})\cdot(z_{s3}/z_{e2})$

b) $i_0 = 1,04 = 78/75 = (23/75)\cdot(78/23) = (z_{s2}/z_{e1})\cdot(z_{s3}/z_{e2})$

El primer cas correspon a l'estructura III amb dos planetaris ($z_{e1}=50$ i $z_{s3}=52$) mentre que, el segon cas correspon a l'estructura IV amb dues corones ($z_{e1}=75$ i $z_{s3}=78$).

Els nombres de dents dels dos planetaris del primer cas, $z_{e1}=50$ i $z_{s3}=52$, són divisibles per 2, fet que permet un repartiment uniforme en dos grups de satèl·lits, mentre que els nombres de dents de les dues corones del segon cas, $z_{e1}=75$ i $z_{s3}=78$, són divisibles per 3, fet que permet un repartiment uniforme en tres grups de satèl·lits.

Per a $\eta_0=0,97$, el rendiment del tren és molt baix, fet que fa aquesta solució inadequada per a un multiplicador d'aerogenerador:

$$\eta_{12} = (i_0\cdot\eta_0-1)/(i_0-1) = ((26/25)\cdot0,97-1)/(26/25-1) = 0,220$$

(2 1 3)   La relació de transmissió del tren planetari és $i=-0,04$ (inverteix el signe) i la del tren recurrent és $i_0=-24$. Es pot obtenir una solució amb un tren epicicloïdal simples dels tipus II:

c) $-i_0\ (\approx24) = (54/14)\cdot(81/13) = 24,033 = (z_{s2}/z_{e1})\cdot(z_{s3}/z_{e2})$

El valor algèbric $(z_{e1}\cdot z_{e2}+z_{s2}\cdot z_{s3})=4556=2\cdot2\cdot17\cdot67$ (després de dividir per $z_{e2}=13$ i multiplicar per $v=13$), permet el repartiment en 2 i 4 grups de satèl·lits (enters més alts, com ara 17, 34, 67, 68, etc., no són operatius).

Per a $\eta_0=0,97$, el rendiment d'aquesta solució és molt elevat i, per tant, des d'aquest punt de vista, és un tren adequat:

$$\eta_{12} = (i_0-1)\cdot\eta_0/(i_0-\eta_0) = (26-1)\cdot0,97/(26-0,97) = 0,969$$

(2 1 3)   La relació de transmissió del tren planetari és i=0,04 i la del tren recurrent és i_0=26. Es pot obtenir amb trens planetaris simples dels tipus III i IV. Es proposen les següents solucions per al tren epicicloïdal del tipus III:

    c) $i_0\ (\approx26) = (77/15)\cdot(76/15) = 26{,}009 = (z_{s2}/z_{e1})\cdot(z_{s3}/z_{e2})$

    d) $i_0\ (\approx26) = (63/12)\cdot(64/13) = 25{,}846 = (z_{s2}/z_{e1})\cdot(z_{s3}/z_{e2})$

    Per al cas c, el valor $(z_{e1}\cdot z_{e2}-z_{s2}\cdot z_{s3}) = -5627$ no és divisible per cap nombre enter petit. Per al cas d, $(z_{e1}\cdot z_{e2}-z_{s2}\cdot z_{s3}) = -3876=-2\cdot2\cdot3\cdot17\cdot19$ (després de dividir per z_{e2}=13 i multiplicar per v=13), permet el repartiment en 2, 3, 4, 6 grups de satèl·lits (enters més alts, com ara 12, 17, 19, 34, 38, 68, 76, etc., no són operatius).

    Per a η_0=0,97, el rendiment d'aquesta solució és molt elevat i, per tant, des d'aquest punt de vista és un tren adequat:

$$\eta_{12} = (i_0-1)\cdot\eta_0/(i_0-\eta_0) = (26-1)\cdot0{,}97/(26-0{,}97) = 0{,}969$$

(3 2 1)   La relació de transmissió del tren recurrent és i_0=25/24=1,0417, i es pot obtenir amb trens planetaris simples de les estructures III i IV. Es proposa la mateixa solució per a totes dues (la III resultarà més compacte que la IV):

    d) $i_0 = 25/24 = (23/48)\cdot(50/23) = (z_{s2}/z_{e1})\cdot(z_{s3}/z_{e2})$

    Atès que els dos planetaris (o corones), z_{e1}=48 i z_{s3}=50 són divisibles per 2, es poden repartir equidistantment dos grups de satèl·lits.

    Per a η_0=0,97, el rendiment del tren és molt baix, fet que fa aquesta solució inadequada com a multiplicador d'un aerogenerador:

$$\eta_{12} = (i_0\cdot\eta_0-1)/((i_0-1)\cdot\eta_0) = ((25/24)\cdot0{,}97-1)/((25/24-1)\cdot0{,}97) = 0{,}258$$

(2 3 1)   La relació de transmissió del tren recurrent és $i_0 =-1/26=-0{,}0385$. Amb els trens epicicloïdals simples de les estructures I i II ($i_0<0$) no és possible una multiplicació tan gran entrant per l'eix 1 (planetari) i sortint pel 3 (corona). Per tant, es desestima.

Resum:

A la Taula es resumeixen els resultats obtinguts en els apartats anteriors. A més, s'hi han afegit en el primer requadre dues solucions per als trens recurrents basats en les estructures dels tipus II i III.

Com es pot comprovar, tenint en compte tots els factors (nombres de dents adequats, rendiment, facilitat de distribuir els grups de satèl·lits) les millors solucions són, a més de les dues del tren recurrent (1 i 2), la 5 (tren tipus II en funcionament 2 1 3) i la 7 (tren epicicloïdal tipus III en funcionament 2 3 1).

En tot cas, cal remarcar que els trens d'engranatges d'eixos fixos són de construcció més barata ja que no comporten la creació del braç giratori ni la multiplicació dels grups de satèl·lits. Tanmateix, els trens epicicloïdals poden esdevenir més compactes en repartir el parell entre diversos grups de satèl·lits.

Taula

	Tipus	$e \, s$ fix	Rodes dentades	i_0	i	η
1	II	3 1 2	$(65/17) \cdot (85/13)$	25	1/25	-
2	III	3 1 2	$(60/13) \cdot (65/12)$	−25	−1/25	-
3	III	1 2 3	$(23/50) \cdot (52/23)$	26/25	1/25	2
4	IV	1 2 3	$(23/75) \cdot (78/23)$	26/25	1/25	3
5	II	2 1 3	$(54/14) \cdot (81/13)$	−24,033	1/25,033	2,4
6	III	2 3 1	$(77/15) \cdot (76/15)$	26,009	1/25,009	-
7	III	2 3 1	$(63/12) \cdot (64/13)$	25,846	1/24,846	2,3,4,6
8	III/IV	3 2 1	$(23/50) \cdot (48/23)$	25/24	1/25	2
9	I/II	3 2 1	no possible	-	-	-

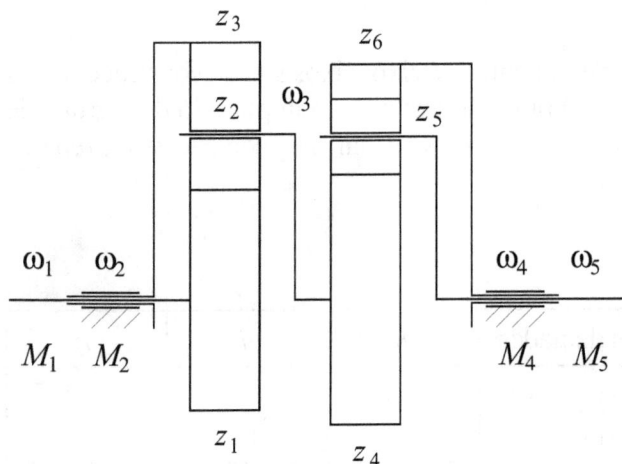

Enunciat

Es demana que trobeu les relacions cinemàtiques i les relacions de parells del tren epicicloïdal de la Figura.

Els nombres de dents de les rodes dentades són: $z_1=19$, $z_2=15$, $z_3=49$, $z_4=23$, $z_5=11$, $z_6=47$.

Resolució

En aquest tren és fàcil de distingir cinc velocitats angulars independents (ω_1, ω_2, ω_3, ω_4 i ω_5) així com dos trens epicicloïdals independents:

$$a) \quad z_1 - z_2 - z_3 \qquad\qquad b) \quad z_4 - z_5 - z_6$$

Les equacions de Willis d'aquests dos trens són:

$$(\omega_1 - \omega_3)/(\omega_2 - \omega_3) = i_{01} = -z_3/z_1 = -49/19$$
$$(\omega_3 - \omega_5)/(\omega_4 - \omega_5) = i_{02} = -z_6/z_4 = -47/23$$

Relacions cinemàtiques

Existeixen 5 eixos amb moviments diferents i dues relacions lineals imposades per les equacions de Willis dels dos trens epicicloïdals; per tant, el moviment de dos dels eixos (per exemple, ω_3 i ω_5) es poden posar en funció del moviment dels altres tres (ω_1, ω_2 i ω_4):

$$\omega_3 = \frac{\omega_1 - i_{01} \cdot \omega_{24}}{1 - i_{01}} = \frac{z_1 \cdot \omega_1 + z_3 \cdot \omega_2}{z_1 + z_2}$$

$$\omega_5 = \frac{\omega_3 - i_{02} \cdot \omega_4}{1 - i_{02}} = \frac{z_4 \cdot (z_1 \cdot \omega_1 + z_3 \cdot \omega_2) + z_6 \cdot (z_1 + z_3) \cdot \omega_4}{(z_1 + z_3) \cdot (z_4 + z_6)}$$

Relacions entre parells

Transformades les dues equacions de Willis en expressions lineals donen lloc a:

$$\omega_1 - i_{01}\cdot\omega_2 - (1-i_{01})\cdot\omega_3 \qquad\qquad\qquad = 0$$
$$\omega_3 - i_{02}\cdot\omega_4 - (1-i_{02})\cdot\omega_5 = 0$$

Multiplicant la segona per λ i sumant, s'obté una combinació lineal:

$$\omega_1 - i_{01}\cdot\omega_2 + (-(1-i_{01})+\lambda))\cdot\omega_3 - \lambda\cdot i_{02}\cdot\omega_4 - \lambda\cdot(1-i_{02})\cdot\omega_5 = 0$$

L'equació de les potències virtuals és:

$$M_1\cdot\omega_1 + M_2\cdot\omega_2 + M_3\cdot\omega_3 + M_4\cdot\omega_4 + M_5\cdot\omega_5 = 0$$

Establint la proporcionalitat de coeficients entre aquestes dues equacions, ja que es compleixen per a qualsevol conjunt de velocitats angulars compatibles amb el tren epicicloïdal, s'obté:

$$\frac{M_1}{1} = \frac{M_2}{-i_{01}} = \frac{M_3}{-(1-i_{01})+\lambda} = \frac{M_4}{-\lambda\cdot i_{02}} = \frac{M_5}{-\lambda\cdot(1-i_{02})}$$

Es pot observar que l'eix 3 no té cap parell exterior aplicat (per tant, $M_3=0$). El denominador d'aquesta fracció també ha de ser nul:

$$-(1-i_{01})+\lambda = 0 \qquad\qquad \Rightarrow \qquad\qquad \lambda = (1-i_{01})$$

Introduint l'expressió de λ en l'anterior relació de parells, s'obté:

$$\frac{M_1}{1} = \frac{M_2}{-i_{01}} = \frac{M_3}{0} = \frac{M_4}{-(1-i_{01})\cdot i_{02}} = \frac{M_5}{-(1-i_{01})\cdot(1-i_{02})}$$

Les relacions entre els parells són (signe inclòs):

$$M_2 = \frac{z_3}{z_1}\cdot M_1 \qquad M_4 = \frac{(z_1+z_3)\cdot z_6}{z_1\cdot z_4}\cdot M_1 \qquad M_5 = -\frac{(z_1+z_3)\cdot(z_4+z_6)}{z_1\cdot z_4}\cdot M_1$$

Cal observar que, conegut el parell sobre un arbre, tots els altres queden determinats, sense que hi hagi possibilitat d'elecció.

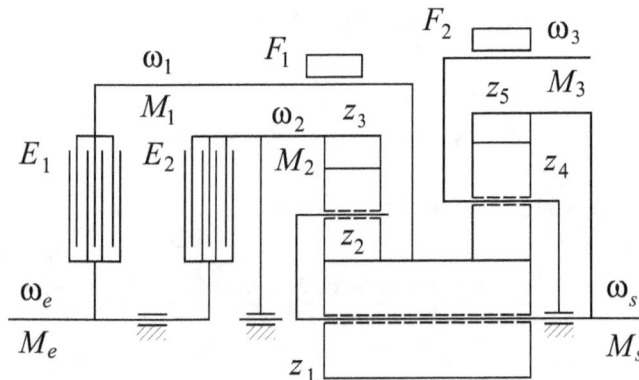

Enunciat

La figura mostra l'esquema d'un tren epicicloïdal complex que funciona com un canvi de marxes amb tres marxes endavant i una marxa enrera.

Les marxes s'accionen a partir de dos dels frens, F_1 i F_2, i/o embragatges, E_1 i E_2, segons l'esquema següent:

Dades

$z_1 = 24$ $z_2 = 13$ $z_3 = 50$

            $z_4 = 22$ $z_5 = 68$

Marxa primera:	E_2	F_2
Marxa segona:	E_2	F_1
Marxa tercera:	E_1	E_2
Marxa enrera:	E_1	F_2

Es demanen les relacions de transmissió, el parell de sortida i els parells sobre els frens i embragatges per a cada una de les marxes.

Resolució

El conjunt consta de dos trens epicicloïdals simples independent, amb un planetari comú, governats per les següents equacions de Willis:

tren a)	$z_1 - z_2 - z_3$	$(\omega_1 - \omega_s)/(\omega_2 - \omega_s) = i_{01} = -z_3/z_1$
tren b)	$z_1 - z_4 - z_5$	$(\omega_1 - \omega_3)/(\omega_s - \omega_3) = i_{02} = -z_5/z_1$

Cada un d'aquests dos trens imposa una relació entre les 5 velocitats angulars independents (ω_e, ω_1, ω_2, ω_3 i ω_s). En principi, doncs, el sistema té tres graus de llibertat; si s'imposen dues condicions més (a través de dos elements, frens o embragatges), el sistema restarà amb un sol grau de llibertat, com correspon a una transmissió.

Per a obtenir les relacions entre parells, cal posar les equacions de Willis en forma lineal:

$$\omega_1 - i_{01}\cdot\omega_2 \qquad\qquad\qquad - (1 - i_{01})\cdot\omega_s = 0$$
$$\omega_1 \qquad\qquad - (1 - i_{02})\cdot\omega_3 \qquad i_{02}\cdot\omega_s = 0$$

I establir una combinació lineal:

$$(1 + \lambda)\cdot \omega_1 - i_{01}\cdot \omega_2 - \lambda\cdot(1 - i_{02})\cdot \omega_3 - ((1 - i_{01}) + \lambda\cdot i_{02}))\cdot \omega_s = 0$$

L'equació de les potències virtuals és la següent:

$$M_1\cdot \omega_1 + M_2\cdot \omega_2 + M_3\cdot \omega_3 + M_s\cdot \omega_s = 0$$

Atès que aquestes dues darreres equacions es compleixen per a qualsevol conjunt de velocitats angulars compatibles amb el tren epicicloïdal complex, vol dir que estableixen la mateixa condició i que, per tant, els coeficients han de ser proporcionals:

Plantejades les equacions generals del tren epicicloïdal complex, cal analitzar com es resolen per a cada una de les marxes.

$$\frac{M_1}{1 + \lambda} = \frac{M_2}{-i_{01}} = \frac{M_3}{-\lambda\cdot(1 - i_{02})} = \frac{M_4}{-(1 - i_{01}) - \lambda\cdot i_{02}}$$

Marxa primera (Actuen: E_2 i F_2; No actuen: E_1 i F_1)

Actua	E_2		$\Rightarrow$	$\omega_2 = \omega_e$
Actua	F_2		$\Rightarrow$	$\omega_3 = 0$
Actua	E_2	No actua E_1	$\Rightarrow$	$M_2 = M_e$
No actua	F_1		$\Rightarrow$	$M_1 = 0$

Resolent el sistema d'equacions de Willis per a aquest cas, s'obté:

$$i_{1a} = (\omega_e/\omega_s)_{E2,F2} = (1 - i_{01} - i_{02})/i_{01} = 142/50 = 2{,}840$$

El parell exterior sobre el membre 1 és nul; d'aquesta darrera condició se'n deriva el valor del denominador del parell M_1 també ha de ser nul (per a obtenir una solució diferent de la de tots els parells nuls), d'on es calcula el valor de λ:

$$1 + \lambda = 0 \quad \Rightarrow \qquad \lambda = -1$$

I aplicant-lo a les equacions de relació de parells:

$$\frac{M_1}{0} = \frac{M_2}{-i_{01}} = \frac{M_3}{1 - i_{02}} = \frac{M_s}{-(1 - i_{01}) + i_{02}}$$

$$\frac{M_1(= M_{E1})(= M_{F1})}{0} = \frac{M_2(= M_e)}{50/24} = \frac{M_3(= M_{F2})}{92/24} = \frac{M_s}{-142/24}$$

Marxa segona (Actuen: E_2 i F_1; No actuen: E_1 i F_2)

Actua	E_2		$\Rightarrow$	$\omega_2 = \omega_e$
Actua	F_1		$\Rightarrow$	$\omega_1 = 0$
Actua	E_2	No actua E_1	$\Rightarrow$	$M_2 = M_e$
No actua	F_2		$\Rightarrow$	$M_3 = 0$

Resolent el sistema d'equacions de Willis per a les velocitats angulars imposades en aquest cas, s'obté:

$$i_{2a} = (\omega_e/\omega_s)_{E2,F1} = 1 - 1/i_{01} = 74/50 = 1{,}480$$

El parell exterior sobre el membre 3 és nul; d'aquesta darrera condició se'n deriva el valor del denominador del parell M_3 també ha de ser nul (per a obtenir una solució diferent de la de tots els parells nuls), d'on es calcula el valor de λ:

$$- \lambda \cdot (1 - i_{02}) = 0 \qquad \Rightarrow \qquad \lambda = 0$$

I aplicant-lo a les equacions de relació de parells:

$$\frac{M_1}{1} = \frac{M_2}{- i_{01}} = \frac{M_3}{0} = \frac{M_s}{-(1 - i_{01})}$$

$$\frac{M_1 (= M_{F1})}{1} = \frac{M_2 (= M_e)}{50/24} = \frac{M_3 (= M_{F2})}{0} = \frac{M_s}{- 74/24}$$

Marxa tercera (Actuen: E_1 i E_2; No actuen: F_1 i F_2)

Actua	E_1		$\Rightarrow$	$\omega_1 = \omega_e$
Actua	E_2		$\Rightarrow$	$\omega_2 = \omega_e$
Actuen	E_1	i E_2	$\Rightarrow$	$M_e = M_1 + M_2$
No actua	F_2		$\Rightarrow$	$M_3 = 0$

Resolent el sistema d'equacions de Willis per a les velocitats angulars imposades en aquest cas, s'obté:

$$i_{3a} = (\omega_e/\omega_s)_{E1,E2} = 1$$

El parell exterior sobre el membre 3 és nul; d'aquesta darrera condició se'n deriva el valor del denominador del parell M_3 també ha de ser nul (per a obtenir una solució diferent de la de tots els parells nuls), d'on es calcula el valor de λ:

$$- \lambda \cdot (1 - i_{02}) = 0 \qquad \Rightarrow \qquad \lambda = 0$$

I aplicant-lo a les equacions de relació de parells:

$$\frac{M_1}{1} = \frac{M_2}{-i_{01}} = \frac{M_3}{0} = \frac{M_s}{-(1 - i_{01})}$$

$$\frac{M_1(= M_{E1})}{1} = \frac{M_2(= M_{E2})}{50/24} = \frac{M_e(= M_1 + M_2)}{74/24} = \frac{M_3(= M_{F2})}{0} = \frac{M_s}{-74/24}$$

Marxa enrera (Actuen: E_1 i F_2; No actuen: E_2 i F_1)

Actua	E_1		$\Rightarrow$ $\omega_1 = \omega_e$
Actua	F_2		$\Rightarrow$ $\omega_3 = 0$
Actua	E_1	No actua E_2	$\Rightarrow$ $M_1 = M_e$
No actua	E_2		$\Rightarrow$ $M_2 = 0$

Resolent el sistema d'equacions de Willis per a les velocitats angulars imposades en aquest cas, s'obté:

$$i_{ME} = (\omega_e / \omega_s)_{E1,F2} = i_{02} = -68/24 = -2{,}83$$

El parell exterior sobre el membre 2 és nul, però en el denominador d'aquest parell no intervé el paràmetre λ, per la qual cosa no es pot forçar que sigui també zero imposant el corresponent valor d'aquest paràmetre. Per resoldre aquesta situació, es parteix d'un nova combinació lineal de les dues equacions de Willis, ara multiplicant la primera per λ' i sumant la segona:

$$\frac{M_1}{1 + \lambda'} = \frac{M_2}{-\lambda' \cdot i_{01}} = \frac{M_3}{-(1 - i_{02})} = \frac{M_s}{-\lambda' \cdot (1 - i_{01}) - i_{02}}$$

Ara, igualant el denominador del parell M_2 a zero, determina el valor de λ' per a aquesta marxa:

$$- \lambda' \cdot i_{01} = 0 \quad \Rightarrow \qquad \lambda' = 0$$

I aplicant-lo a les equacions de relació de parells:

$$\frac{M_1}{1} = \frac{M_2}{0} = \frac{M_3}{-(1 - i_{02})} = \frac{M_s}{-i_{02}}$$

$$\frac{M_1(= M_e)(= M_{E1})}{1} = \frac{M_2(= M_{E2})}{0} = \frac{M_3(= M_{F2})}{-92/24} = \frac{M_s}{68/24}$$

A continuació s'ofereix un resum de les dades obtingudes en els apartats anteriors:

	Relació de transmissió	Parell de sortida	Parell embrag. 1	Parell embrag. 2	Parell fre 1	Parell fre 2
	i	M_s	M_{E1}	M_{E2}	M_{F1}	M_{F2}
Marxa primera	2,840	$-2,84 \cdot M_e$	0	$1,00 \cdot M_e$	0	$1,84 \cdot M_e$
Marxa segona	1,480	$-1,48 \cdot M_e$	0	$1,00 \cdot M_e$	$0,48 \cdot M_e$	0
Marxa tercera	1,000	$-1,00 \cdot M_e$	$0,324 \cdot M_e$	$0,675 \cdot M_e$	0	0
Marxa enrera	$-2,833$	$2,833 \cdot M_e$	$1,00 \cdot M_e$	0	0	$-3,833 \cdot M_e$
Cas crític	-	$-2,84 \cdot M_e$ $2,833 \cdot M_e$	$1,00 \cdot M_e$	$1,00 \cdot M_e$	$0,48 \cdot M_e$	$1,84 \cdot M_e$ $-3,833 \cdot M_e$

Comentaris:

1. Les relacions de transmissió s'acosten més a una progressió aritmètica que a una progressió geomètrica. Tanmateix, amb un planetari comú, és difícil de trobar nombres de dents que s'ajustin millor a l'esglaonament geomètric habitual de les relacions de transmissió de les caixes de canvis.

2. Els valors extrems del parell de sortida, M_s, són quasi iguals en els dos sentits i corresponen a la marxa primera i la marxa enrera.

3. Els valors màxims dels embragatges, M_{E1} i M_{E2}, són iguals i del mateix sentit que el parell d'entrada: $1 \cdot M_e$; tan sols en la tercera marxa hi ha un repartiment del parell d'entrada entre els dos embragatges.

4. El valor extrem del fre 1 és una fracció del parell d'entrada, $M_{F1} = 0,48 \cdot M_e$, i en el mateix sentit (marxa segona).

5. Els valors extrems del fre 2 són de, $M_{F2} = 1,84 \cdot M_e$ (primera marxa), en el sentit del parell d'entrada, i $M_{F2} = -3,833 \cdot M_e$ (primera enrera), en el sentit contrari del parell d'entrada. Pels elevats valors i pel canvi de sentit, és l'element de maniobra més crític.

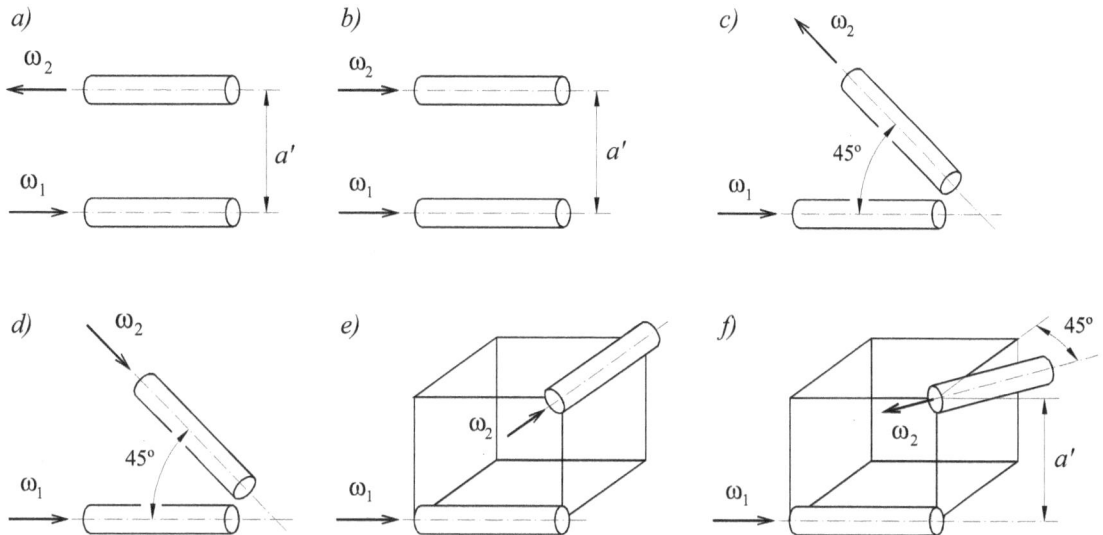

a)   b)   c)

d)   e)   f)

Enunciat

A partir de les diferents posicions relatives de dos eixos en l'espai mostrats a la Figura (a, b, c, d, e i f) amb indicació dels sentits de les velocitats angulars, es vol dissenyeu els engranatges adequats per a transmetre el moviment entre ells, amb una relació de transmissió que sigui $i = \omega_1/\omega_2 = 2$ (si en algun cas s'elegeix un engranatge de vis sense fi, preneu $i = \omega_1/\omega_2 = 5$) i el mòdul (exterior, en els cònics; axial, en els de vis sense fi) sigui de $m = 2$. Es demana de concretar aquest disseny en:

1. Determineu i justifiqueu el tipus d'engranatges
2. Calculeu les dimensions generals de l'engranatge i de les rodes (distància entre eixos, angle de convergència, nombres de dents, diàmetres primitius, angles d'hèlice de les rodes, semiangles dels cons).

Resolució

a) *Eixos paral·lels i velocitats de sentits contraris*

1. Els engranatges que poden enllaçar dos eixos paral·lels amb velocitats angulars de sentits contraris són els cilíndrics exteriors, rectes o helicoïdals. Els segons són de funcionament més suau i tenen una més gran facilitat d'adaptabilitat (a través de la variació de l'angle d'hèlice β_0) que els primers.

2. Engranatges cilíndrics exteriors rectes:
    Distància entre centres: a'=45 mm (ja fixada)
    Diàmetres primitius: d_1=2·a'/(i+1)=30 mm; d_2=2·a'·i/(i+1)=60 mm
    Nombres de dents: z_1=d_1/m=15; z_2=d_2/m=30
    Engranatges cilíndrics exteriors helicoïdals:
    Distància entre centres: a'=45 mm (ja fixada)
    Diàmetres primitius: d_1=2·a'/(1+i)=30 mm; d_2=2·a'·i/(i+1)=60 mm
    Es tempteja el nombre de dents suma per un angle d'inclinació β=20°
    Σz=2·a'·cosβ/m=42,286; Es pren Σz=42 (β=21,039°); z_1=14 i z_2=28

b) *Eixos paral·lels i velocitats del mateix sentit*

1. Els engranatges que poden enllaçar dos eixos paral·lels amb velocitats angulars del mateix sentit són els cilíndrics interiors, rectes o helicoïdals. Els segons són més suaus de funcionament i tenen una més gran facilitat d'adaptabilitat (a través de la variació de l'angle d'hèlice β) que els primers.

2. Engranatges cilíndrics interiors rectes:
    Distància entre centres: a'=45 mm (ja fixada)
    Diàmetres primitius: d_1=2·a'/(i−1)=90 mm; d_2=2·a'·i/(i−1)=180 mm
    Nombres de dents: z_1=d_1/m=45; z_2=d_2/m=90
    Engranatges cilíndrics interiors helicoïdals:
    Distància entre centres: a'=45 mm (ja fixada)
    Diàmetres primitius: d_1=2·a'/(i−1)=90 mm; d_2=2·a'·i/(i−1)=180 mm
    Es tempteja el nombre de dents suma per un angle d'inclinació β=20°
    z_2−z_1=2·a'·cosβ/m=42,286; Es pren z_2−z_1=42 (β=21,039°);
    z_1=42 i z_2=84

c) *Eixos concurrents i velocitats contràries respecte al vèrtex*

1. Els engranatges que poden enllaçar dos eixos concurrents són les diverses varietats d'engranatges cònics (en aquest cas s'exemplificarà amb un engranatge cònic recte). L'orientació de les velocitats fa que l'angle de convergència sigui de Σ=45°. Els paràmetres de l'engranatge són:
    Angles semicons: δ_1=atan(sinΣ/cosΣ+i)=14,639°; δ_2=30,361°
    Nombre de dents: z_1=16; z_2=32
    Diàmetres primitius exteriors: d_{e1}=32,000 mm; d_{e2}=64,000 mm
    Generatriu exterior: R_e=d_{e1}/sinδ_1=d_{e2}/sinδ_2=126,618 mm.

d) *Eixos concurrents i velocitats del mateix sentit respecte al vèrtex*

1. Els engranatges que poden enllaçar dos eixos concurrents són les diverses varietats d'engranatges cònics (en aquest cas s'exemplificarà amb un engranatge cònic recte). L'orientació de les velocitats fa que l'angle de convergència sigui de $\Sigma=135°$. Els paràmetres de l'engranatge són:
   Angles semicons: $\delta_1 = \operatorname{atan}(\sin\Sigma/\cos\Sigma + i) = 28,675°$; $\delta_2 = 106,325°$
   Nombre de dents: $z_1 = 16$; $z_2 = 32$
   Diàmetres primitius exteriors: $d_{e1} = 32,000$ mm; $d_{e2} = 64,000$ mm
   Generatriu exterior: $R_e = d_{e1}/\sin\delta_1 = d_{e2}/\sin\delta_2 = 66,689$ mm.

e) *Eixos encreuats i angle de convergència recte*

1. Els engranatges que poden enllaçar aquests dos eixos són, fonamentalment, els engranatges helicoïdals encreuats i l'engranatge de vis sense fi. Atès que la solució per aquest darrer és molt forçada, ja que la relació de transmissió és poc reductora (normalment els engranatges de vis sense fi tenen relacions de transmissió compreses entre $i = 7 \div 100$). Tanmateix, es resol l'engranatge de vis sens fi per a $i=3$ ($i=2$ seria excessivament forçat), els paràmetres del qual són per a $m_x = 2$ ($p_x = \pi \cdot m_x$):
   Nombre de dents: $z_1 = 5$ (obligat pel nombre de dents de la roda); $z_2 = 15$
   Diàmetres primitius ($q=6$): $d_1 = 12,000$ mm; $d_2 = 30,000$ mm; $a' = 21$ mm
   Angles d'inclinació: $\gamma = \operatorname{atan}(z_1 \cdot (\pi \cdot m_x)/\pi \cdot d_2) = 18,435°$
   Amplades: $b_1 = 10 \cdot m_x = 20$ mm; $b_2 = 0,45 \cdot (d_1 + 6 \cdot m_x) = 10,8$ mm.

f) *Eixos encreuats i angle diferent de recte*

1. Els engranatges que poden enllaçar aquests dos eixos són, fonamentalment, els engranatges helicoïdals encreuats i l'engranatge de vis sense fi. La solució per aquest darrer és inusual quan l'angle de convergència no és recte. Es resol, doncs, l'engranatge helicoïdal encreuat, els paràmetres del qual són:
   Angle de convergència (sentits de les ω): $\Sigma=45°$
   Angles d'inclinació òptims: $\beta_1 = 22,5$; $\beta_2 = 22,5$ (cas reversible)
   Nombre de dents: $z_1 = 15$ (obligat pel nombre de dents de la roda); $z_2 = 30$
   Diàmetres primitius: $d_1 = z_1 \cdot m_0 / \cos\beta = 16,236$ mm; $d_2 = 32,472$ mm
   Distància entre eixos: $a' = 48,708$ mm.

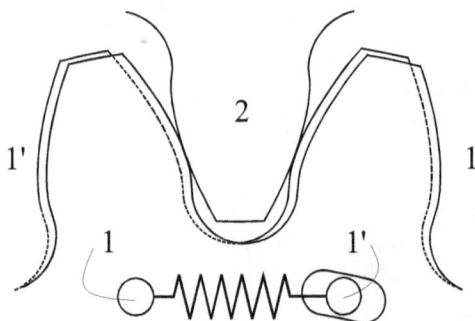

Rodes		1 i 1'	2
Nombres de dents	z	16	18
Diàmetres de base	d_b	45,106	50,744
Gruixos de base	s_b	5,024	4,912
Distància entre eixos: a'=51,000 (en mm)			

Enunciat

En algunes transmissions d'engranatges s'aconsegueix que no hi hagi joc de funcionament entre les dents en base a partir una de les rodes en dues meitats per un pla perpendicular a l'eix i d'enllaçar-les per mitjà d'una molla.

D'aquesta manera es manté un flanc de cada una d'aquestes rodes-meitat en contacte amb el flanc corresponent de la roda conjugada. Es demana:

1. Angle que queda girada la roda 1' respecte la roda 1 ?

2. Distància mínima a què pot funcionar aquest engranatge ?

Resolució

1. Si l'engranatge funciona sense joc de funcionament entre les dents, el gruix de base aparent de la roda composta (1/1') és:

$$s_{b(ap)} = p_b - s_{b2} + (d_{b1}+d_{b2})\cdot\mathrm{inv}\,\alpha'$$

Abans cal calcular l'angle de pressió de funcionament, α', i el pas de base, p_b:

$$\alpha' = \mathrm{acos}((d_{b1}+d_{b2})/(2\cdot a')) = \mathrm{acos}((45,106+50,744)\cdot(2\cdot 51,000)) = 20°$$
$$p_b = \pi\cdot d_{b1}/z_1 = \pi\cdot d_{b2}/z_2 = 8,856 \text{ mm}$$

El gruix aparent que resulta és $s_{b(ap)}$=5,732 de mm. La diferència de gruixos de base, $s_{b(ap)}-s_{b1}$, és el joc normal entre flancs:

$$j_n = s_{b(ap)}-s_{b1} = 5,372 - 5,024 = 0,348 \text{ mm}$$

El joc normal entre flancs, j_n, dividit pel radi de base, $d_{b1}/2$, és l'angle que les dues rodes-meitat giren entre sí:

$$\varphi \quad = \quad 2\cdot j_n/_{b1} \quad = \quad 2\cdot 0,348/45,016 \quad = \quad 0,0154 \quad \text{rad} \quad = \quad 0,885°$$

2. La distància entre eixos serà mínima quan el gruix de base aparent coincideixi amb el gruix de base real: $s_{b(ap)}=s_{b1}$. Aleshores l'angle de funcionament mínim val:

$$\operatorname{inv}\alpha_{min} = (s_{b1}+s_{b2}-p_b)/(d_{b1}+d_{b2}) = 0,01127$$

que es correspon amb: $\alpha_{min} = 18,27°$

La distància mínima és, doncs:

$$a_{min} = (d_{b1}+d_{b2})/(2\cdot\cos\alpha_{min}) = 50,463 \text{ mm}$$

Enunciat

El quadre de valors adjunt dóna les característiques principals de quatre rodes dentades cilíndriques rectes. Es demana que s'investigui quines de les tres darreres rodes poden engranar correctament amb la primera.

Rodes		1	2	3	4
Nombre de dents	z	15	15	28	9
Distància cordal (3 dents)	W_3 (mm)	17,078	17,268	17,487	17,504
Distancia cordal (2 dents)	W_2 (mm)	10,436	10,441	10,845	10,862
Diàmetre de cap	d_a (mm)	37,154	37,350	67,500	25,454
Diàmetre de peu	d_f (mm)	29,250	29,250	57,376	17,550

Resolució

1. Una primera condició que han de complir aquestes rodes dentades (2, 3 i 4) per poder engranar correctament amb la primera és que tinguin el mateix pas de base. Es pot calcular a partir de la diferència $p_b = W_3 - W_2$:

   Roda dentada 1 $17,078 - 10,346 = 6,642$
   Roda dentada 2 $17,268 - 10,441 = 6,827$
   Roda dentada 3 $17,487 - 10,845 = 6,642$
   Roda dentada 4 $17,504 - 10,862 = 6,642$

   Per tant, queda descartada la roda 2 ja que té un pas de base diferent.

2. En segon lloc, cal comprovar que els caps de les rodes no interfereixin (o no s'aproximin massa) als peus de les rodes contràries (s'acceptarà un joc mínim de peu de $c = 0,2 \cdot m_0$).

   Prèviament caldrà calcular els diàmetres de base i els gruixos de base de les rodes 2, 3 i 4:

   $$d_b = z \cdot p_b / \pi \qquad\qquad s_b = W_2 - p_b$$

   Roda dentada 1 $d_{b1} = 31,714 ;$ $s_{b1} = 3,797$
   Roda dentada 3 $d_{b3} = 59,200 ;$ $s_{b3} = 4,203$
   Roda dentada 4 $d_{b4} = 19,028 ;$ $s_{b4} = 4,220$

I l'angle de funcionament, α', les distàncies entre eixos de funcionament, a', i els mòduls de funcionament, m', dels engranatges 1/3 i 1/4:

$$\operatorname{inv}\alpha' = (\Sigma s_b - p_b)/\Sigma d_b \quad a' = \Sigma d_b/(2 \cdot \cos\alpha') \quad m' = a'/\Sigma z$$

Engranatge 1/3 $\alpha_{1/3}' = 20{,}000°$ $a_{1/3}' = 48{,}375$ $m_{1/3}' = 2{,}250$
Engranatge 1/4 $\alpha_{1/4}' = 24{,}200°$ $a_{1/4}' = 27{,}817$ $m_{1/4}' = 2{,}318$

A continuació cal comprovar els valors del joc de fons d'aquests engranatges:

Engranatge 1/3

$$a_{1/3}' - (d_{f1} + d_{a3})/2 = 0{,}000 \; < \; c \cdot m_{1/3}' = 0{,}450$$
$$a_{1/3}' - (d_{f3} + d_{a1})/2 = 1{,}110 \; > \; c \cdot m_{1/3}' = 0{,}450$$

Es comprova que un dels dos jocs de fons és nul, fet que donaria lloc a la interferència del cap de la roda 3 amb el peu del pinyó 1.

Engranatge 1/4

$$a_{1/4}' - (d_{f1} + d_{a4})/2 = 0{,}464 \; > \; c \cdot m_{1/4}' = 0{,}450$$
$$a_{1/4}' - (d_{f4} + d_{a1})/2 = 0{,}464 \; > \; c \cdot m_{1/4}' = 0{,}450$$

Es comprova que els dos jocs de fons són més grans que els exigits i, per tant, aquest aspecte de l'engranament és acceptable.

3. Tanmateix, cal comprovar encara que l'engranatge 1/4 tingui un recobriment suficient:

$$\varepsilon_{\alpha 1/4} = (z_1 \cdot ((d_{a1}/d_{b1})^2 - 1)^{1/2} - \tan\alpha_{1/4}') + z_4 \cdot ((d_{a4}/d_{b4})^2 - 1)^{1/2} - \tan\alpha_{1/4}'))/(2 \cdot \pi)$$

Aplicant valors dóna:

$$\varepsilon_{\alpha 1/4} = 0{,}384 + 0{,}629 = 1{,}013$$

És un recobriment teòricament possible però no recomanable a la pràctica (errors de pas, deformació dels arbres, etc.).

Resumint: No hi ha cap de les rodes dentades 2, 3 i 4 que puguin engranar correctament amb la roda 1.

1/2	No	Pas de base diferent
1/3	No	Interferència del cap de la roda amb el peu del pinyó
1/4	No	Falta de recobriment

Enunciat

Es parteix de les dades generals dels engranatges cilíndrics helicoïdals obtingudes en el problema C–1 i que es donen en forma de la següent taula:

Enunciat		Estimació ($\beta=20°$)		Valors adoptats		Resultats			
marxa	i	$\Sigma z/(1+i)$	$\Sigma z \cdot i/(1+i)$	z_1	z_2	z_2/z_1	z_1+z_2	α_t'	β
1a	3,73	15,196	56,683	15	56	3,733	71	24,080°	21,842°
2a	2,05	23,567	48,313	23	47	2,043	70	24,327°	23,771°
3a	1,32	30,983	40,897	31	41	1,322	72	23,839°	19,736°
4a	0,97	36,487	35,393	36	35	0,972	71	24,080°	21,842°
5a	0,74	41,310	30,570	42	31	0,738	73	23,605°	17,388°
RF	3,79	19,162	72,624	19	72	3,789	91	23,491°	21,304°
ME	3,69			14	51	3,643	65		20,000°

Aquestes dades corresponen a un canvi de marxes d'un automòbil mitjà amb un motor diesel de 70 kW (95 CV) de potència a 4050 min⁻¹ i parell màxim de 179 N·m a 1900 min⁻¹, amb un canvi de marxes de cinc velocitats endavant i velocitat enrera (relacions de transmissió: 1a, 3,73; 2a, 2,05; 3a, 1,32; 4a, 0,97; 5a, 0,74; M.E., 3,69), i una reducció de diferencial de relació de transmissió: R.D.: 3,79.

Es demana:

1. Calculeu els paràmetres de la geometria d'aquests engranatges
2. Dibuixeu (a escala ampliada) els diferents punts significatius sobre la línia d'engranament de cada un d'aquests engranatges.

Resolució

En la determinació del quadre de valors que figura en l'enunciat (vegeu problema C–1), s'havia partit de prendre una suma de desplaçaments de $\Sigma x=0{,}8$ en consideració a la resistència dels dentats. Per determinar la resta de dades d'aquests engranatges, cal repartir aquesta suma en els desplaçaments per a les dues rodes.

Determinació dels desplaçaments

S'utilitzen les recomanacions de la norma DIN sobre com repartir la suma de desplaçaments entre les dues rodes de l'engranatge quan la relació de transmissió és reductora o multiplicadora (n'hi ha dels dos tipus en la caixa de canvis).

A partir del desplaçament mitjà, $\Sigma x/2$ i del nombre de dents virtual ($z_v=z/\cos^3\beta$) mitjà, $\Sigma z_v/2$ es determina un punt del gràfic i, després, amb els nombres de dents virtuals de les dues rodes, es fixen els desplaçaments interpolant en les rectes dels reductors o multiplicadors. Els resultats són: 1a marxa: $x_{(15)}=0,436$, $x_{(56)}=0,364$; 2a marxa: $x_{(23)}=0,426$, $x_{(47)}=0,374$; 3a marxa: $x_{(31)}=0,408$, $x_{(41)}=0,392$; 4a marxa: $x_{(36)}=0,400$, $x_{(35)}=0,400$; 5a marxa: $x_{(42)}=0,391$, $x_{(31)}=0,409$; Reducció final: $x_{(19)}=0,453$, $x_{(72)}=0,347$. Per a la marxa enrera s'elegeix la roda intermèdia de 20 dents (entre la primera i la tercera), i es fa el mateix procediment que en els casos anterior per al primer engranatge 17-20; per al segon engranatge, 20-51, es segueix la mateixa recta per a engranatges reductors, i s'obté $x_{(14)}=0,405$, $x_{(20)}=0,395$ i $x_{(51)}=0,342$.

En cap cas es produeix una interferència en la base de la dent durant la generació, ni perill de dents de gruix de cap excessivament primes. La resta de paràmetres es calculen directament aplicant fórmules.

Paràmetres	1a marxa		2a marxa		3a marxa	
	15 dents	56 dent	23 dents	47 dents	31 dents	41 dents
De generació						
Mòdul de generació	2		2		2	
Angle d'inclinació	21,842°		23,771		19,736	
(Angle pres. transversal)	(21,411°)		(21,688°)		(21,141°)	
Amplada de contacte	16,000		16,000		16,000	
Nombre dents virtual	18,756	70,024	30,008	61,320	37,174	49,165
Desplaçament (x)	0,436	0,364	0,426	0,374	0,408	0,392
Diàmetre axoide gener.	32,320	120,662	50,264	102,714	65,869	87,117
De definició						
Diàmetre de base	30,090	112,334	46,706	95,443	61,436	81,254
Pas de base tranversal	6,302	6,302	6,380	6,380	6,226	6,226
Gruix base tranversal	4,342	5,752	4,715	5,573	4,790	5,117
Diàmetre de cap	37,882	125,935	55,790	108,032	71,314	92,498
Diàmetre de peu	29,064	117,118	46,968	99,210	62,501	83,685
Diàm. lím. evolv. (cr)	30,610	118,296	48,314	100,407	63,796	84,919
De funcionament						
Distància entre eixos	78,000		78,000		78,000	
Angle pres. tranversal	24,080°		24,327°		23,839°	
Angle pressió normal	22,474°		22,411°		22,537°	
Angle d'incl. funcion.	22,231°		24,187°		20,094°	
Recobriment $\varepsilon_\alpha+\varepsilon_\beta$	1,293+0,947=2,240		1,322+1,026=2,348		1,394+0,860=2,254	
Diàm. axoides funcion.	32,958	123,042	51,257	104,743	67,167	88,833
Diàmetre actiu peu	30,831	119,458	48,660	101,234	64,263	85,572
Joc de fons	0,500	0,500	0,500	0,500	0,500	0,500

a) 1a marxa
(escala 5:1)

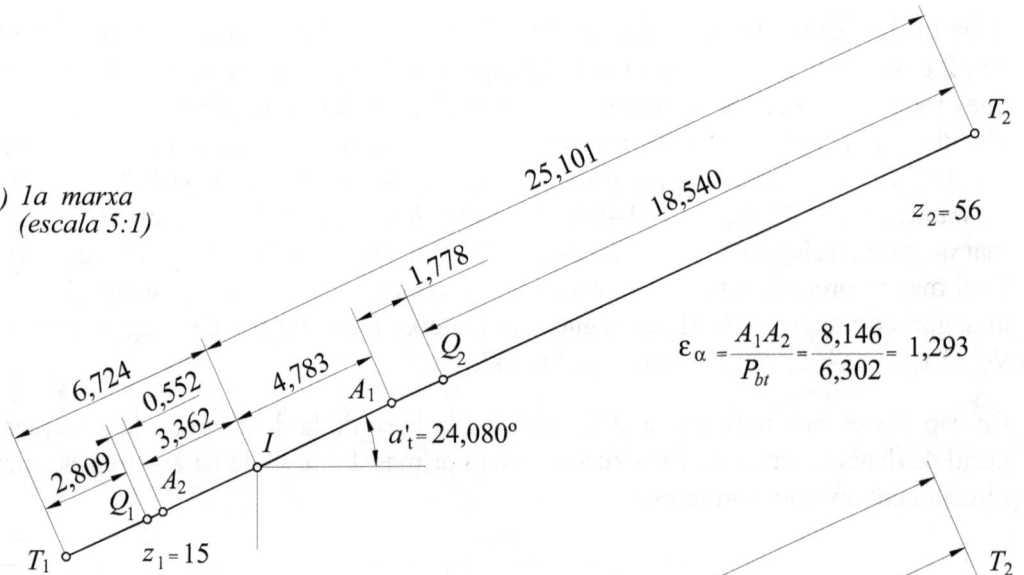

$z_2 = 56$

25,101

18,540

1,778

6,724

0,552

3,362

4,783

2,809

Q_2

A_1

$a'_t = 24,080°$

Q_1

A_2

I

T_1

$z_1 = 15$

$\varepsilon_\alpha = \dfrac{A_1 A_2}{P_{bt}} = \dfrac{8,146}{6,302} = 1,293$

b) 2a marxa
(escala 5:1)

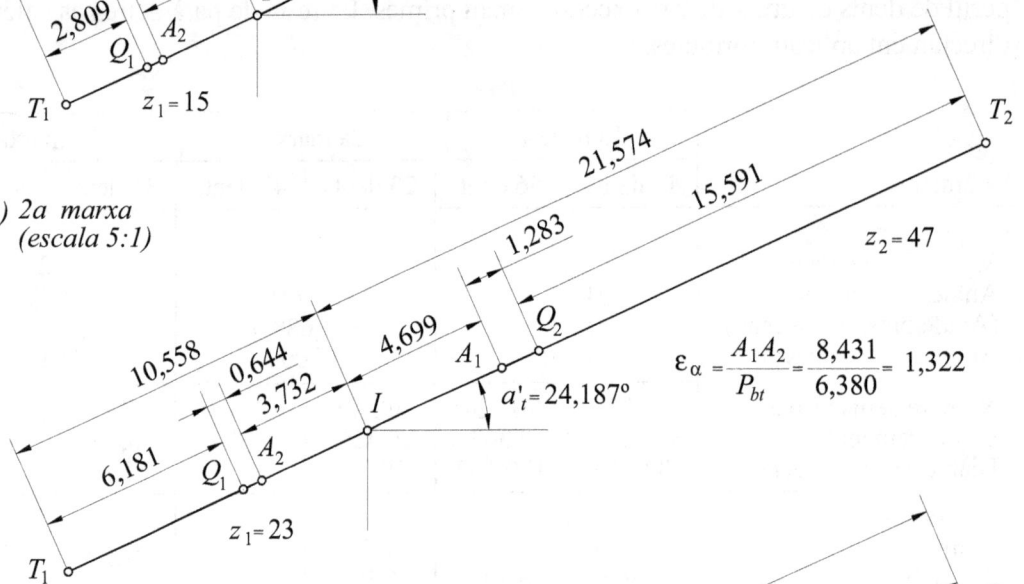

$z_2 = 47$

21,574

15,591

1,283

10,558

0,644

3,732

4,699

6,181

Q_2

A_1

$a'_t = 24,187°$

Q_1

A_2

I

$z_1 = 23$

T_1

$\varepsilon_\alpha = \dfrac{A_1 A_2}{P_{bt}} = \dfrac{8,431}{6,380} = 1,322$

c) 3a marxa
(escala 5:1)

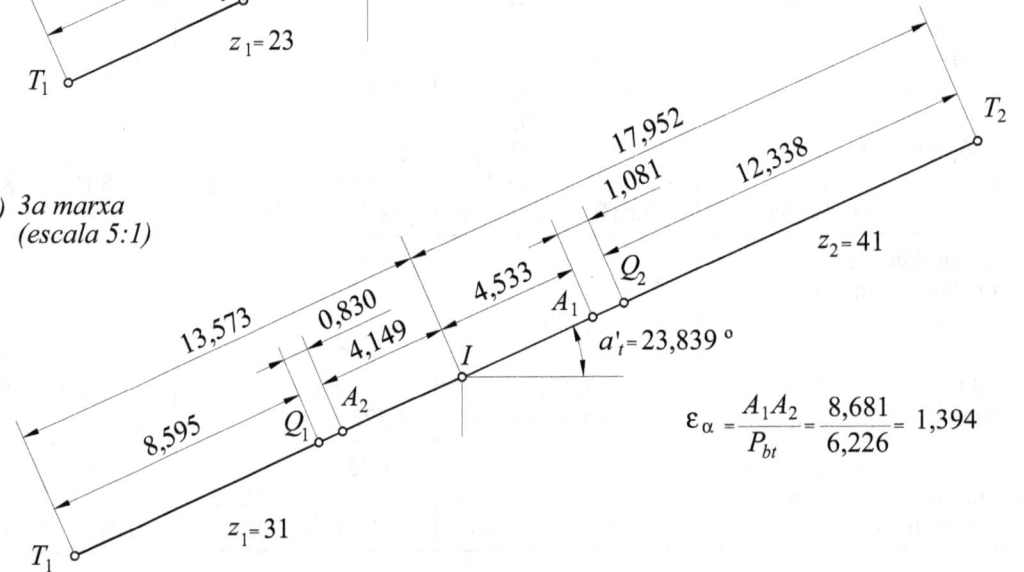

$z_2 = 41$

17,952

1,081

12,338

13,573

0,830

4,149

4,533

A_1

Q_2

$a'_t = 23,839°$

8,595

Q_1

A_2

I

$z_1 = 31$

T_1

$\varepsilon_\alpha = \dfrac{A_1 A_2}{P_{bt}} = \dfrac{8,681}{6,226} = 1,394$

Paràmetres	4ª marxa		5ª marxa		reducció final	
	36 dents	35 dent	42 dents	31 dents	19 dents	72 dents
De generació						
Mòdul de generació	2		2		2,5	
Angle d'inclinació	21,842°		17,388		21,304	
(Angle pres. tranversal)	(21,411°)		(20,877°)		(21,339°)	
Amplada de contacte	16,000		16,000		22,000	
Nombre dents virtual	45,015	43,765	48,327	35,670	23,495	89,033
Desplaçament (*x*)	0,400	0,400	0,391	0,409	0,453	0,347
Diàmetre axoide gener.	77,568	75,414	88,022	64,969	50,984	193,202
De definició						
Diàmetre de base	72,215	70,209	82,244	60,704	47,489	179,957
Pas de base tranversal	6,302	6,302	6,152	6,152	7,852	7,852
Gruix base tranversal	5,066	5,029	5,034	4,693	5,616	7,838
Diàmetre de cap	82,986	80,831	93,395	70,413	58,063	199,751
Diàmetre de peu	74,168	72,014	84,586	61,605	46,999	188,687
Diàm. lím. evolv. (cr)	75,417	73,270	85,8245	62,911	48,754	190,121
De funcionament						
Distància entre eixos	78,000		78,000		124,000	
Angle pres. tranversal	24,080°		23,605°		23,491°	
Angle pressió normal	22,474°		22,601°		22,003°	
Angle d'incl. funcion.	22,231°		17,709°		21,606°	
Recobriment $\varepsilon_\alpha + \varepsilon_\beta$	1,372+0,947=2,319		1,420+0,761=2,181		1,353+1,018=2,371	
Diàm. axoides funcion.	79,098	76,901	89,753	66,246	51,780	196,220
Diàmetre actiu peu	75,972	73,807	86,495	63,376	49,021	191,489
Joc de fons	0,500	0,500	0,500	0,500	0,625	0,625

a) 4a marxa
   (escala 5:1)

15,688

0,904

10,478

T_2

$z_2 = 35$

16,136

0,926

4,339

4,306

A_1

Q_2

$a'_t = 24,080°$

10,871

Q_1

A_2

I

$z_1 = 36$

T_1

$$\varepsilon_\alpha = \frac{A_1 A_2}{P_{bt}} = \frac{8,645}{6,302} = 1,372$$

b) 5a marxa
   (escala 5:1)

13,263

0,846

8,259

T_2

$z_2 = 31$

17,970

1,127

4,577

4,158

A_1

Q_2

$a'_t = 23,605°$

12,266

Q_1

A_2

I

$z_1 = 42$

T_1

$$\varepsilon_\alpha = \frac{A_1 A_2}{P_{bt}} = \frac{8,735}{6,152} = 1,420$$

c) Reducció final
   (escala 3:1)

39,108

30,665

T_2

$z_2 = 72$

2,058

10,320

0,562

4,240

6,384

A_1

Q_2

5,518

I

$a'_t = 23,491°$

Q_1

A_2

T_1 $z_1 = 19$

$$\varepsilon_\alpha = \frac{A_1 A_2}{P_{bt}} = \frac{10,624}{7,852} = 1,353$$

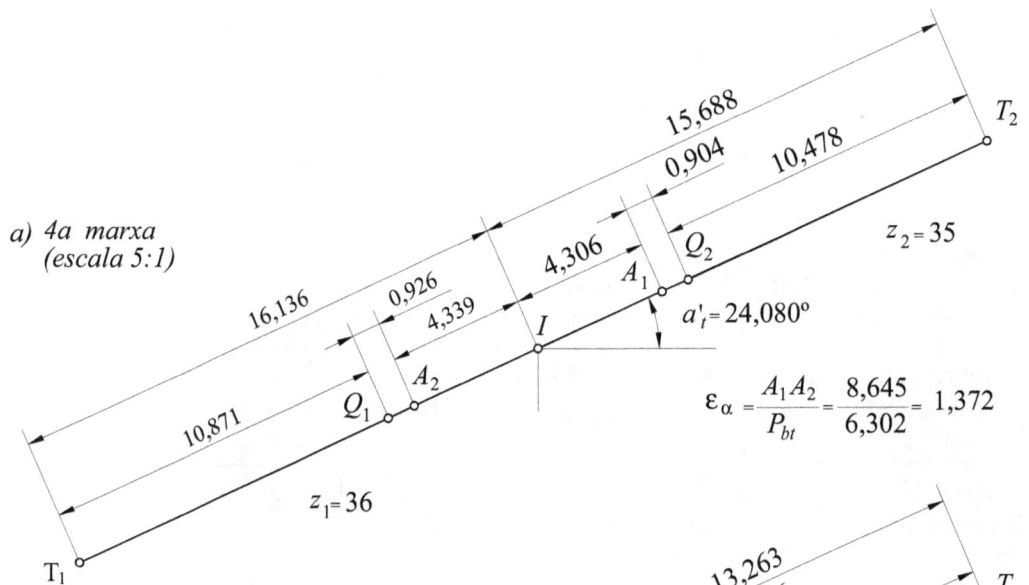

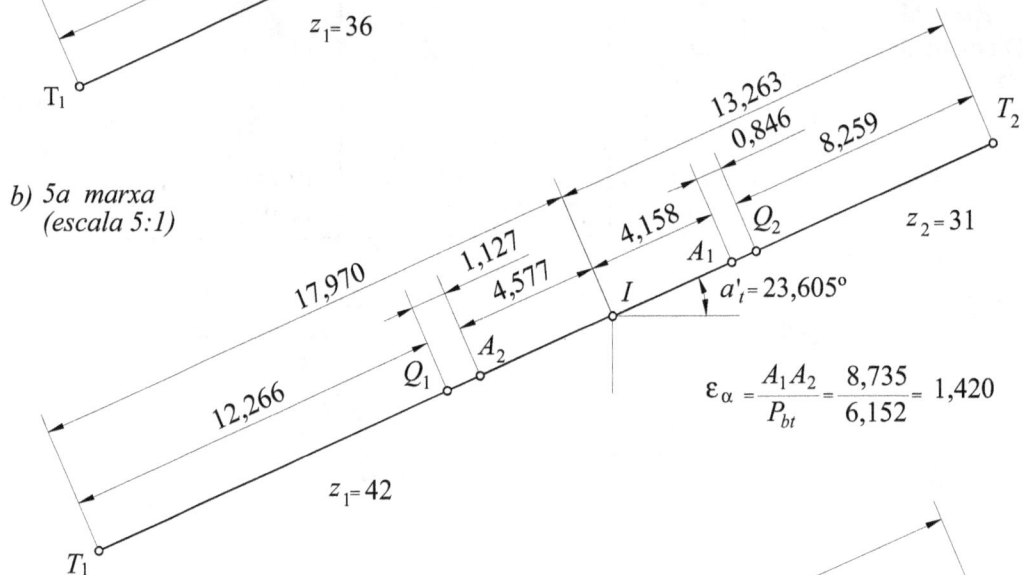

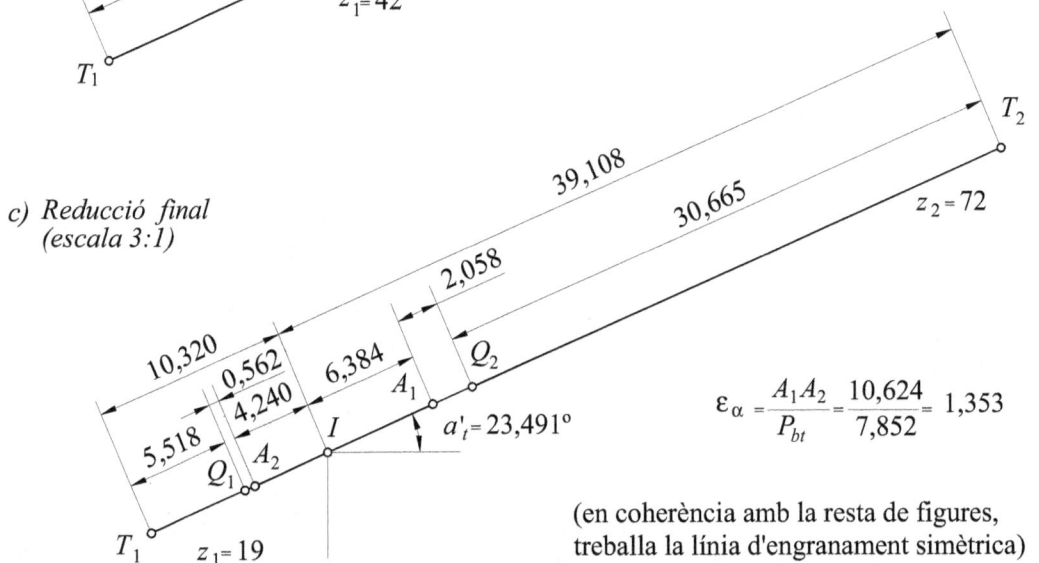

(en coherència amb la resta de figures,
treballa la línia d'engranament simètrica)

Paràmetres	marxa enrera 1er engranatge		marxa enrera 2on engranatge	
	14 dents	20 dent	20 dents	51 dents
De generació	2		2	
Mòdul de generació				
Angle d'inclinació	20,000°		20,000	
(Angle pres. transv.)	(21,173°)		(21,173°)	
Amplada de contacte	16,000		16,000	
Nombre dents virtual	16,872	24,103	24,103	61,463
Desplaçament (*x*)	0,405	0,395	0,395	0,326
Diàmetre axoide gener.	29,797	42,567	42,567	108,546
De definició				
Diàmetre de base	29,797	42,567	42,567	108,546
Pas de base tranversal	6,235	6,235	6,235	6,235
Gruix base tranversal	4,197	4,394	4,394	5,413
Diàmetre de cap	35,080	47,810 *	47,810 *	113,752
Diàmetre de peu	26,417	39,147	39,147	104,914
Diàm. lím. evolv. (cr)	28,097	40,630	40,630	106,132
De funcionament				
Distància entre eixos	37,613		76,950	
Angle pres. tranversal	26,232°		23,707°	
Angle pressió normal	24,744°		22,378°	
Angle d'incl. funcion.	20,725°		20,339°	
Recobriment $\varepsilon_\alpha + \varepsilon_\beta$	1,188+0,871=2,059		1,338+0,871=2,209	
Diàm. axoides funcion.	30,976	44,251 **	43,352 **	110,547
Diàmetre actiu peu	28,559	41,421	40,926	107,173
Joc de fons	0,500	0,500	0,500	0,500

*   El diàmetre de cap de la roda intermèdia queda limitat per l'engranatge primer.
** Els diàmetres axoides de funcionament de la roda intermèdia amb què participa en els dos engranatges són diferents.

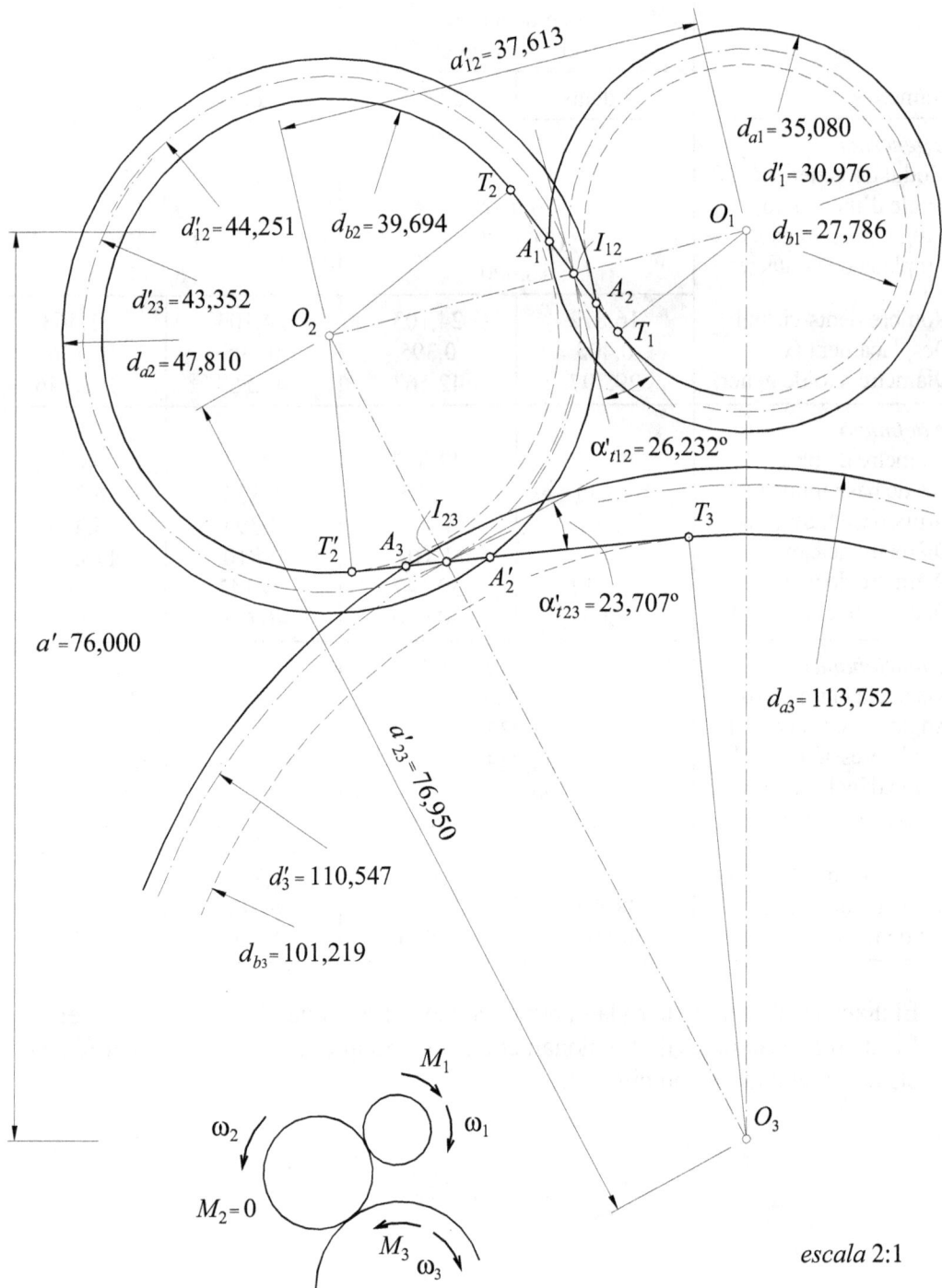

$a'_{12} = 37,613$

$d_{a1} = 35,080$

$d'_1 = 30,976$

$d_{b1} = 27,786$

$d'_{12} = 44,251$

$d_{b2} = 39,694$

T_2

A_1

I_{12}

O_1

A_2

$d'_{23} = 43,352$

O_2

T_1

$d_{a2} = 47,810$

$\alpha'_{t12} = 26,232°$

I_{23}

T_3

T'_2

A_3

A'_2

$\alpha'_{t23} = 23,707°$

$a' = 76,000$

$d_{a3} = 113,752$

$a'_{23} = 76,950$

$d'_3 = 110,547$

$d_{b3} = 101,219$

M_1

ω_2

ω_1

$M_2 = 0$

M_3 ω_3

O_3

escala 2:1

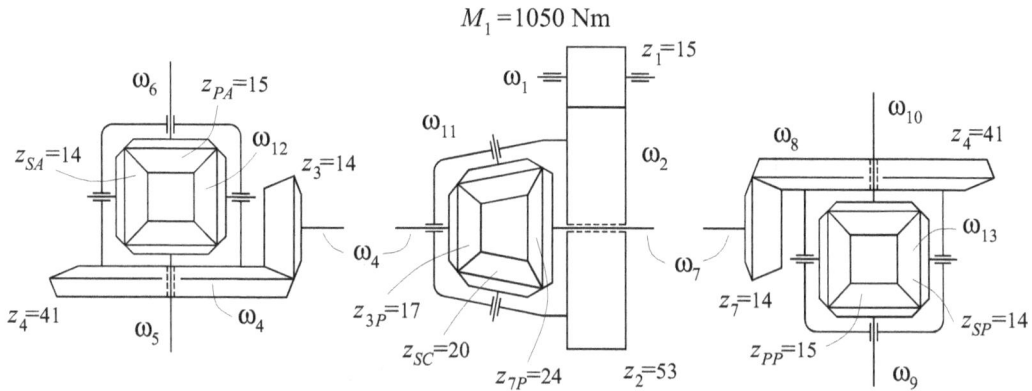

$$M_1 = 1050 \text{ Nm}$$

Enunciat

Es demana de dissenyar (angles de convergència, semiangles dels cons, i diferents paràmetres dels dentats) els engranatges cònics dels tres diferencials (central, anterior i posterior) de la transmissió permanent a les 4 rodes amb repartiment de parell del problema C-6. El mòdul exterior dels engranatges del diferencial central és de $m_e=3$ i angle de pressió $\alpha_0=20°$, mentre que el mòdul exterior dels engranatges dels diferencials anterior i posterior és $m_0=4$ i l'angle de pressió també de $\alpha_0=20°$.

Resolució

Hi ha tres engranatges cònics rectes diferents en els trens diferencials: *a*) Els engranatges entre planetari i satèl·lit dels diferencials anterior i posterior (per exemple, $z_{PA}-z_{SA}$); *b*) L'engranatge del planetari anterior del diferencial central amb el satèl·lit ($z_{3C}-z_{SC}$); *c*) L'engranatge del planetari posterior del diferencial central amb el satèl·lit ($z_{7C}-z_{SC}$).

a)   Engranatge $z_{PA}=15$ i $z_{SA}=14$; $m_e=4$ i $\alpha_0=20°$

En aquest cas, l'angle de convergència és $\Sigma=90°$, i la relació de transmissió $i=\omega_{5/4}/\omega_{12/4}=z_{SA}/z_{PA}=14/15$, amb la qual cosa els semiangles dels cons són:

$$\delta_{PA} = \text{atan}(\sin\Sigma/(\cos\Sigma+i)) = \text{atan}(1/(0+14/15)) = \text{atan}(15/14) = 46{,}975°$$
$$\delta_{SA} = \Sigma - \delta_{PA} = 90° - 43{,}025° = 43{,}025°$$

Atès que els nombres de dents equivalents de les rodes, $z_{vPA}=z_{PA}/\cos\delta_{PA}=21{,}984$ i $z_{vSA}=z_{SA}/\cos\delta_{SA}=19{,}150$ són superiors a 17, no cal desplaçaments ($x_{PA}=x_{SA}=0$).

Els paràmetres d'aquests dentats es poden resumir en la taula següent:

		z_{PA}		z_{SA}	
		Real	Equivalent	Real	Equivalent
Angle convergència	Σ (°)	90			
Mòdul exterior	m_e (mm)	4			
Angle de pressió	α_0 (°)	20			
Semiangle con	δ (°)	46,975		43,025	
Desplaçament	x (m)	0		0	
Nombre de dents	z, z_v	15	21,984	14	19,150
Diàmetre axoide	d, d_v (mm)	60,000	87.936	56,000	76,601
Diàmetre de base	d_{vb} (mm)		82,633		71,981
Pas de base	p_{vb} (mm)		12,580		12.580
Diàmetre de cap	d_a, d_{va} (mm)	65.459	95.936	61,848	84,601
Diàmetre de peu	d_f, d_{vf} (mm)	53.177	77.936	48,689	66,601
Generatriu	R (mm)	41,036			
Recobriment tranvers.	ε_α	0,790+0,773=1,563			

b)   Engranatge $z_{3C}=17$ i $z_{SC}=20$; $m_e=3$ i $\alpha_0=20°$

Els angles de convergència dels dos engranatges del diferencial central s'han de calcular conjuntament. Atès que el nombre de dents és proporcional als diàmetres primitius de generació, cal trobar l'angle φ que es resta de 90° per a donar l'angle de convergència de l'engranatge de les rodes $z_{3C}-z_{SC}$, i que se suma a 90° per a donar l'angle de convergència de l'engranatge de les rodes $z_{7C}-z_{SC}$.

$$\sin\varphi=(z_{7C}-z_{3C})/(2\cdot z_{SC})=(24-17)/(2\cdot20)=0{,}175 \quad \Rightarrow \quad \varphi=10{,}079°$$

Engranatge $z_{3C}-z_{SC}$: $\Sigma_{3S}=90-10{,}079=79{,}921°$
Engranatge $z_{7C}-z_{SC}$: $\Sigma_{7S}=90+10{,}079=100{,}079°$

En el cas que tractem en aquest apartat, l'angle de convergència és $\Sigma_{3S}=79{,}921°$, i la relació de transmissió $i=\omega_{3/2}/\omega_{14/2}=z_{SC}/z_{3C}=20/17$, amb la qual cosa els semiangles dels cons són:

$$\delta_{3C}=\text{atan}(\sin\Sigma/(\cos\Sigma+i))=\text{atan}(0{,}7285)=36{,}074°$$
$$\delta_{SC}=\text{atan}(\sin\Sigma/(\cos\Sigma+1/i))=\text{atan}(0{,}9606)=43{,}847°$$

Atès que els nombres de dents equivalents de les rodes, $z_{v3C} = z_{3C}/\cos\delta_{3C} = 21{,}033$ i $z_{vSC} = z_{SC}/\cos\delta_{SC} = 27{,}732$ són superiors a 17, no cal desplaçaments ($x_{3C} = x_S = 0$). Els paràmetres d'aquests dentats es poden resumir en la taula següent:

		z_{3C}		z_{SC}	
		Real	Equivalent	Real	Equivalent
Angle convergència	Σ (°)	79,921			
Mòdul exterior	m_e (mm)	3			
Angle de pressió	α_0 (°)	20			
Semiangle con	δ (°)	36,074		43,847	
Desplaçament	x (m)	0		0	
Nombre de dents	z, z_v	17	21,033	20	27,732
Diàmetre axoide	d, d_v (mm)	51,000	63,098	60,000	83,196
Diàmetre de base	d_{vb} (mm)		59,293		78,179
Pas de base	p_{vb} (mm)		8,856		8,856
Diàmetre de cap	d_a, d_{va} (mm)	55.849	69.098	64,327	89,196
Diàmetre de peu	d_f, d_{vf} (mm)	44.938	55.598	54,591	75,696
Generatriu	R (mm)	43,306			
Recobriment tranvers.	ε_α	0,820+0,818=1,638			

c) Engranatge $z_{7C} = 24$ i $z_{SC} = 20$; $m_e = 3$ i $\alpha_0 = 20°$

L'angle de convergència és $\Sigma_{3S} = 100{,}079°$, i la relació de transmissió $i = \omega_{7/2}/\omega_{14/2} = = z_{SC}/z_{7C} = 20/24$, amb la qual cosa els semiangles dels cons són:

$$\delta_{7C} = \operatorname{atan}(\sin\Sigma/(\cos\Sigma + i)) = \operatorname{atan}(1{,}4955) = 56{,}231°$$
$$\delta_{SC} = \operatorname{atan}(\sin\Sigma/(\cos\Sigma + 1/i)) = \operatorname{atan}(0{,}9606) = 43{,}847°$$

Atès que els nombres de dents equivalents de les rodes, $z_{v7C} = z_{7C}/\cos\delta_{7C} = 43{,}178$ i $z_{vSC} = z_{SC}/\cos\delta_{SC} = 27{,}732$ són superiors a 17, no cal desplaçaments ($x_{7C} = x_{SC} = 0$).

Els paràmetres d'aquests dentats es poden resumir en la taula següent:

		z_{7C}		z_{SC}	
		Real	Equivalent	Real	Equivalent
Angle convergència	Σ (°)	100,179			
Mòdul exterior	m_e (mm)	3			
Angle de pressió	α_0 (°)	20			
Semiangle con	δ (°)	56,231		43,847	
Desplaçament	x (m)	0		0	
Nombre de dents	z, z_v	24	43,178	20	27,732
Diàmetre axoide	d, d_v (mm)	72,000	129,533	60,000	83,196
Diàmetre de base	d_{vb} (mm)		121,721		78,179
Pas de base	p_{vb} (mm)		8,856		8,856
Diàmetre de cap	d_a, d_{va} (mm)	75.335	135,533	64,327	89,196
Diàmetre de peu	d_f, d_{vf} (mm)	67,831	122,033	54,591	75,696
Generatriu	R (mm)	43,306			
Recobriment transv.	ε_α	0,864+0,818=1,682			

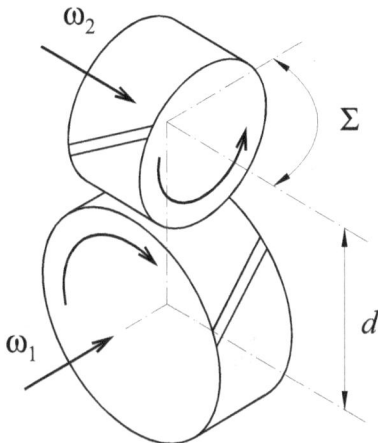

Enunciat

La transmissió del moviment des del canvi de marxes al comptaquilòmetres d'un automòbil es realitza per mitjà d'un engranatge helicoïdal encreuat amb les següents característiques:

a)   Angle de convergència $\Sigma = 90°$
b)   Distàn. entre eixos $a' = 30 \div 35$ mm
a)   Relació de transmissió $i = 1$
b)   Mòdul de l'eina $m_0 = 1,5$; $\alpha_o = 20°$
c)   Diàmetre mínim del nucli de la roda motora (arbre del canvi de marxes) $d_{f1} \geq 35$ mm.

Es demana les característiques de l'engranatge i de les rodes dentades.

Resolució

Es consideren rodes tallades sense desplaçament. Els diàmetres primitius de les rodes s'expressen de la següent forma:

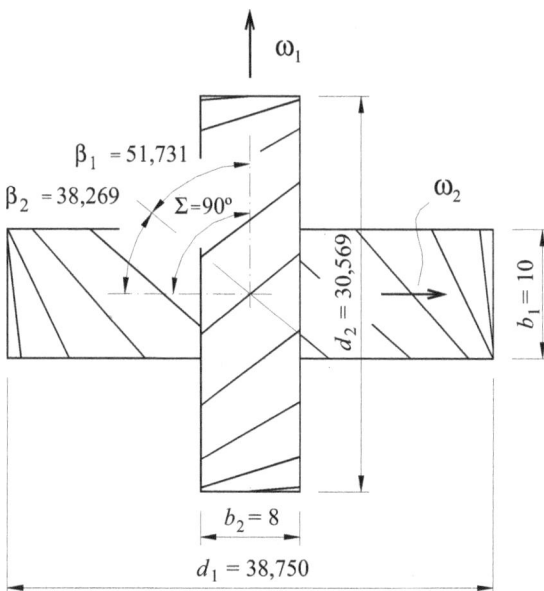

$$d_1 = z_1 \cdot m_0 / \cos\beta_1$$

$$d_2 = z_2 \cdot m_0 / \cos\beta_2 = \\ = z_2 \cdot m_0 / \cos(\Sigma - \beta_1)$$

El nucli de la roda dentada 1 pot considerar-se determinat pel diàmetre de fons:

$$d_{f1} = d_1 - 2{,}5 \cdot m_0 \geq 35 \text{ mm}$$

$$d_1 \geq 38{,}75 \text{ mm}$$

Per altre costat, és:

$$a' = d_1 + d_2 = 30 \div 35 \text{ mm}$$

$$z_1 = z_2 \ (i=1)$$

Atès que aquest no és un càlcul lineal, sinó que s'ha de procedir a un tempteig, es proposa presentar els valors en forma de taula. El procediment serà: a) Iniciar la iteració elegint un nombre de dents z; b) Determinar l'angle d'inclinació, β_1, per assegurar que $d_1=38{,}75$ mm; c) Calcular $\beta_2=\Sigma-\beta_1$; d) Calcular d_1 i d_2; e) Calcular $a'=(d_1+d_2)/2$.

$z_1=z_2$	$\beta_1=$ $\mathrm{acos}(z_1\cdot m_0/38{,}75)$	$\beta_2=\Sigma-\beta_1$	$d_1=$ $=z_1\cdot m_0/\cos\beta_1$	$d_2=$ $=z_1\cdot m_0/\cos\beta_1$	$a'=$ $=(d_1+d_2)/2$
10	67,226	22,774	38,750	16,268	27,509
11	64,798	25,202	38,750	18,236	28,178
12	62,321	27,679	38,750	20,326	29,538
13	**59,786**	**30,214**	**38,750**	**22,565**	**30,658**
14	**57,185**	**32,815**	**38,750**	**24,988**	**31,869**
15	**54,504**	**35,496**	**38,750**	**27,636**	**33,193**
16	**51,731**	**38,269**	**38,750**	**30,569**	**34,659**
17	48,848	41,152	38,750	33,866	36,308
18	45,831	44,169	38,750	37,642	38,196

De la taula de valors, es dedueix que tan sols les solucions de 13, 14, 15 i 16 dents estan dintre dels marges assenyalats. De entre elles, la que té els angles d'inclinació més equilibrats correspon a $z_1=z_2=16$ dents, malgrat que també és la de roda receptora més voluminosa. La geometria d'aquest engranatge helicoïdal encreuat es pot resumir en la següent taula:

	Roda 1	Roda 2
De generació		
Nombre de dents	$z_1=16$ $z_{v1}=67{,}3$	$z_2=16$ $z_{v2}=33{,}1$
Angle de pressió	$\alpha_0=20°$ $\alpha_{t1}=30{,}441°$	$\alpha_0=20°$ $\alpha_{t2}=24{,}872°$
Angle d'inclinació	$\beta_1=51{,}731°$	$\beta_2=38{,}269°$
Desplaçament	$x_1=0$	$x_1=0$
Diàmetre axoide	$d_1=38{,}750$ mm	$d_2=30{,}569$ mm
De definició		
Diàmetre de base	$d_{b1}=33{,}408$ mm	$d_{b2}=27{,}734$ mm
Pas de base	$p_{bt1}=7{,}150$ mm $p_{bn}=4{,}428$	$p_{bt2}=5{,}640$ mm $p_{bn}=4{,}428$
Diàmetre de cap	$d_{a1}=41{,}750$ mm	$d_{a2}=33{,}569$ mm
Diàmetre de peu	$d_{f1}=35{,}000$ mm	$d_{f2}=26{,}819$ mm
De funcionament		
Distància entre eixos	$a=34{,}659$ mm	
Angle de convergència	$\Sigma=90°$ (enunciat)	
Rendiment	$\eta_{12}=0{,}741$ ($\mu'=0{,}15$)	
Recobriment	$\varepsilon=\varepsilon_1+\varepsilon_2=1{,}074+0{,}903=1{,}976$	
Amplada de la dent	$b_1=10$ mm ($>b_{min2}=7{,}944$)	$\alpha_2=8$ mm ($>b_{min1}=5{,}272$)

Enunciats de problemes

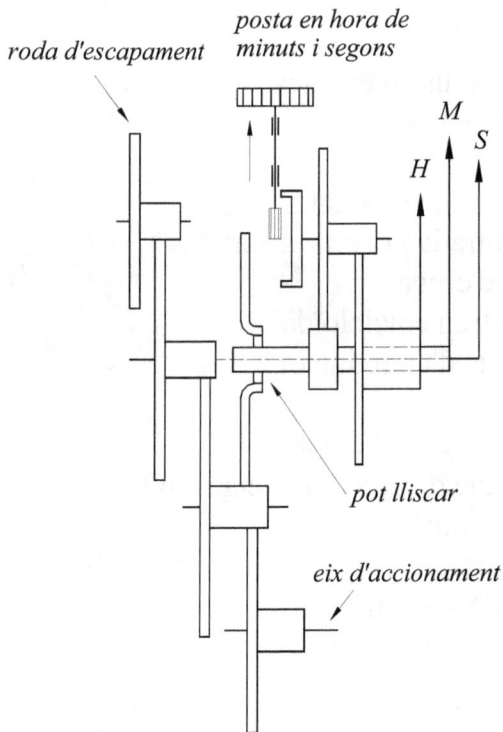

roda d'escapament

posta en hora de minuts i segons

M

S

H

pot lliscar

eix d'accionament

Enunciat

Una de les formes de regulació de la velocitat del moviment d'un rellotge mecànic es basa en un sistema vibratori volant-molla torsional amb una freqüència pròpia de valor constant que, en el present cas, té un període de ½ segon.

La transformació del moviment oscil·latori en un moviment d'avanç continu es realitza per mitjà d'un mecanisme d'escapament format per una àncora fixa al volant (no representada a la figura) i una roda d'escapament enllaçada a través d'un tren d'engranatges a l'eix d'accionament (molla torsional, o corda; tambor i peses).

En cada vaivé del volant, l'àncora deixa passar una dent de la roda d'escapament que, en el present cas, és de 15 dents.

El muntatge lliscant de l'eix M permet posar en hora els eixos H (busca de les hores) i M (busca dels minuts) sense moure S (busca dels segons).

Es demana:

1. Escolliu les relacions de transmissió de cada parella de rodes.

2. Escolliu els nombres de dents entre els valors $8 \leq z \leq 100$ per a cada engranatge (els mòduls dels diferents engranatges no tenen perquè ser els mateixos).

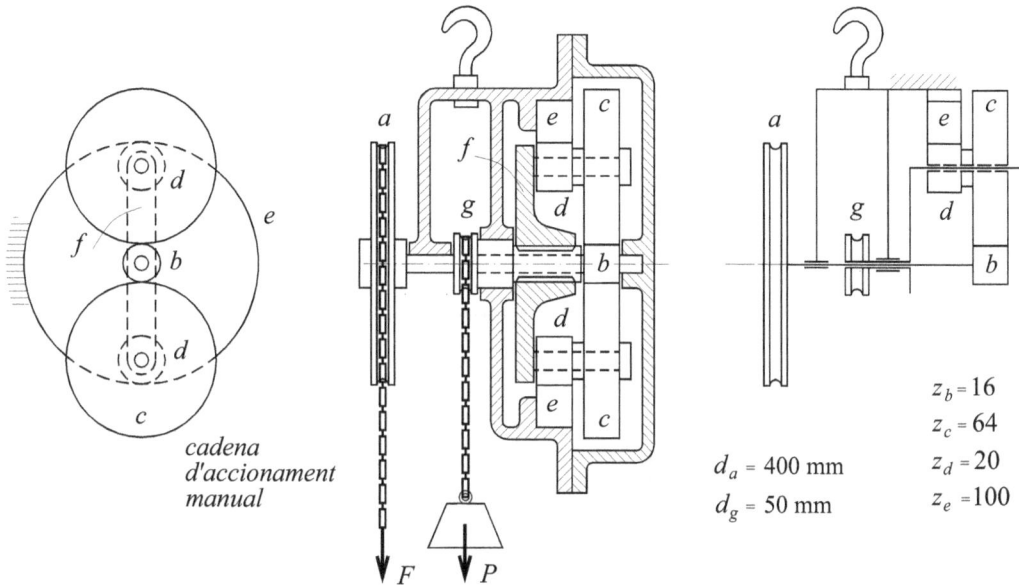

cadena
d'accionament
manual

d_a = 400 mm
d_g = 50 mm

$z_b = 16$
$z_c = 64$
$z_d = 20$
$z_e = 100$

F P

Enunciat

La figura representa un ternal (elevador manual) format per les politges g i a, la primera accionada manualment per mitjà d'una cadena, i la segona que eleva la càrrega també per mitjà d'una cadena, el moviment de les quals està relacionat per un tren epicicloïdal. Es demana:

1.   Càrrega que pot aixecar la cadena de la politja d'elevació a quan sobre la cadena de la politja g s'aplica una força F=400 N, que és la màxima que s'estima que pot exercir una persona.

2.   Parell que exerceix la carcassa de l'elevador per a mantenir immobilitzada la corona e, amb les dades de l'apartat anterior.

3.   Equilibri de les forces exteriors sobre l'elevador en les dues vistes.

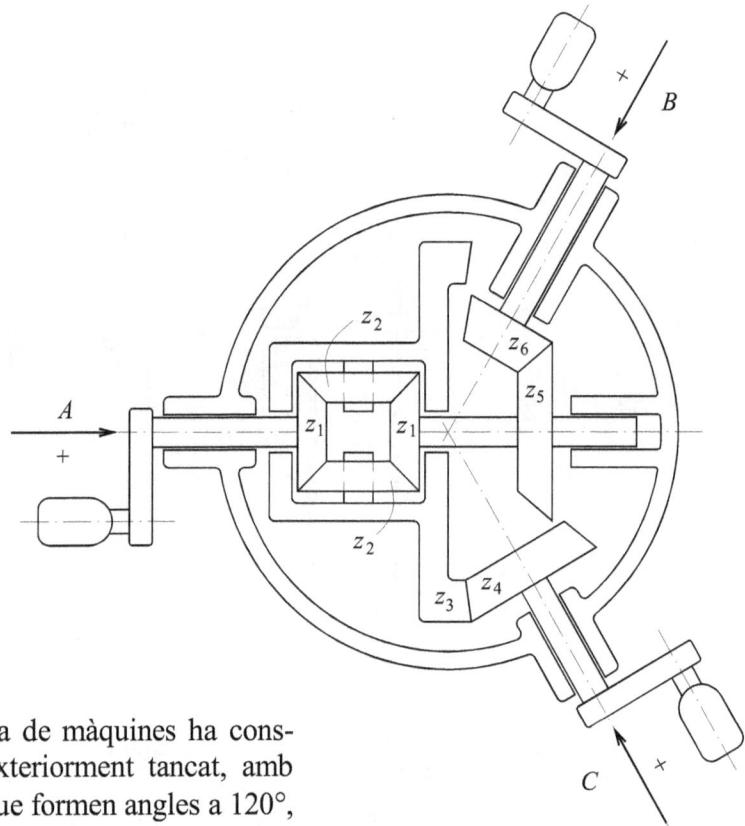

Enunciat

Un estudiant de teoria de màquines ha cons-
truït un dispositiu, exteriorment tancat, amb
tres eixos de sortida que formen angles a 120°,
enllaçats interiorment pel tren epicicloïdal que
mostra la Figura.

Tres companys seus, en Ramon (R), la Sònia (S) i en Tomàs (T) disposen de l'esquema
del tren d'engranatges però no saben a qui correspon cada un dels eixos. Comproven,
però, que si exerceixen uns parells de M_R=0,35 N·m (Ramon), M_S=0,56 N·m (Sònia) i
M_T=0,70 N·m (Tomàs), el sistema està en equilibri (els sentits positius dels moviments i
dels parells són els indicats a la Figura). Es demana:

1. Quin eix acciona cada un d'ells ?

Després, realitzen diversos càlculs cinemàtics que posteriorment comproven movent les
manetes. Es demana novament:

2. Mantenint en Ramon l'eix bloquejat, quin és el gir que ha de fer la Sònia perquè
   l'eix d'en Tomàs giri 120° ?

3. Si la Sònia gira el seu eix −180° i en Tomàs gira el seu +144°, quin és el gira que
   efectua l'eix d'en Ramon ?

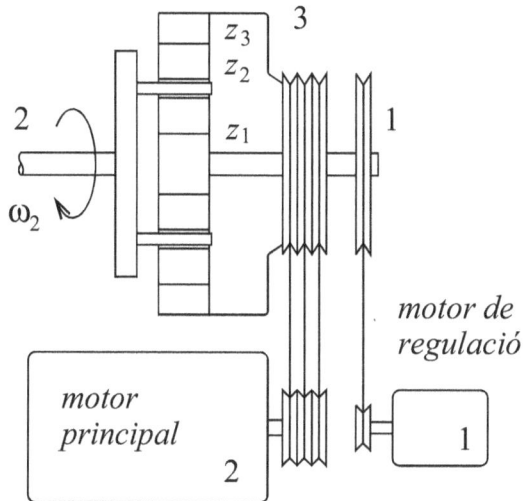

Enunciat

Es vol obtenir un parell elevat en un eix receptor (250 N·m) amb la velocitat regulada en un interval de 1000 a 1100 min^{-1}.

A fi d'evitar un variador de freqüència tan gran, es disposa un tren diferencial amb un eix de sortida (el 2) i dos eixos d'entrada (eixos 1 i 3), un dels quals (el lligat a la corona de $z_3=68$ dents) rep la potència d'un motor asíncron no regulat, mentre que l'altre (unit al planetari de $z_1=15$ dents), rep la potència d'un motor molt més petit i regulat en freqüència.

El motor principal té una velocitat nominal fixa de $n_{m3}=2850$ min^{-1} i està enllaçat amb l'eix 3 del tren diferencial per mitjà d'una transmissió de corretja trapezial amb una reducció i_{c3}, mentre que el motor petit admet una correcta regulació les velocitats de $n_{m2}=1200 \div 3600$ min^{-1} i està enllaçat amb l'eix 1 del tren diferencial per mitjà d'una trans-missió de corretja trapezial de reducció i_{c1}.

Es demana:

1. Establiu les relacions de transmissió de les dues transmissions de corretja, i_{c1} i i_{c3}, a fi que la velocitat de l'eix de sortida 3 pugui ser correctament regulada en l'interval indicat anteriorment per mitjà del motor 1. Sentits de gir dels motors.

2. Establiu les potències necessàries (màximes i mínimes) dels dos motors per a tot el rang de regulació.

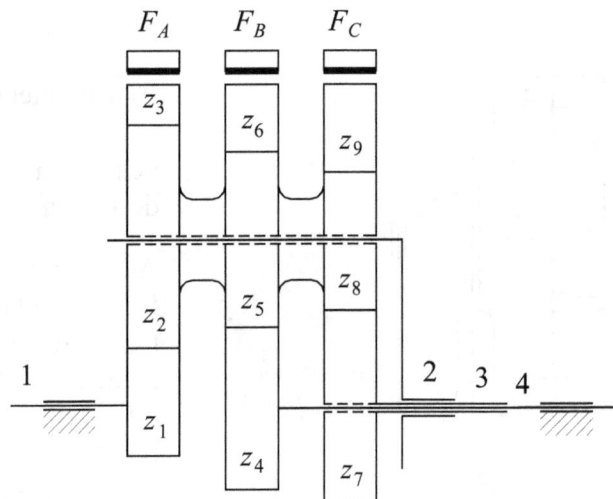

Enunciat

La figura mostra l'esquema d'un tren epicicloïdal complex en què es consideren una entrada (eix 1) i diverses sortides (eixos 2, 3 i 4). Les corones poden ser immobilitzades alternativament pels frens, F_A, F_B i F_C. Els nombres de dents de les rodes dentades són: $z_1=17$, $z_2=33$, $z_3=83$, $z_4=23$, $z_5=27$, $z_6=77$, $z_7=29$, $z_8=21$, $z_9=71$. Es demana:

1. Nombre de trens epicicloïdals simples independents i nombre de graus de llibertat del tren quan hi ha un dels frens accionat.

2. Relacions entre les velocitats del tren quan: *a*) Actua el fre F_A; *b*) Actua el fre F_B; *c*) Actua el fre F_C.

3. Relacions entre els parells exteriors del tren quan: *a*) Actua el fre F_A; *b*) Actua el fre F_B; *c*) Actua el fre F_C (en els tres casos, inclòs el parell del fre que actua). Els diferents parells mantenen relacions constants ?

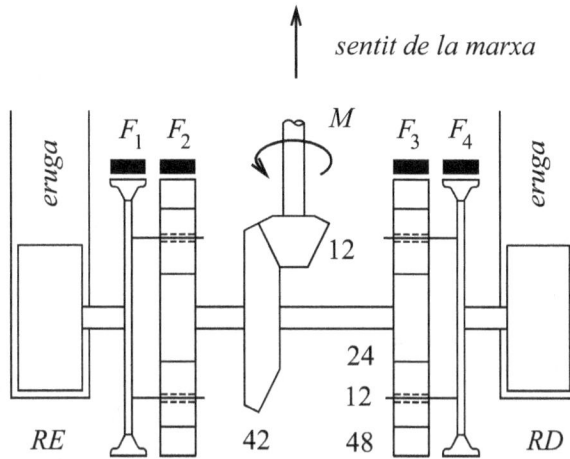

sentit de la marxa

Enunciat

La figura mostra el tren d'engranatges utilitzat en la transmissió de la potència des de la caixa de canvis a les erugues d'alguns vehicles que es mouen sobre terra.

S'analitzen les següents modalitats de funcionament:

1. Per a moure el vehicle en línia recta, cal actuar els frens F_2 i F_3 mentre que els frens F_1 i F_4 es deixen lliures. Es demana quins parells han d'exercir els frens F_2 i F_3 (M_{F2} i M_{F3}) en funció del parell motor M (se suposa que les dues erugues ofereixen la mateixa resistència) ?

2. Per a canviar lleugerament el rumb del vehicle vers la dreta, inicialment s'afluixa el fre F_3. Si el parell que exerceix el fre F_2 és igual del que exercia en el cas anterior, quins parells es transmeten a les erugues ?

3. Per a immobilitzar completament l'eruga de la dreta, *RD*, s'afluixa completament el fre F_3 i s'actua el fre F_4. Es demana: quin parell exerceix la roda de l'eruga esquerra, *RE*, i quin parell ha d'exercir el fre F_2 ?

4. En el cas anterior pot suposar-se que la resistència a l'avanç és menyspreable comparada a la resistència al pivotament de tot el vehicle sobre les erugues, que es tradueix en dues resistències iguals i de sentits contraris en les dues erugues. Quin parell ha d'exercir el fre F_4 ?

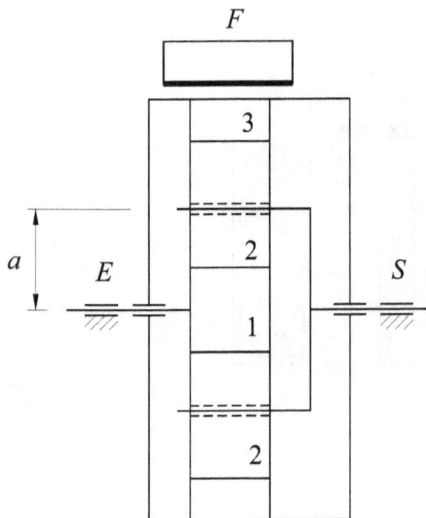

Enunciat

Del reductor epicicloïdal de la figura es conei-xen les següents dades:

$z_1=25$ $\qquad$ $z_2=38$ $\qquad$ $z_3=100$
$a=80$ mm $\qquad$ $M_E=145$ N·m

Es demana:

1. Determineu les característiques de generació de les rodes 1 i 2, que han de funcionar sense joc i ser fabricades amb una eina normalitzada.

2. Analitzeu les forces que actuen sobre els satèl·lits 2 quan el sistema funciona a velocitat constant i el fre F immobilitza la corona 3.

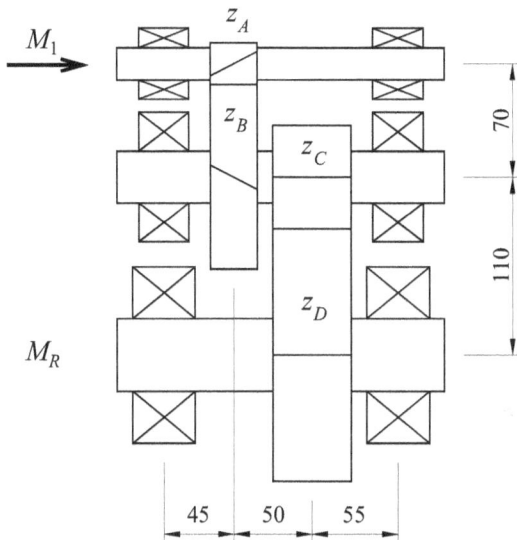

Enunciat

Del reductor de dues etapes d'engranatges cilíndrics que mostra la figura se'n coneix la següent informació:

a) M_1=90 N·m
z_A=13 z_B=57
z_C=17 z_B=42

b) Les rodes A i B han estat tallades amb una eina normal sense desplaçar i funcionen sense joc.

c) Les rodes C i D han estat tallades amb una eina normal i funcionen sense joc.

Es demana:

1. Forces sobre els rodaments

2. Amplada mínima de les rodes helicoïdals per a garantir un recobriment total mínim de ε_γ=2

3. Dades de generació de les rodes rectes i helicoïdals (m_0, d, β, per a l'engranatge cilíndric helicoïdal; m_0, d, Σx, per a l'engranatge cilíndric recte).

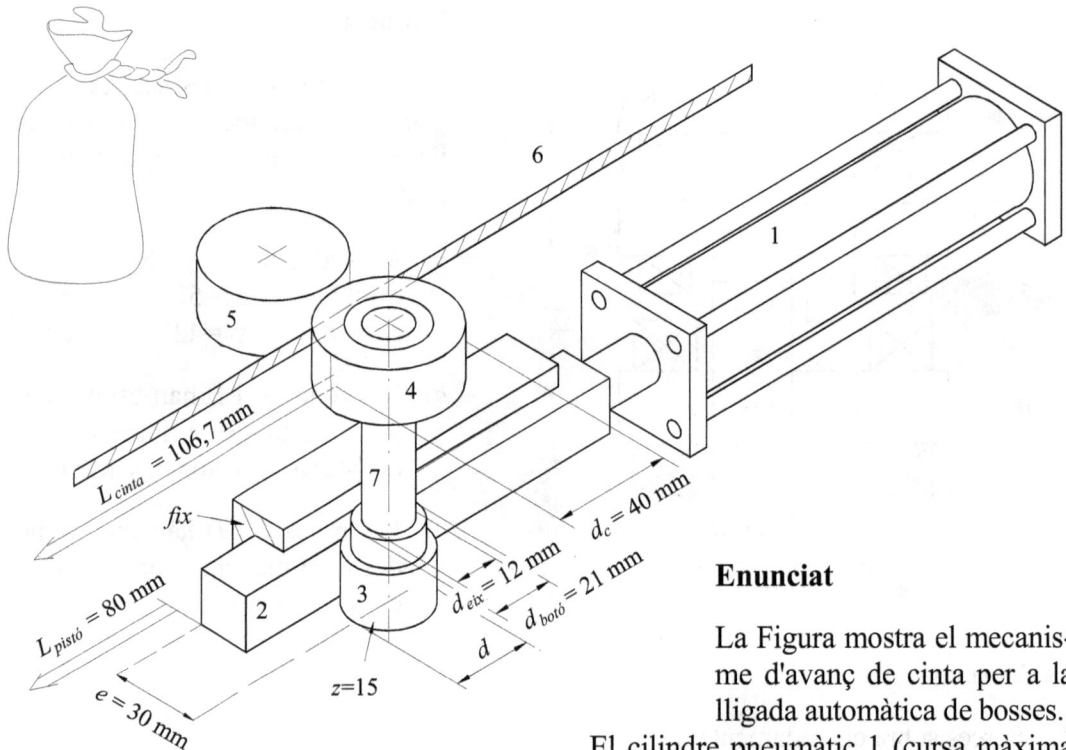

$L_{cinta} = 106,7$ mm

fix

$L_{pistó} = 80$ mm

$e = 30$ mm

$z=15$

$d_{eix} = 12$ mm

$d_{botó} = 21$ mm

d

$d_c = 40$ mm

6

1

5

4

7

2

3

Enunciat

La Figura mostra el mecanisme d'avanç de cinta per a la lligada automàtica de bosses.

El cilindre pneumàtic 1 (cursa màxima de 100 mm) mou la cremallera 2 que fa girar el pinyó 3 solidari al corró 4 que, junt amb el corró lliure 5, arrosseguen la cinta 6.

Un mecanisme de roda lliure (arrossega en un sentit, però no en el contrari) a l'interior del corró 4, impedeix que la cinta retrocedeixi quan el cilindre torna a la posició inicial.

En les condicions actuals de funcionament, la cursa del pistó pneumàtic és de 80 mm i impulsa 106,7 mm de cinta en cada cicle, suficient per lligar bosses de diàmetre de coll de 10 mm. Es vol modificar la màquina per poder lligar bosses de fins a 35 mm de diàmetre de coll, que demanen 180 mm de cinta a cada cicle. Les limitacions del sistema són les següents: a) El diàmetre del corró d'arrossegament (4) pot prendre valors de d_c=40±4 mm; b) Es manté la distància e=30 mm, i l'eix 7 no es mou; c) El botó del nou pinyó és $d_{botó} \geq 21$ mm; d) El mòdul del dentat ha d'ésser $m_0 \geq 1,5$.

Es demana que determineu el nou pinyó i cremallera necessaris (paràmetres de generació, intrínsecs i de funcionament).

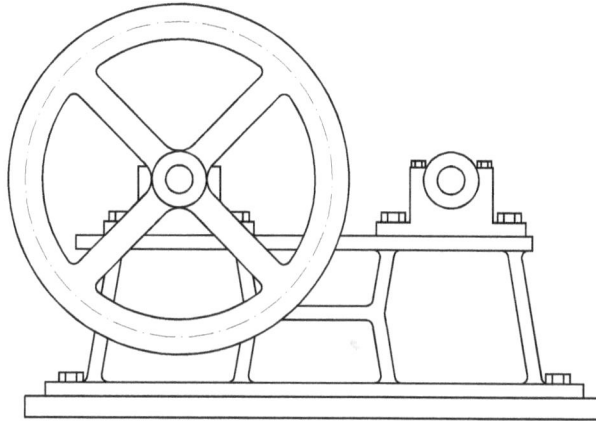

Enunciat

En el laboratori hi ha la maqueta d'un mecanisme reductor d'engranatges helicoïdals, del qual falta el pinyó. Les dades mesurades de la roda són (atès que és una maqueta molt antiga, no es pot descartar l'angle de pressió de 14,5°):

$a'=195$ mm $b=34$ mm $z_2=70$ $\beta=25°$ (a dretes)
$W_2=20,00$ mm $W_3=33,33$ mm $d_a=307,00$ mm $d_f=209,95$ mm

Es vol dissenyar el pinyó que engrani sense joc (el joc s'obtindrà per tolerància de la corda W durant la fabricació) amb la roda, per la qual cosa es demana de les dues rodes:

1.   Dades de generació. Hi haurà penetració en el tallatge ?

2.   Paràmetres intrínsecs

3.   Paràmetres de funcionament. En concret, angle de funcionament, jocs de fons i coeficient de recobriment.

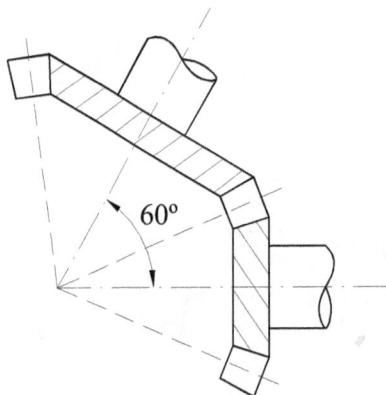

Enunciat

Es desitja construir un engranatge cònic amb un angle de convergència entre eixos de $\Sigma = 60°$, una relació de transmissió de $i = 1,5$ i mòdul exterior (mòdul en la secció més exterior de les dents) de $m_0 = 8$. S'utilitza un perfil de referència normalitzat d'angle de pressió $\alpha_0 = 20°$.

Es demana:

1.   Semiangles dels cons axoides

2.   Escollir el nombre de dents mínim per tal que no hi hagi penetració en el tallatge.

3.   Calcular els diàmetres i els nombres de dents de les rodes cilíndriques equivalents.

4.   Radi de l'esfera exterior i semiangles dels cons de cap i de peu de cada roda.

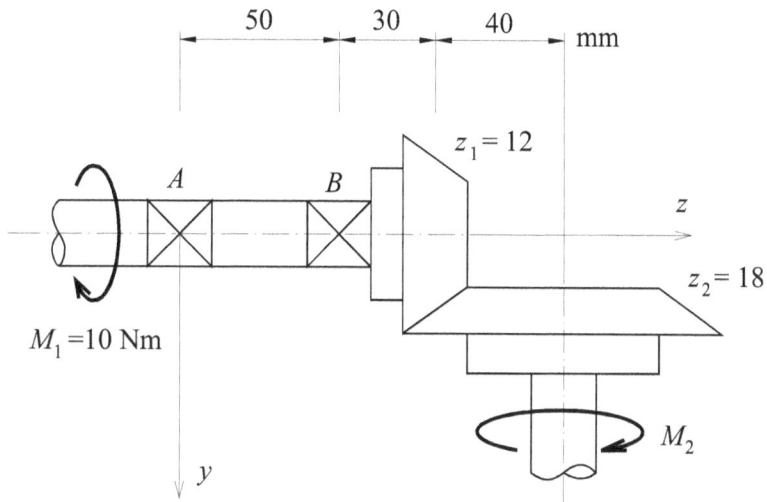

Enunciat

La figura mostra un engranatge cònic de dents rectes i dentat amb angle de pressió de $\alpha = 20°$. Es demanen les reaccions en els suports A i B de l'arbre de l'eix d'entrada, donades a través de les seves reaccions F_{RA}, F_{RB}, F_{XA} i F_{XB} (la R en el primer subíndex significa *radial* i, la X, *axial*; el segon subíndex fa referència al rodament).

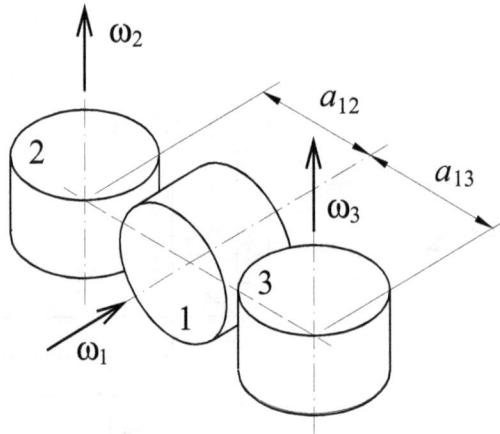

Enunciat

La Figura mostra un sistema de 3 eixos encreuats perpendicularment, enllaçats entre sí per dos engranatges helicoïdals encreuats amb una roda comuna. Els sentits de les velocitats angulars són els marcats a la figura, les relacions de transmissió són $i_{12}=i_{13}=2$ i les distàncies entre eixos són $a_{12}=a_{13}=35$ mm. Es demana:

1. Determineu els angles de convergència i els sentits de les inclinacions de les dents (a dretes o a esquerres).

1. Tenint en compte que el mòdul normal és $m_0=1,25$ mm i procurant optimitzar el rendiment dels engranatges, determineu el nombre de dents, z_1 i $z_2=z_3$, els angles d'inclinació, β_1, β_2 i β_3 (mòduls i sentits), i els diàmetres primitius, d_1, d_2 i d_3, de les rodes.

2. Determineu les amplades de les rodes, b_1, b_2 i b_3 a fi que el coeficient de recobriment sigui, com a mínim, $\varepsilon=1,15$.

3. Prenent el frec entre les dents de $\mu=0,08$, avalueu el rendiment entre l'eix 1 i l'eix 2, η_{12}, entre l'eix 2 i l'eix 1, η_{21}, i el rendiment entre l'eix 2 i l'eix 3, η_{13} (dos engranatges).

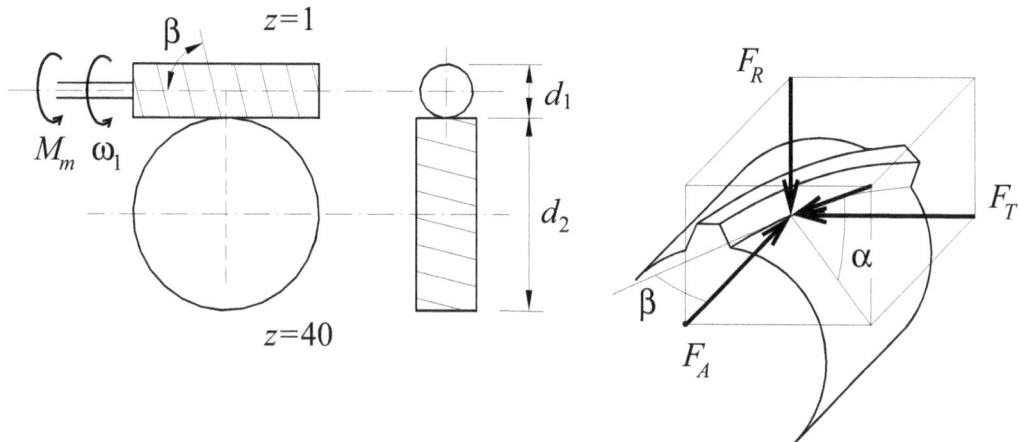

Enunciat

La figura mostra un engranatge de vis sense fi d'una sola dent, $z_1=1$, que mou una roda de $z_2=40$ dents. El diàmetre del vis és $d_1=30$ mm, el diàmetre de la roda és, $d_2=100$ mm i l'angle de pressió axial és $\alpha_x=20°$.

Sabent que el parell motor sobre el vis és $M_1=10$ N·m, es demana:

1.   El sentit de la velocitat angular ω_2 i del parell M_2 sobre la roda

2.   Angle d'inclinació, β, del filet en el pinyó i de la dent en la roda

3.   Prescindint del frec, components tangencial, F_T, radial, F_R, i axial, F_X de les forces que transmeten les dents sobre el pinyó i sobre la roda.

Bibliografia

ALMIRALL SENDRÓS J. [1994]. *L'engranatge* (apunts de classe). Escola Politècnica Superior de Girona, Universitat de Girona.

CETIM [1990]. *4èmes Journées d'études transmissions mécaniques*. Lyon, 20-22/6/ 1990. Centre Technique des Industries Mécaniques (CETIM), Senlis (França).

DOONER, D.B.; SEIREG, A.A. [1995]. *The Kinematic Geometry of Gearing. A Concurrent Engineering Approach*. John Wiley & Sons, Inc., New York.

DUDLEY, D.W.; TOWSEND, D.P. [1992]. *Gear Handbook*. McGraw-Hill Book Company, New York.

DUDLEY, D.W.; SPRENGERS, J.; SCHRÖDER, D.; YAMASHIMA, H.; [1995]. *Gear Motor Handbook* (Bonfiglioli Riduttori S.p.A.), Springer-Verlag, Berlin Heidelberg.

FAURE, L. [1990]. *Aspect des dentures d'engrenages après fonctionnement*. Centre Techniques des Industries Mécaniques (CETIM), Senlis (França)

HENRIOT, G. [1981/5]. *Traité théorique et pratique des engrenages. Tome 1. Théorie et technologies*. (1985); *Tome 2. Fabrication, Contrôle, Lubrication, Traitement thermique* (1985). Editions Bordas, París.

ISO 53 [1998]. *Engranatges cilíndrics per a mecànica general i pesada – Perfil de referència*. Organització Internacional de normalització (ISO), Ginebra.

ISO 54 [1996]. *Engranatges cilíndrics per a mecànica general i pesada – Mòduls*. Organització Internacional de normalització (ISO), Ginebra.

ISO 1328-1/2 [1995/1997] *Engranatges cilíndrics – Sistema ISO de precisió. Part 1: Definicions i valors disponibles de les desviacions relevants corresponents als flancs de les dents. Part 2: Definició i valors disponibles de les desviacions relevants respecte a les desviacions radials composades i sobre el salt*. Organització Internacional de normalització (ISO), Ginebra.

ISO 6336-1/2/3/5 [1996]. *Càlcul de la capacitat de càrrega d'engranatges cilíndrics rectes i helicoïdals. Part 1: Principis bàsics, introducció i factors d'influència general. Part 2: Càlcul de la durabilitat superficial (picat). Part 3: Càlcul de la resistència a la flexió de la dent. Part 5: Resistència i qualitat dels materials*. Organització Internacional de normalització (ISO), Ginebra.

ISO 8579-1/2 [1993]. *Codi d'acceptació per a engranatges – Part 1: Determinació dels nivells de potència sonora transmesa per l'aire emesos per un engranatge. Part 2: Determinació de les vibracions mecàniques d'un engranatge durant un test per a l'acceptació.* Organització Internacional de normalització (ISO), Ginebra.

ISO/TR 10064-1/2/3/4 [1996/1998]. *Engranatges cilíndrics – Codi per a la pràctica d'inspecció. Part 1: Inspecció dels flancs corresponents de les dents d'un engranatge. Part 2: Inspecció relacionada amb les desviacions radials compostes, salt radial, gruix de la dent i joc de funcionament. Part 3: Recomanacions relatives a jocs, distància entre centres i paral·lelisme entre eixos. Part 4: Recomanacions relatives a l'acabament superficial i la verificació dles patrons de contacte de les dents.* Organització Internacional de normalització (ISO), Ginebra.

ISO 10300-1/2/3 [projecte de norma en el 2000]. *Càlcul de la capacitat de càrrega dels engranatges cònics. Part 1: Introducció i factors generals d'influència. Part 2: Càlcul de la durabilitat superficials (picat). Part 3: Càlcul de la resistència a la flexió al peu de la dent.* Organització Internacional de normalització, Ginebra.

ISO 10828 [1997]. *Engranatges de vis sense fi – Geometria i perfils del vis.* Organització Internacional de normalització, Ginebra.

MERRITT, H.E. [1971]. *Gear Engineering.* Pitman, Londres.

MOLINER, P.R. [1980]. *Engranajes.* C.P.D.A., Escola Tècnica Superior d'Enginyers Industrials de Barcelona.

NIEMANN, G.; WINTER, H. [1983]. *Maschinen-Elemente. Band II: Getriebe Allgemein, Zahnradgetriebe – Grundlagen, Stirnradgetriebe.; Maschinen-Elemente. Band III.* Springer-Verlag, Berlin Heidelberg (traducció italiana: *Elementi di macchine, Vol. II: Riduttori in generale, Riduttori ad ingranaggi, Basi, Riduttori a ruote dentate cilindriche.* Edizioni di Scienza e Tecnica, Milano 1986).

RIBA ROMEVA, C. [1976]. *Estudi de la influència de la configuració geomètrica dels dentats sobre la capacitat de càrrega dels engranatges rectes.* Tesi doctoral. Universitat Politècnica de Catalunya, Barcelona.

* 9 7 8 8 4 8 3 0 1 6 2 0 6 *